アドビ認定プロフェッショナル対応

Photoshop 試験対策

築城 厚三

はじめに

アドビ社のソフトウェアは、デザインツールとして世界中で利用されています。その中でも代表的な、PhotoshopやIllustratorは、これまでデザイナーやクリエイターのみが使用する専用ソフトとされてきましたが、昨今は、画像や写真を活用した効果的なビジュアル表現ができるツールとして、一般のオフィスワーカーや学生、個人のユーザーなど幅広い層に浸透してきています。

「アドビ認定プロフェッショナル（Adobe Certified Professional）」は、アドビ社が認定するエントリーレベルの国際資格です。

本書は、アドビ認定プロフェッショナルの試験科目「Visual Design using Adobe Photoshop」の出題範囲に対応したテキストとして、試験対策のための利用はもちろんのこと、Photoshopの基本的な機能とその操作方法、デザインプロジェクトの基本的な知識を体系的に学べる内容になっています。Photoshopを初めて使う方にもご利用いただけるコースウェアです。

本書をご活用いただき、Photoshopの習得や資格取得にお役立てください。

株式会社オデッセイ コミュニケーションズ

目次

本書について

本書の目的

本書は、アドビ社が認定する国際資格『アドビ認定プロフェッショナル（Adobe Certified Professional）』の『Visual Design using Adobe Photoshop（Adobe Photoshopを使用したビジュアルデザイン）』の出題範囲に対応した試験対策テキストです。
また、Photoshopの基本的な機能とその操作方法、デザインプロジェクトの基本的な知識を体系的に学べる内容になっています。試験対策だけでなくPhotoshopを初めて学ぶ方にもご利用いただけます。

対象読者

本書は、Photoshopの使い方やデザインの基本的な知識を習得したい学生、ビジネスパーソン、およびアドビ認定プロフェッショナルの合格を目指す方を対象としています。

本書の表記

本書では、以下の略称を使用しています。

名称	略称
Adobe Photoshop	Photoshop
Adobe Illustrator	Illustrator
Adobe InDesign	InDesign

※上記以外のその他の製品についても略称を使用しています。

学習環境

本書の学習には以下のPC環境が必要です。

- WindowsまたはMac
- Adobe Photoshop

本書は以下の環境での画面および操作方法で記載しています。

- Windows 11（64ビット版）
- Adobe Photoshop 2023（v24.5.0）

※学習環境がPhotoshop 2022以前では、本書で解説している一部の機能が利用できない場合があります。

基本的にPhotoshopは初期設定状態です。ただし、ツールパネルは2列表示に変更している場合があります。
Adobe Creative Cloudのバージョン・エディションにより、本書で解説する各種機能や名称が異なる場合があります。また、Macで利用する場合は「Ctrlキー」を「Commandキー」に読み替えてください。

学習の進め方

第1章では、Photoshopがどういう機能を持ち、どういうものを作成できるかを概観します。操作手順を記述しているので、実際にPhotoshopを操作しながら読み進むこともできます。
第2章から第10章では、Photoshopの個別の機能について操作方法を含めて学習します。実際に操作するためのサンプルファイルはWebサイトで提供しています。
第11章では、デザインプロジェクト全体の基本的な知識を学習します。

練習問題

第2章から第11章には、学習した内容の理解度を確認するために、章末に「練習問題」を掲載しています。練習問題（操作問題）を解答するためのファイル、解答と解説は「学習用データ」のダウンロードファイル内に含まれています。

学習用データのダウンロード

学習用データは以下の手順でダウンロードしてご利用ください。PSDファイルはPhotoshop 2023で保存しています。それ以前のバージョンのPhotoshopでファイルを開くことはできますが、一部本書の通りの操作ができないことがある点、ご了承ください。

1.ユーザー情報登録ページを開き、認証画面にユーザー名とパスワードを入力します。

Photoshop学習用データダウンロードページ

ユーザー情報登録ページ　：https://adobe.odyssey-com.co.jp/book/ps-acp/
ユーザー名　：AcpPs（AとPは大文字）
パスワード　：4Qb5RsfX（4・キュー・ビー・5・アール・エス・エフ・エックス）
※パスワードは大文字小文字を区別します。

2.ユーザー情報登録フォームが表示されたら、メールアドレスなどのお客様情報を入力します。
3.入力した内容を確認したら、［入力内容の送信］ボタンをクリックします。
4.ページに表示された［Photoshop学習用データダウンロード］リンクをクリックして、ダウンロードページに移動します。
5.ダウンロードするデータはZIP形式で圧縮されています。ダウンロード後任意のフォルダーにサンプルファイルを展開してください。

アドビ認定プロフェッショナル　試験概要

アドビ認定プロフェッショナルとは

「アドビ認定プロフェッショナル」は、アドビ社が認定するエントリーレベルの国際認定資格です。試験科目はアドビ社のソフトウェア製品ごとに構成されており、日本では、PhotoshopとIllustrator、Premiere Proに対応した試験を実施しています。

試験科目（2023年12月現在）

アドビ認定プロフェッショナルには、下記の科目があり、バージョンごとに試験が用意されています。

試験科目
Visual Design using Adobe Photoshop （Adobe Photoshopを使用したビジュアルデザイン）
Graphic Design & Illustration using Adobe Illustrator （Adobe Illustratorを使用したグラフィックデザインおよびイラストレーション）
Digital Video using Adobe Premiere Pro （Adobe Premiere Proを使用したデジタルビデオ作成）

※本書は、Visual Design using Adobe Photoshopに対応しています。

試験の形態と受験料

試験は、試験会場のコンピューターで実施するCBT（Computer Based Testing）方式で行われます。

出題形式	選択問題：選択形式、ドロップダウンリスト形式、クリック形式、ドラッグ＆ドロップ形式 操作問題：実際にアプリケーションを操作する実技形式
問題数	30問前後
試験時間	50分
受験料	（一般価格）10,780円（税込） （学割価格）　8,580円（税込）

その他、詳しい内容については、試験の公式サイトを参照してください。
https://adobe.odyssey-com.co.jp/

1

やってみよう！

本格的にPhotoshopの学習を始める前に、まずPhotoshopというソフトウェアがどういうものか、どういうことができるのかを実感してみましょう。

Photoshopは、写真などの画像を見栄えのいいように補正するほか、画像や文字を合成したりデザイン性のある高度な加工を行ったりすることが簡単にできる画像編集ソフトウェアです。

通常、Photoshopでの画像加工は一つの機能を使うだけでは終わらず、いくつかの機能を組み合わせることで仕上げていきます。次ページからの4つの例は、いずれもデジタルカメラで撮影した元の写真に対し、2つ以上の機能を使うことにより「加工後」の画像を作っています。見栄えのいい画像を作るには、幅広い知識が必要であることがわかっていただけるでしょう。

この段階ではまだ具体的な操作をせず、読んで大まかな流れをつかむだけでもかまいません。学習が一通り済んだあと、ここに戻って実習してみてください。実際に数多くの操作をこなすことにより、Photoshopの知識と操作スキルが着実に身に付いていきます。

なおこのあとの説明では、すでに学習用データのダウンロードを行い、ファイルを利用できる状態にあるという前提で話を進めます。まだ用意ができていない場合は、p.viiiの「学習用データのダウンロード」を参照してください。

では始めましょう！

1.1 料理をおいしく見せる

一般的な室内の光は青みが強く、逆に赤みがあまり出ません。料理の写真は赤みが多い方がおいしそうに見えるので、ここでは全体のバランスから青を下げ、赤を上げる作業を行います。また、コントラストを上げ、より輪郭や色をはっきりさせて食材を際立たせます。

使用ファイル 料理をおいしく見せる.jpg

ファイルを開く

まず画像ファイルを開きます。

ファイル(F) 編集(E) イメージ(I) レイヤー(L)
新規(N)... Ctrl+N
開く(O)... Ctrl+O
Bridge で参照(B)... Alt+Ctrl+O
指定形式で開く... Alt+Shift+Ctrl+O
スマートオブジェクトとして開く...
最近使用したファイルを開く(T)

Photoshopを起動して最初の画面で、左上の［ファイル］メニュー→［開く］をクリックし、［Creative Cloudから開く］の画面が開いた場合は［コンピューター］をクリックします。ダウンロードした学習用データのフォルダーから「料理をおいしく見せる.jpg」を選択し、開きます。

カラーバランス

冷たい色の光で撮影されたサンドイッチの色合いを調節します。

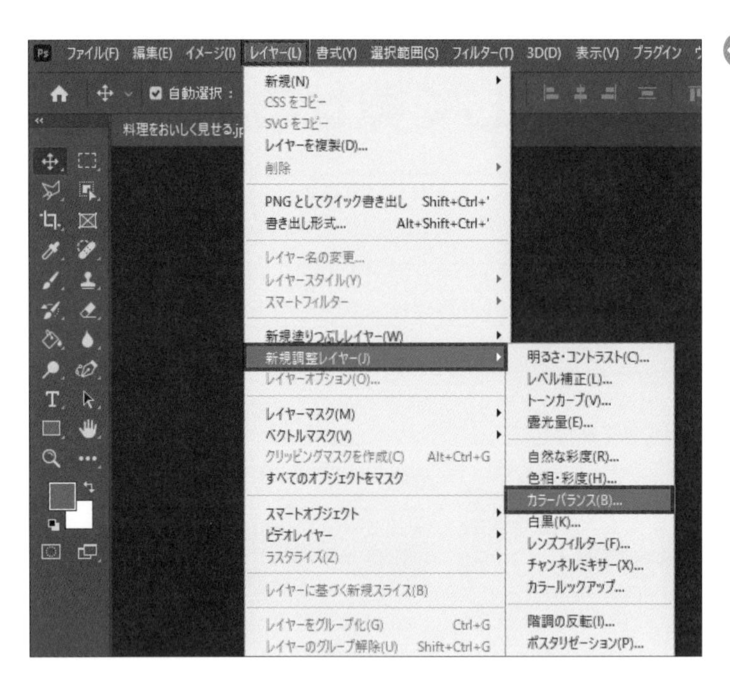

[レイヤー] メニュー→[新規調整レイヤー] →[カラーバランス] をクリックします。

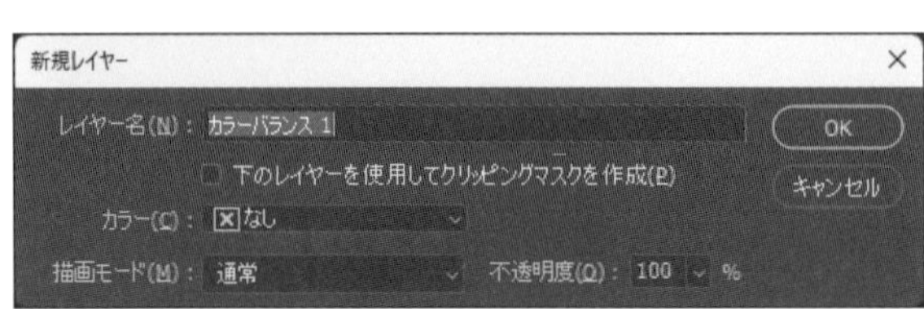

[新規レイヤー] ダイアログボックスが表示されます。レイヤー名を初期設定のまま、「カラーバランス 1」として [OK] をクリックします。

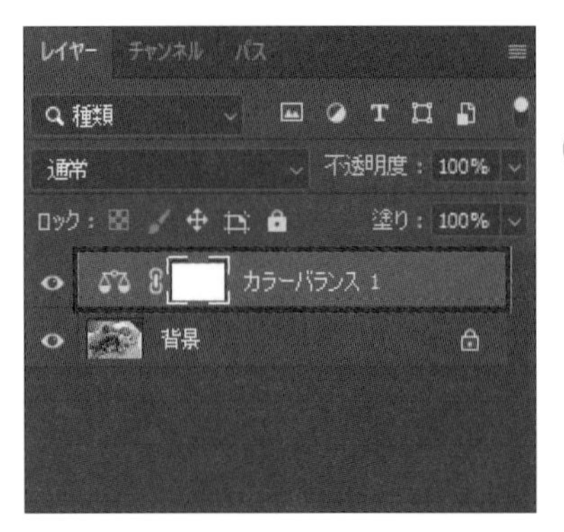

[レイヤー] パネルに新しい調整レイヤーが追加されます。

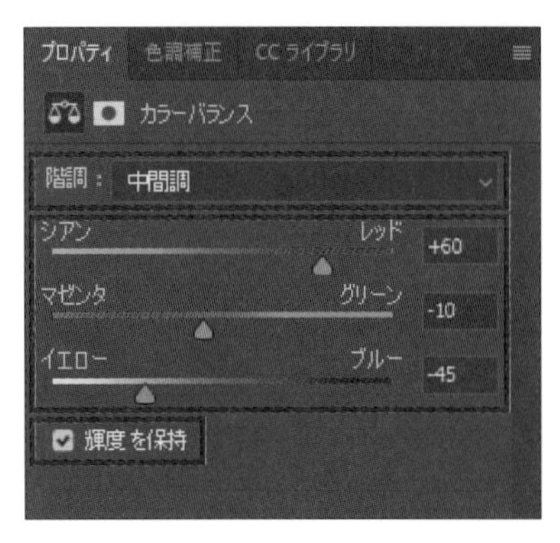

同時に、調整レイヤーの [プロパティ] パネルが開いています。[階調] は [中間調] にして、[輝度を保持] チェックボックスはオンにしておきます。
[カラーバランス] を調整します。スライダーを左右にドラッグするか、右側の数値を直接入力します。ここでは [シアン-レッド] を＋60、[マゼンタ-グリーン] を－10、[イエロー-ブルー] を－45にします。

サンドイッチの色味が変わったことを確認します。

トーンカーブ

サンドイッチの画像のコントラストを上げ、輪郭や色にメリハリを与えます。

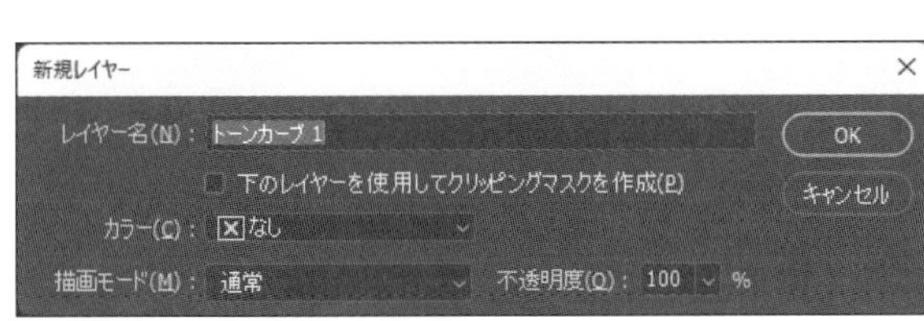

[レイヤー]メニュー→［新規調整レイヤー]→［トーンカーブ]をクリックして、[新規レイヤー］ ダイアログボックスを表示します。レイヤー名を初期設定のまま、「トーンカーブ1」として［OK］をクリックします。

[レイヤー］ パネルに新しい調整レイヤーが追加され、「カラーバランス1」レイヤーの上に表示されます。

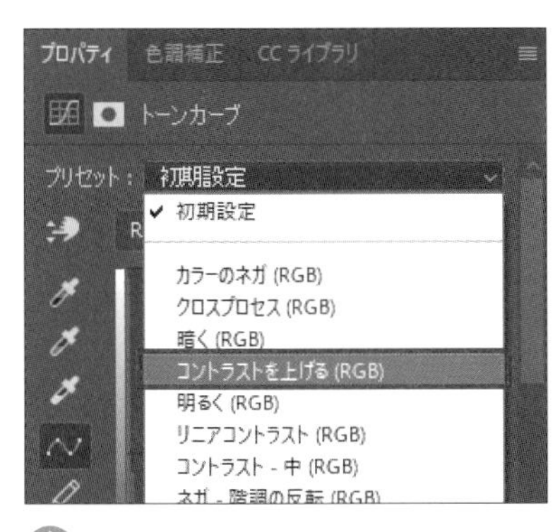

[プロパティ］パネルの表示が［トーンカーブ］に変わります。[プリセット］で［コントラストを上げる（RGB)］を選択します。

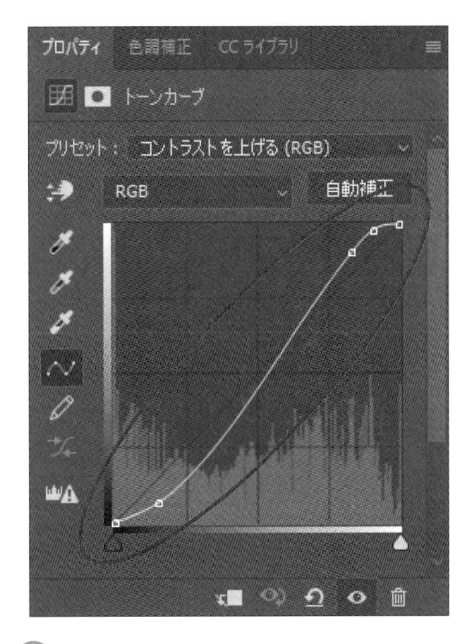

右上がり45°の直線がS字に変化し、画像のコントラストが上がります。

これで完成例のような画像を作ることができました。

ファイルを保存

作成したファイルをPSD形式（Photoshopの基本的なファイル形式）で保存します。

［ファイル］メニュー→［別名で保存］をクリックし、［別名で保存］ダイアログボックスを開きます。

ファイル名は開いた時と同じファイル名になっています。ファイル名はそのままにして、［ファイルの種類］を確認します。

［ファイルの種類］の右側の［V］をクリックするとファイルの種類の一覧が表示されます。
ファイルの種類が［Photoshop］になっていることを確認し、［保存］をクリックして保存します。
メッセージが表示された場合は［OK］をクリックします。

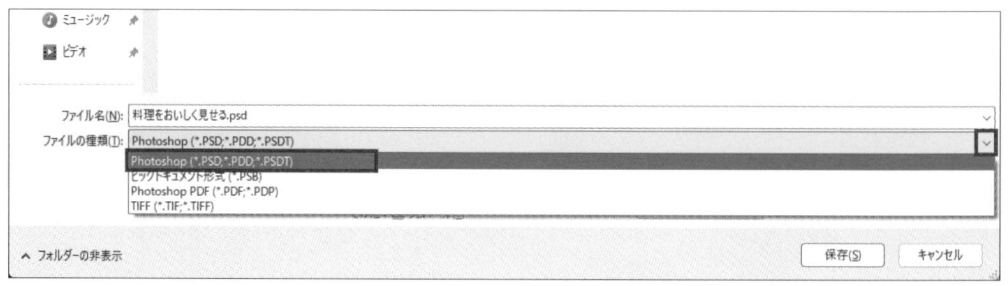

1.2 写真をミニチュア風にする

ミニチュアやジオラマの写真は近距離で撮影するので焦点の範囲が狭くなり、周囲がぼやけます。また室内撮影は太陽光での撮影よりも色合いがはっきりと写ります。これらの特徴を利用して、画像に遠近感を追加し、彩度を上げて、一般的な風景写真をミニチュア風に仕上げます。

使用ファイル 写真をミニチュア風にする.jpg

ファイルを開く

「写真をミニチュア風にする.jpg」を開きます。

チルトシフト

画像の手前と奥をぼかして、全体に遠近感を強調（被写界深度を浅く）します。

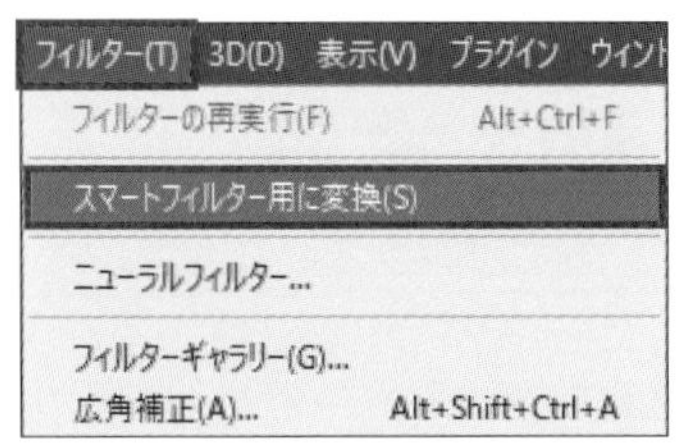

[フィルター] メニュー→ [スマートフィルター用に変換] をクリックします。メッセージが表示された場合は [OK] をクリックします。

[レイヤー] パネルで、背景レイヤーが「レイヤー0」という名前のスマートオブジェクトレイヤーに変わったことを確認します。

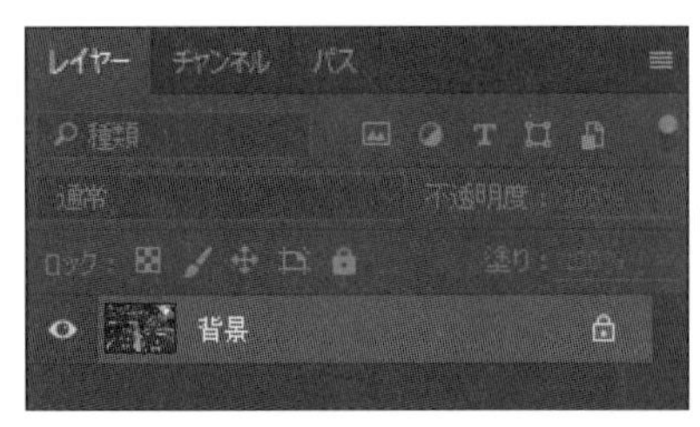

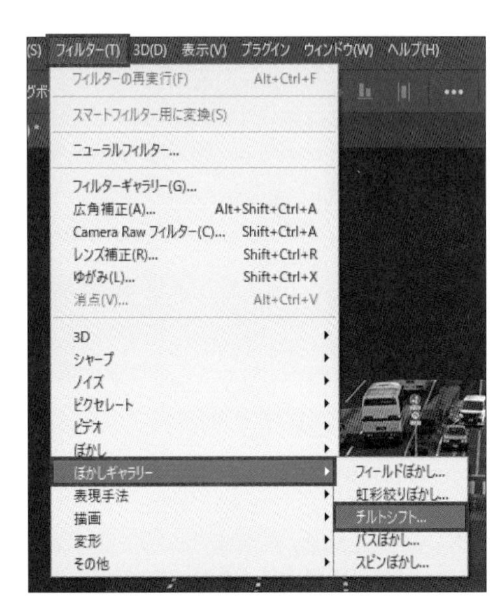

[フィルター] メニュー→ [ぼかしギャラリー] → [チルトシフト] をクリックします。

ぼかし効果の中心（ぼかしリング）を、画像中央右側の金色の車の左あたりにドラッグして、右側の [ぼかしツール] パネルの [ぼかし] の数値を5pxにします。

焦点の中心が低くなり、より奥行のある画像に変わったことを確認したら、オプションバーの[OK] をクリックして、チルトシフトを確定します。

焦点：100%　マスクをチャンネルに保存　高品質　プレビュー　OK　キャンセル

被写界深度（ひしゃかいしんど）

画像の焦点（ピント）が合っている範囲のこと。ピントが合っている範囲が広いと「被写界深度が深い」といいます。逆にピントが一部に合っていて手前や奥がぼけている画像、つまり焦点の当たっている範囲が狭い画像を「被写界深度が浅い」といいます。被写界深度はカメラのレンズの種類や撮影する距離によって変化します。近接撮影の場合は被写体とレンズの距離が近くなり、被写界深度が浅くなります。今回はこの特徴を生かして、「被写界深度の深い」画像の周囲をぼかし、「被写界深度を浅く」しています。

色相・彩度

彩度を上げて色合いを鮮やかにし、太陽光による明るさをやや抑えます。

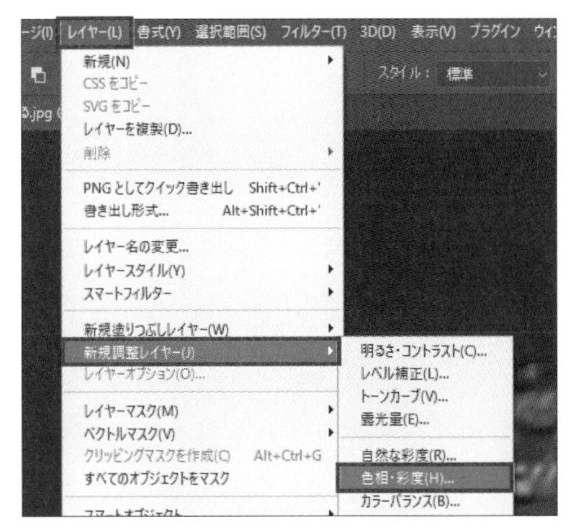

[レイヤー] メニュー→ [新規調整レイヤー] → [色相・彩度] をクリックします。

[新規レイヤー] ダイアログボックスが表示されます。レイヤー名を初期設定のまま、「色相・彩度1」として [OK] をクリックします。

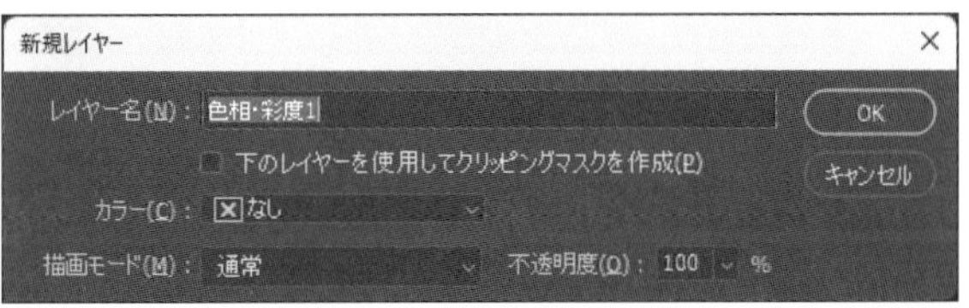

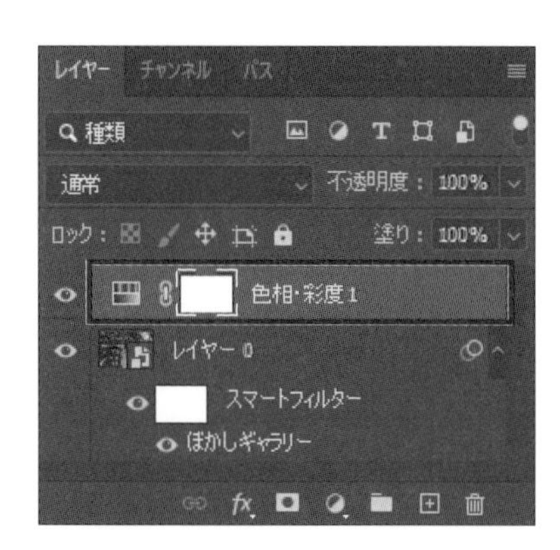

[レイヤー] パネルに新しい調整レイヤーが追加されます。

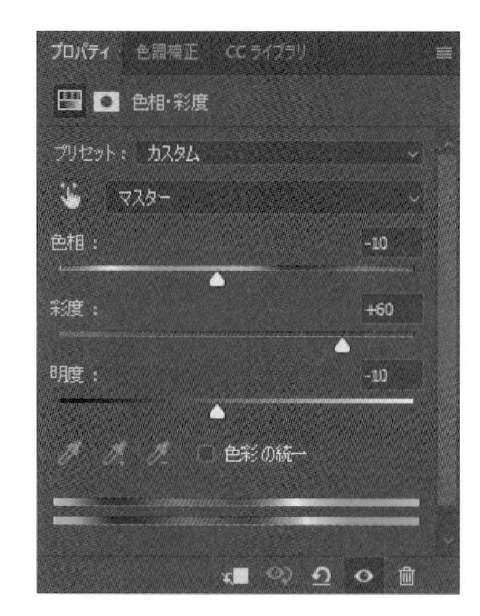

同時に、調整レイヤーの [プロパティ] パネルが開いています。[色相・彩度] を調整します。スライダーを左右にドラッグするか、右側の数値を直接入力します。ここでは色相を－10、彩度を＋60、明度を－10にします。

これで完成例のような画像を作ることができました。

ファイルを保存

作成したファイルをPSD形式で保存します。

1.3 2つの画像を合成する

2枚の画像を合成して1枚の画像にします。画像の合成にはさまざまな方法がありますが、今回は選択ツールを利用して透明部分を作成し、別の画像を配置します。ここでは駅前の風景から空を取り除き、山の風景と合成します。

使用ファイル 画像を合成する1.jpg、画像を合成する2.jpg

ファイルを開く

「画像を合成する1.jpg」を開きます。

背景レイヤーを通常のレイヤーに変換

JPEG形式のファイルをPhotoshopで開くと、背景レイヤーとして配置されます。このままでは画像の合成には不向きなので、背景レイヤーを通常のレイヤーに変換します。

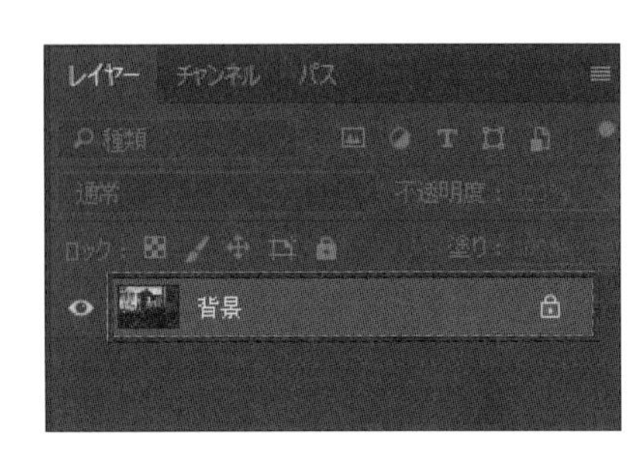

[レイヤー] パネルの背景レイヤーをダブルクリックします。

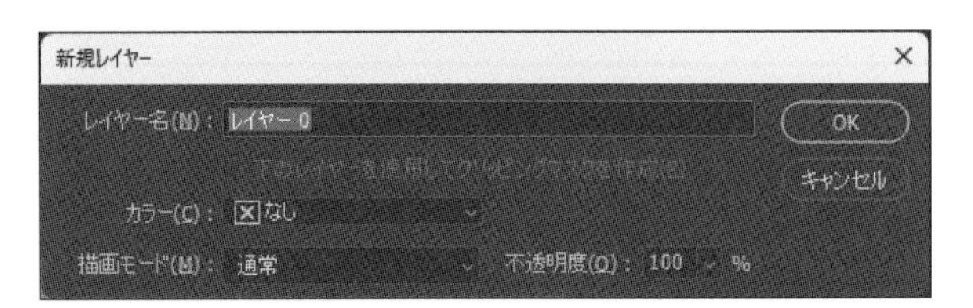

[新規レイヤー] ダイアログボックスが表示されます。レイヤー名を初期設定のまま「レイヤー0」として [OK] をクリックします。

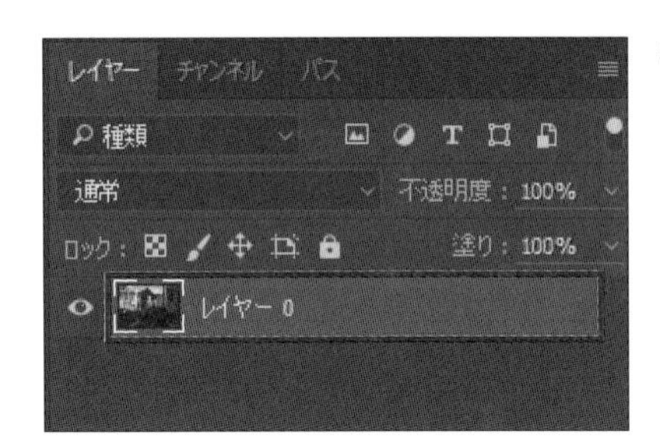

背景レイヤーの名前が変わります。

空を選択

画像の空の部分だけを選択します。色の似ている範囲を自動で選択します。

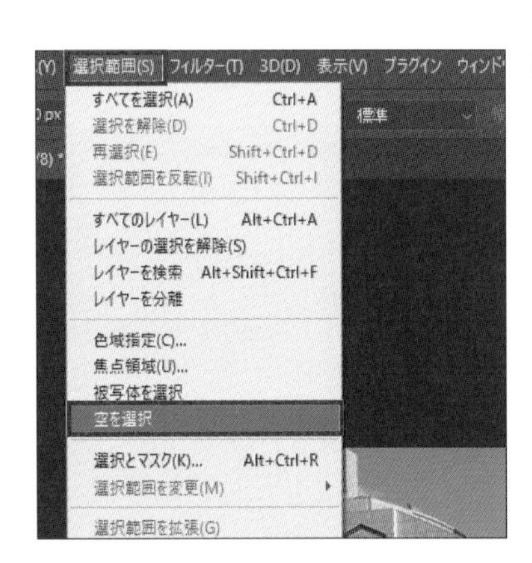

[選択範囲] メニュー→ [空を選択] をクリックします。

空が選択されます。

Deleteキーを押して選択部分を削除し、透明にします。

選択範囲(S) フィルター(T) 3D(D) 表
すべてを選択(A) Ctrl+A
選択を解除(D) Ctrl+D
再選択(E) Shift+Ctrl+D
選択範囲を反転(I) Shift+Ctrl+I
すべてのレイヤー(L) Alt+Ctrl+A
レイヤーの選択を解除(S)
レイヤーを検索 Alt+Shift+Ctrl+F
レイヤーを分離

［選択範囲］メニュー→［選択を解除］をクリックして、選択を解除します。**Ctrl**＋**D**キーでも同様の操作が可能です。

埋め込みを配置

新しく空の部分に入る画像を、新しいレイヤーとして配置します。

ファイル(F) 編集(E) イメージ(I) レイヤー(L)
新規(N)... Ctrl+N
開く(O)... Ctrl+O
Bridge で参照(B)... Alt+Ctrl+O
指定形式で開く... Alt+Shift+Ctrl+O
スマートオブジェクトとして開く...
最近使用したファイルを開く(T)
閉じる(C) Ctrl+W
すべてを閉じる Alt+Ctrl+W
その他を閉じる Alt+Ctrl+P
閉じて Bridge を起動... Shift+Ctrl+W
保存(S) Ctrl+S
別名で保存(A)... Shift+Ctrl+S
コピーを保存... Alt+Ctrl+S
復帰(V) F12
編集に招待...
レビュー用に新規共有...
書き出し(E)
生成
Adobe Stock を検索...
Adobe Express のテンプレートの検索...
埋め込みを配置(L)...
リンクを配置(K)...
パッケージ(G)...

［ファイル］メニュー→［埋め込みを配置］をクリックし、［埋め込みを配置］ダイアログボックスが開いたら「画像を合成する2.jpg」を選択して［配置］をクリックします。

画面上に、対角線が2本引かれた状態で「画像を合成する2.jpg」が配置され、［レイヤー］パネルには新しいレイヤーができています。この状態で、オプションバーの［○］をクリックして配置を確定します。

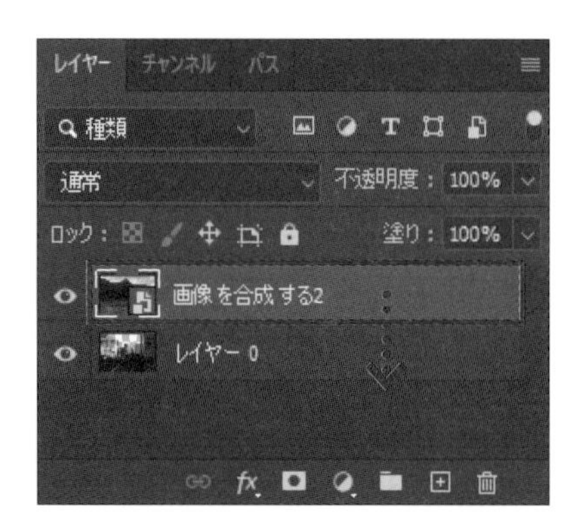

「画像を合成する2」レイヤーが前面の状態なので、レイヤーの順序を入れ替えます。「画像を合成する2」レイヤーを「レイヤー0」レイヤーの下にドラッグします。

駅前の画像が前面になり、透明部分は背面の山の画像が見えるようになります。

画像を統合

レイヤーを結合して1枚のレイヤーにします。

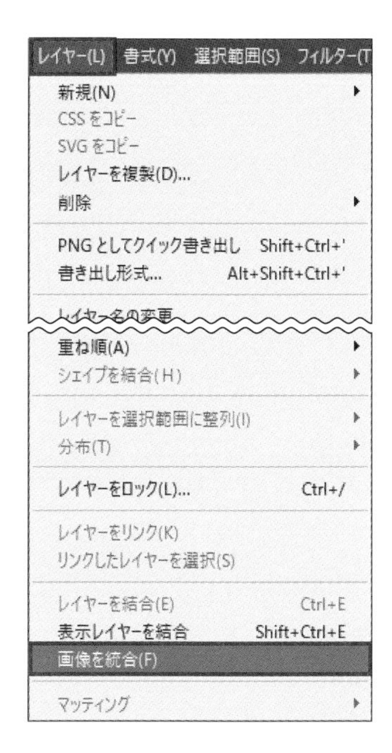

[レイヤー] メニュー→ [画像を統合] をクリックします。

これで完成例のような画像を作ることができました。

ファイルを保存

作成したファイルをPSD形式で保存します。

1.4 画像に文字を合成する

画像の上に文字を入力し、文字にスタイルを加えてデザインします。ここではPHOTOSHOPという文字にグラデーションを加え、文字の影が水面に映ったように見えるイメージを作成します。

使用ファイル 画像に文字を合成する.jpg

ファイルを開く

「画像に文字を合成する.jpg」を開きます。

横書き文字ツール

「PHOTOSHOP」という文字を挿入し、オプションから文字のサイズなどを決めます。

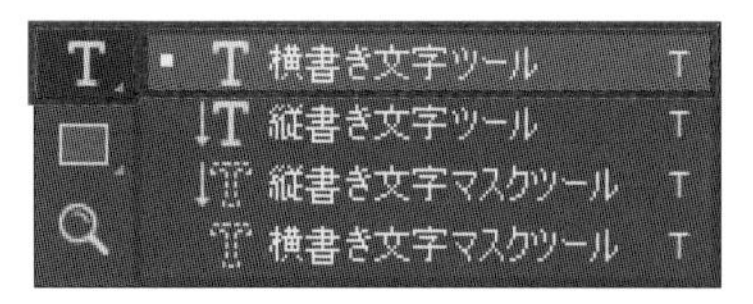

ツールパネルの［横書き文字ツール］をクリックします。

オプションバーで、フォントファミリーをArial、フォントスタイルをBold、フォントサイズを72ptに指定します。

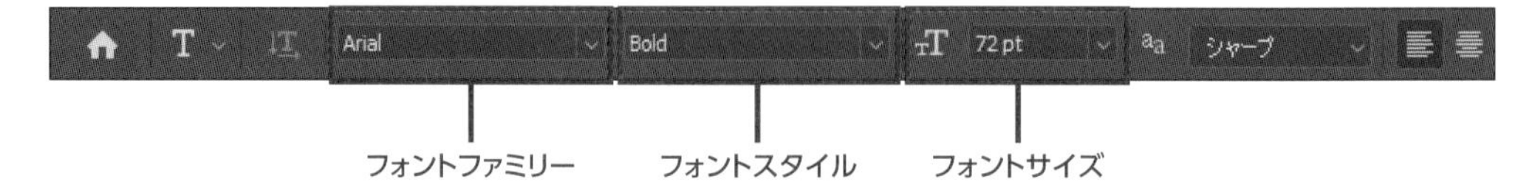

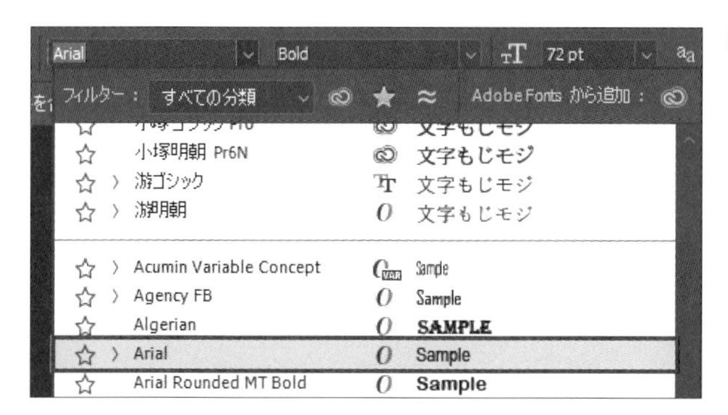

フォントファミリーは多くの種類が並んでおり、欧文（英字）用のフォントは下の方にスクロールすると現れます。

フォントファミリーArialはいくつかのフォントスタイルがあるので、ここではBoldを選びます。

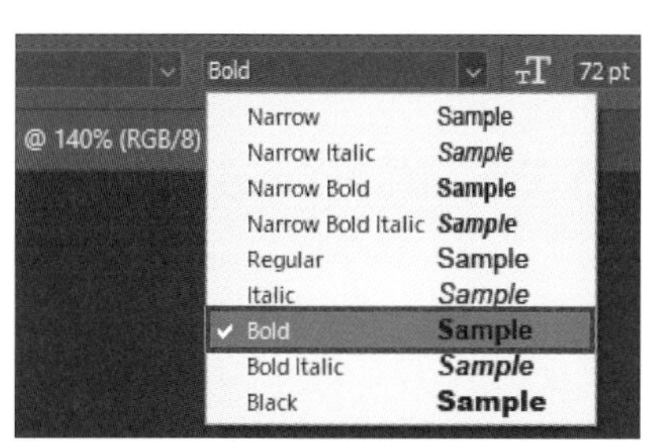

フォントサイズは［V］をクリックして表示される一覧から選択するか、ボックスに直接入力します。

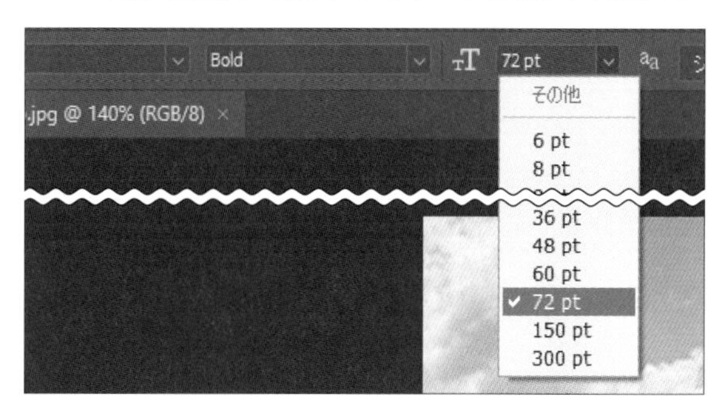

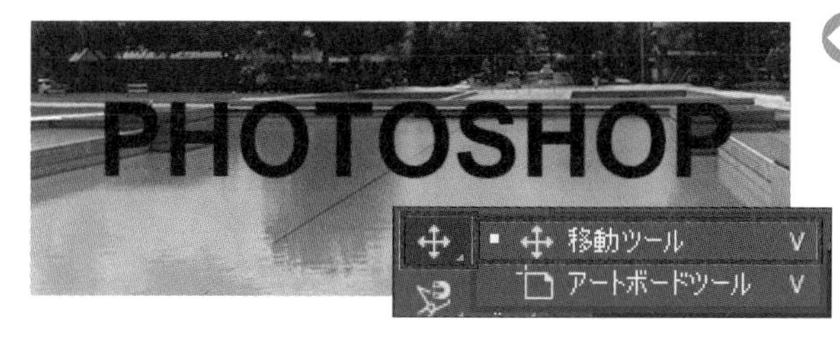

画面上をクリックして「PHOTOSHOP」と入力します。オプションバーの［○］をクリックして確定したあと、ツールパネルの［移動ツール］をクリックし、文字をドラッグして水面上に移動させます。

レイヤースタイル

文字にレイヤースタイルを適用します。ここでは文字に上が白（背景色）、下が黒（描画色）になるグラデーションを付けます。描画色と背景色がこの色（初期設定）でない場合は、グラデーションの色が異なります。

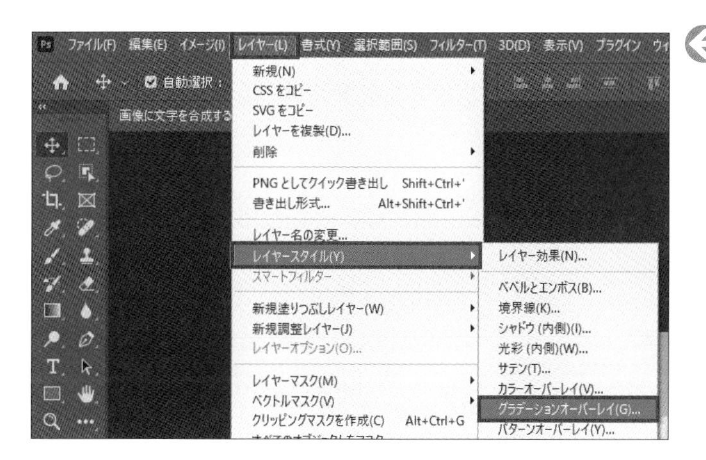

［レイヤー］パネルで「PHOTOSHOP」レイヤーを選択します。［レイヤー］メニュー→［レイヤースタイル］→［グラデーションオーバーレイ］をクリックします。

[レイヤースタイル] ダイアログボックスが開くので、[グラデーションオーバーレイ] にチェックが入っていることを確認します。
[グラデーション] の右側の [V] をクリックして、グラデーションのプリセットを開きます。今回は [基本] の中から左端の [描画色から背景色へ] を選びます。

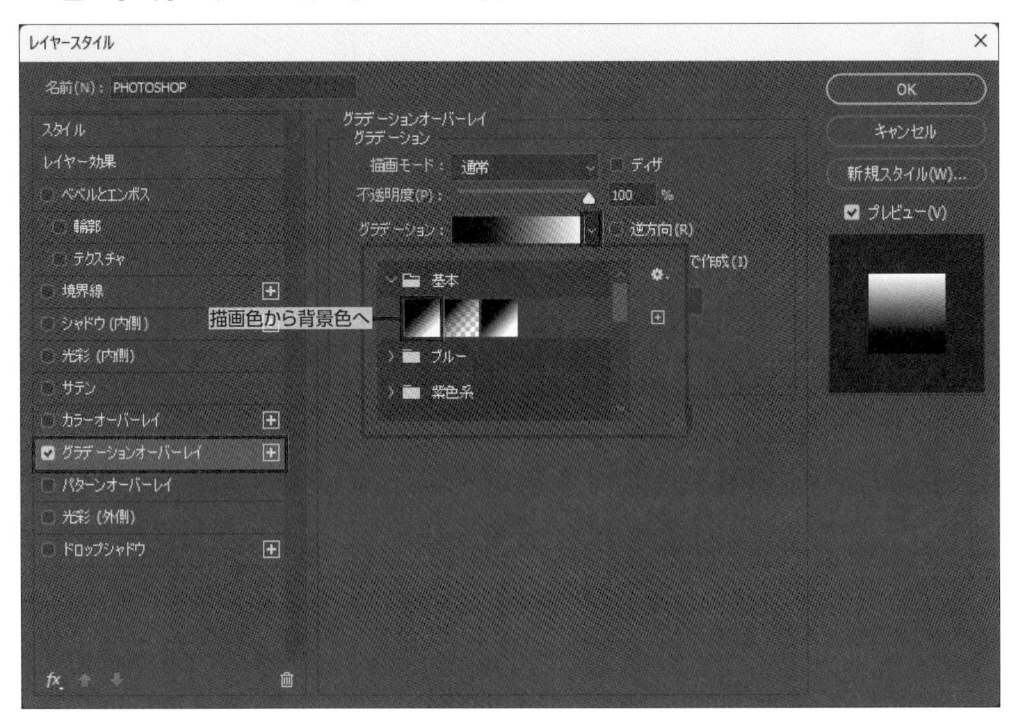

スタイルを [線形] にし [シェイプ内で作成] のチェックをオンにします。角度を90°、比率を100%にして [OK] をクリックします。

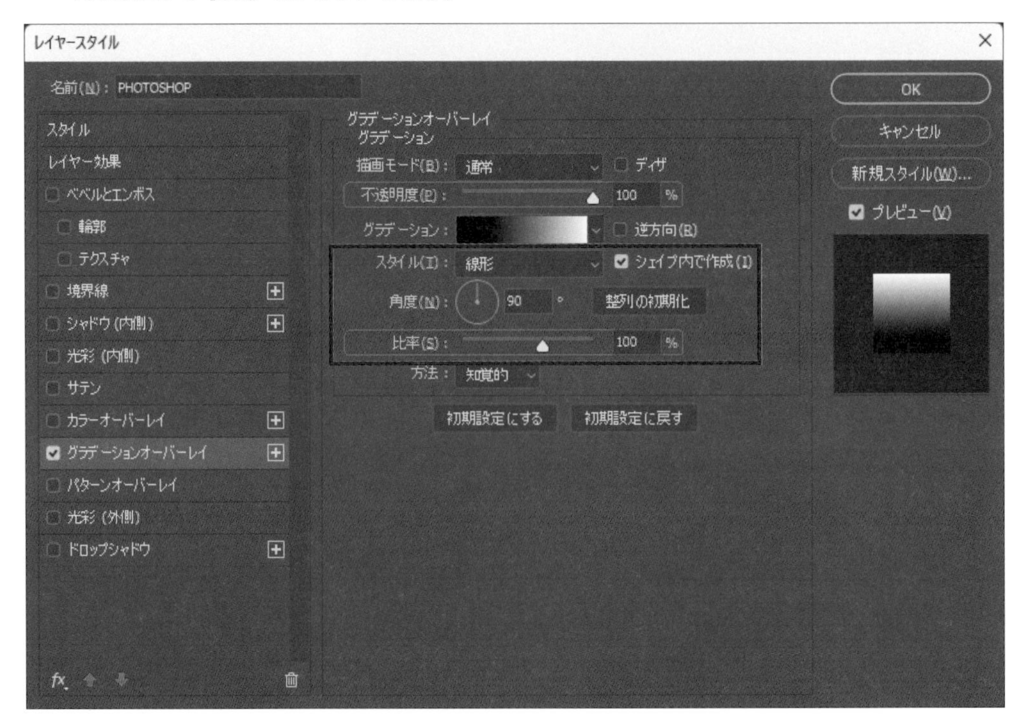

ここまでで次のような画面になっています。テキストレイヤーに［グラデーションオーバーレイ］のレイヤースタイルが適用されています。

レイヤーを複製

文字の影を作るためにテキストレイヤーを複製します。

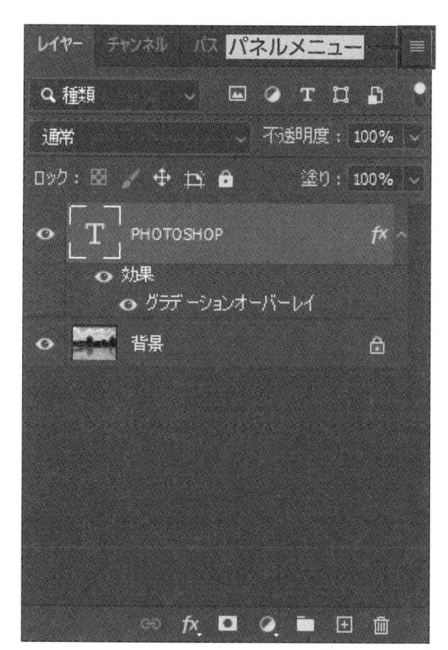

［レイヤー］パネルで「PHOTOSHOP」レイヤーを選択し、パネルメニュー→［レイヤーを複製］をクリックします。

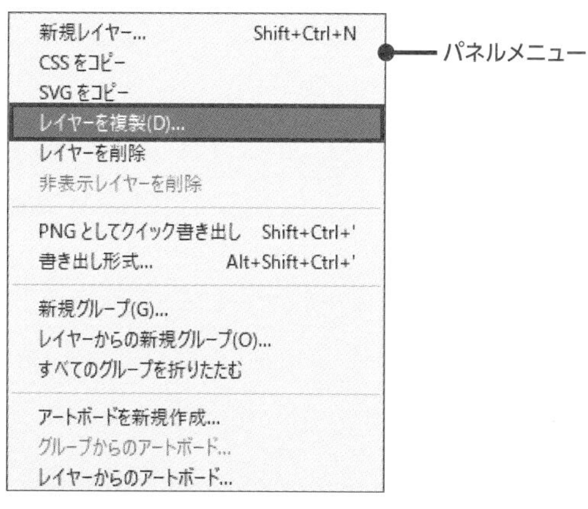

［レイヤーを複製］ダイアログボックスが開きます。レイヤー名を初期設定のまま「PHOTOSHOPのコピー」として［OK］をクリックします。

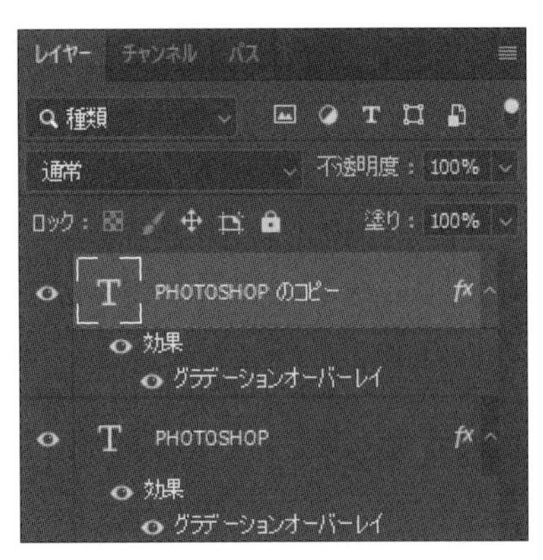

［レイヤー］パネルに新しいレイヤー「PHOTOSHOPのコピー」が追加されます。以降の操作はこの複製したレイヤーを対象に行います。

ツールパネルの［移動ツール］を選択し、「PHOTOSHOP」の文字を下方向にドラッグします。上下の文字が接する位置でマウスボタンを離します。

画像の反転

水面に映る文字の影になるように複製した文字を上下反転させます。

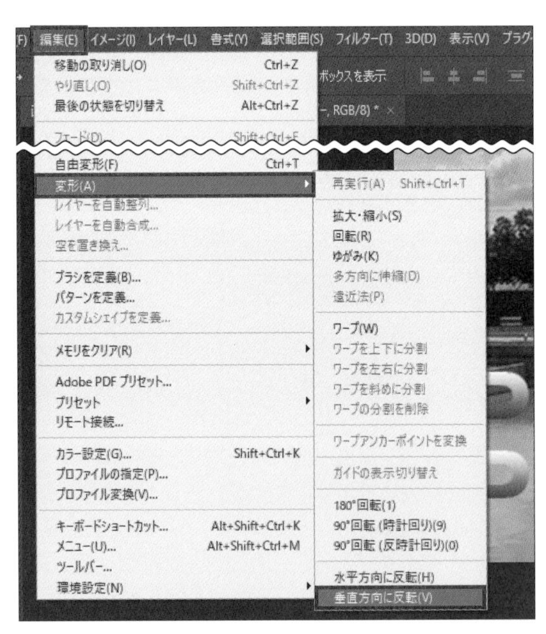

［編集］メニュー→［変形］→［垂直方向に反転］をクリックします。

下に配置した文字が上下反転します。

レイヤースタイルの変更

文字の反転にあわせ、グラデーションも上下反転させます。

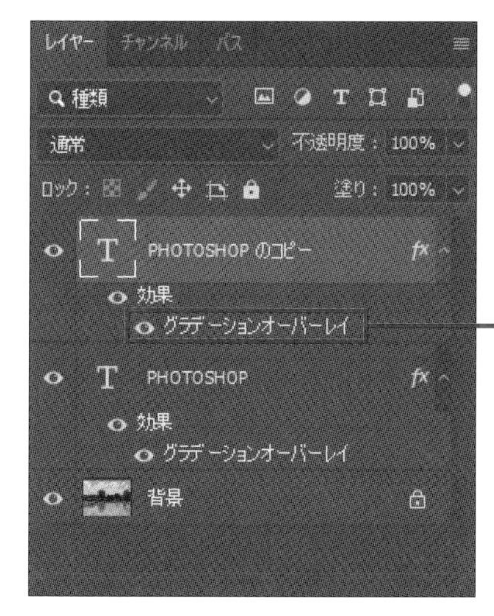

［レイヤー］パネルで、「PHOTOSHOPのコピー」レイヤーの［グラデーションオーバーレイ］をダブルクリックして、［レイヤースタイル］ダイアログボックスを開きます。

［グラデーション］の［逆方向］のチェックボックスをオンにし［OK］をクリックします。

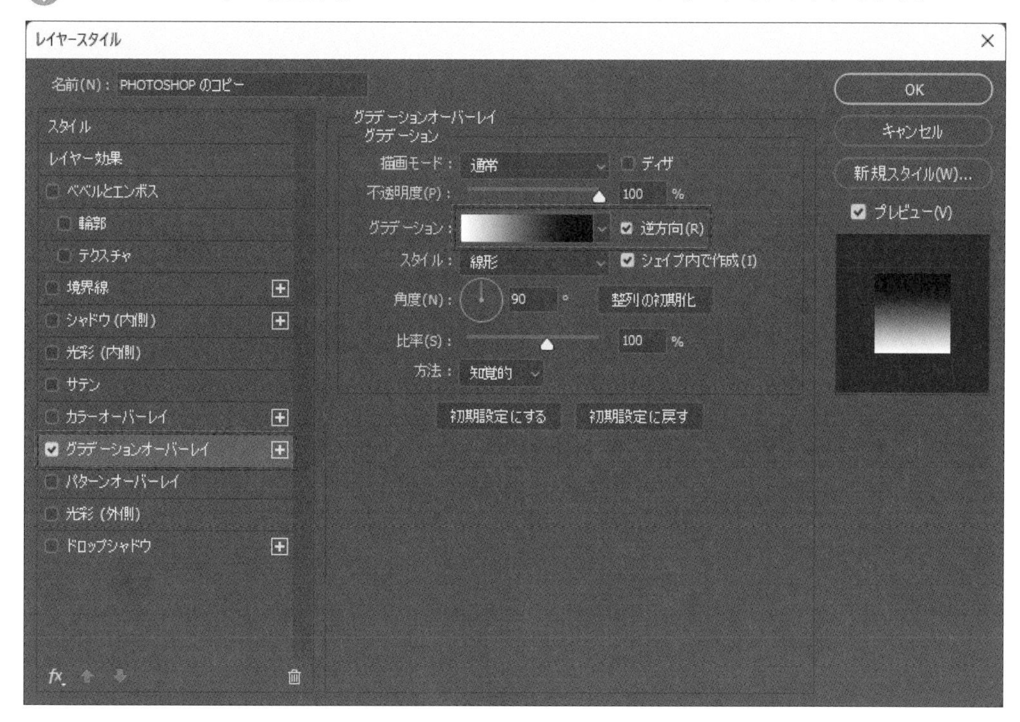

下に配置した文字のグラデーションが上下反転します。

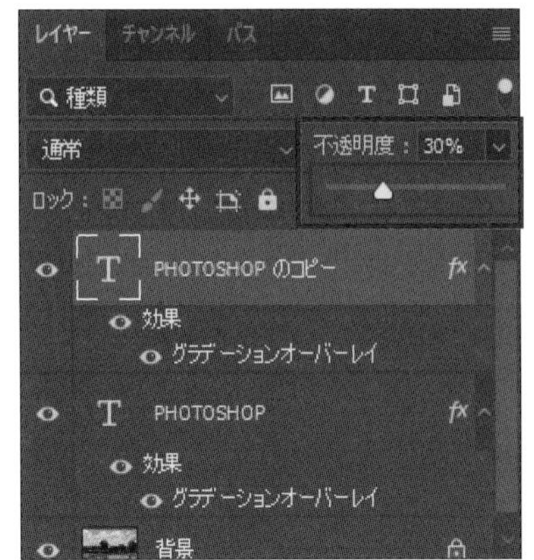

不透明度

上下反転させた文字を半透明にします。

[レイヤー] パネルで不透明度を設定します。[不透明度] の右側の [V] をクリックして、表示されたスライダーをドラッグし30%程度にします。

水面に写る影ができました。

波紋

文字の影にフィルターをかけて水面で揺れているような効果を加えます。

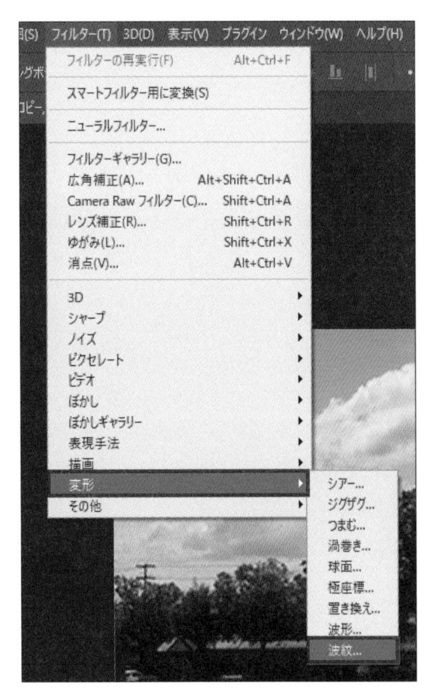

[フィルター] メニュー→ [変形] → [波紋] をクリックします。

次のメッセージが表示されます。このあと文字を編集する必要はないので、ここでは [ラスタライズ] を選択します。

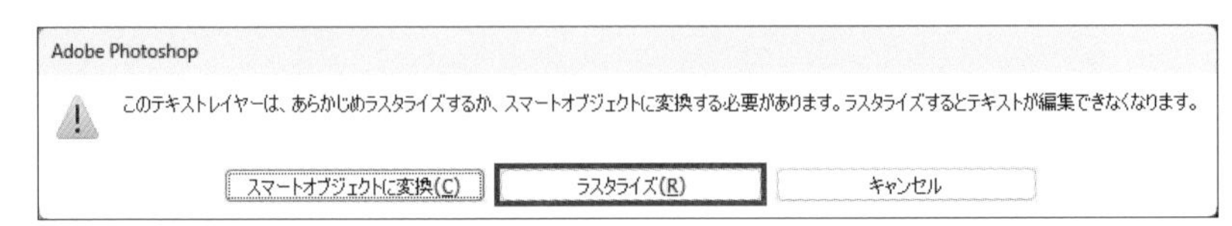

[波紋] ダイアログボックスが開きます。[OK] をクリックすると確定します。

これで完成例のような画像を作ることができました。

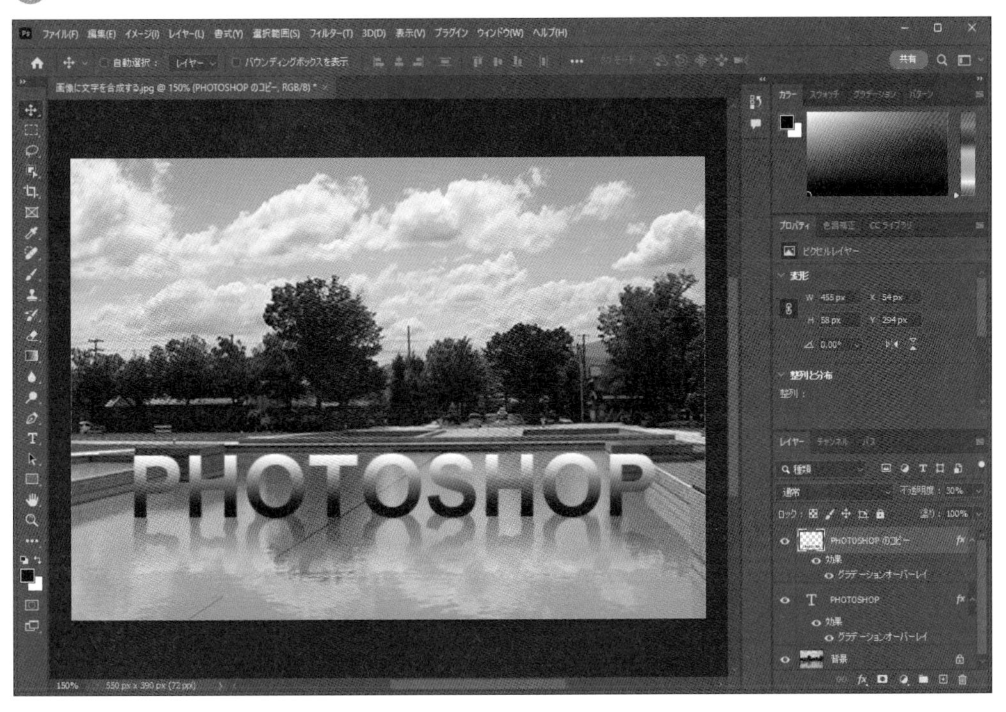

ファイルを保存

作成したファイルをPSD形式で保存します。

もう少し練習したいときは

それぞれの処理をさらに練習したいときのために、もう一つずつサンプル画像を［練習問題フォルダー］に用意しました。操作手順を参照せずに同じことができるか、試してみるのもいいでしょう。

料理をおいしく見せる

1.1.jpg

完成例

画像をミニチュア風にする

1.2.jpg

完成例

2つの画像を合成する

1.3a.jpg

1.3b.jpg

完成例

画像に文字を合成する

1.4.jpg

完成例

2

Photoshopの基礎

2.1 画面構成

Photoshopのウィンドウはいくつかのパーツで構成されます。まず、それぞれの名称やおおまかな役割を覚えましょう。

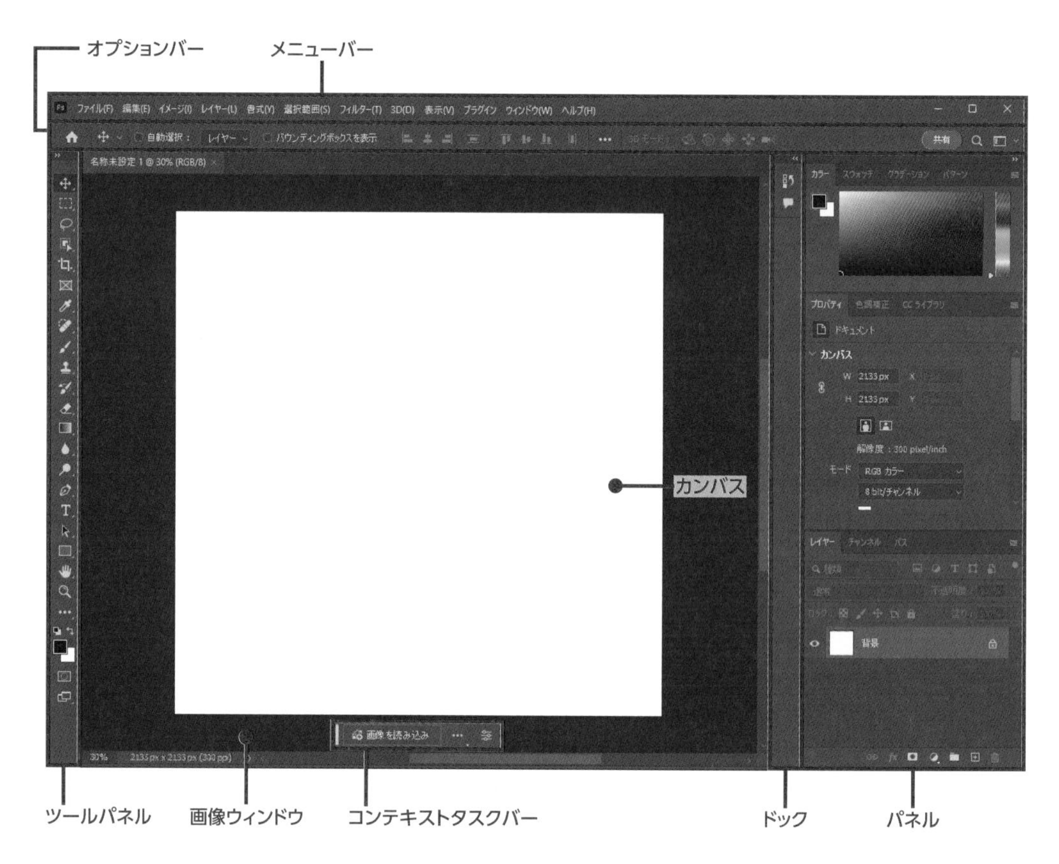

この画面構成を「ワークスペース」といいます。画面解像度などのPC環境の違いにより表示が異なる場合があります。

メニューバー
関連する機能（コマンド）が分類されています。プルダウンメニューの各項目の右側に▶が付いている項目をクリックすると、サブ項目が表示されます。

オプションバー
選択されている機能に設定できるオプションなどが、機能ごとに切り替わって表示されます。

ツールパネル
画像やオブジェクトを操作するためのツールの一覧です。

画像ウィンドウ
編集中の画像を表示する領域です。

カンバス
画像を操作するための作業領域です。

パネル
カラー、スタイル、レイヤーなどの詳細な情報を表示する領域です。パネルは配置を自由に変更できます。

ドック
パネルのアイコンを収納しておく場所です。アイコンをクリックすると対応するパネルが表示されます。

コンテキストタスクバー
新規ドキュメントを作成したり、画像を開いたりするとカンバス上に表示され、関連性の高い次の操作を選択することができます。[ウィンドウ] メニュー→ [コンテキストタスクバー] で、表示・非表示を切り替えられます。本書ではコンテキストタスクバーを非表示にしています。

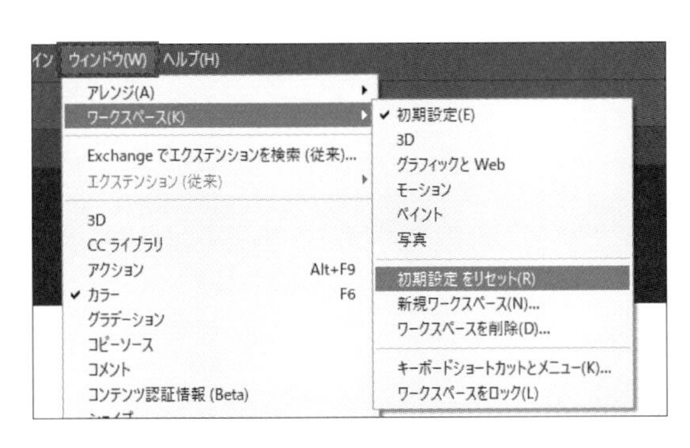

ワークスペースにあるそれぞれのパーツは、位置や表示形式を変更することができます。既定の状態に戻したいときは、[ウィンドウ] メニュー→ [ワークスペース] → [初期設定をリセット] をクリックします。

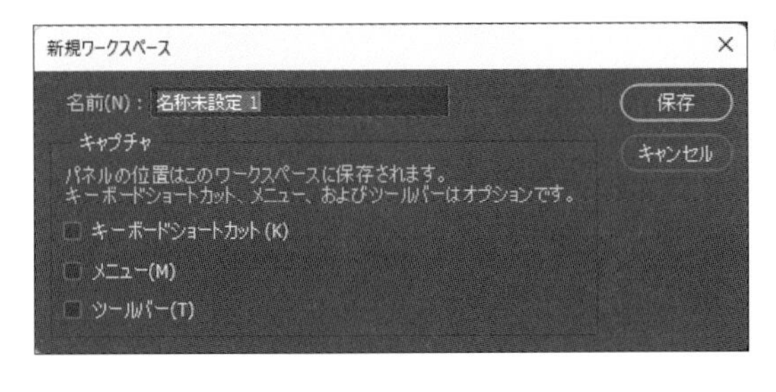

既定の状態から変更したワークスペースは保存することができます。[ウィンドウ] メニュー→ [ワークスペース] → [新規ワークスペース] で、名前を付けて、現在のワークスペースの設定や位置を保存します。保存したワークスペースはオプションバーの右端の [ワークスペースを選択] アイコン を、クリックして呼び出すことができます。

ツールパネル

ツールパネルは、オブジェクトの移動、選択、描画、表示上の拡大縮小など、さまざまな操作を行うツールが収納されています。

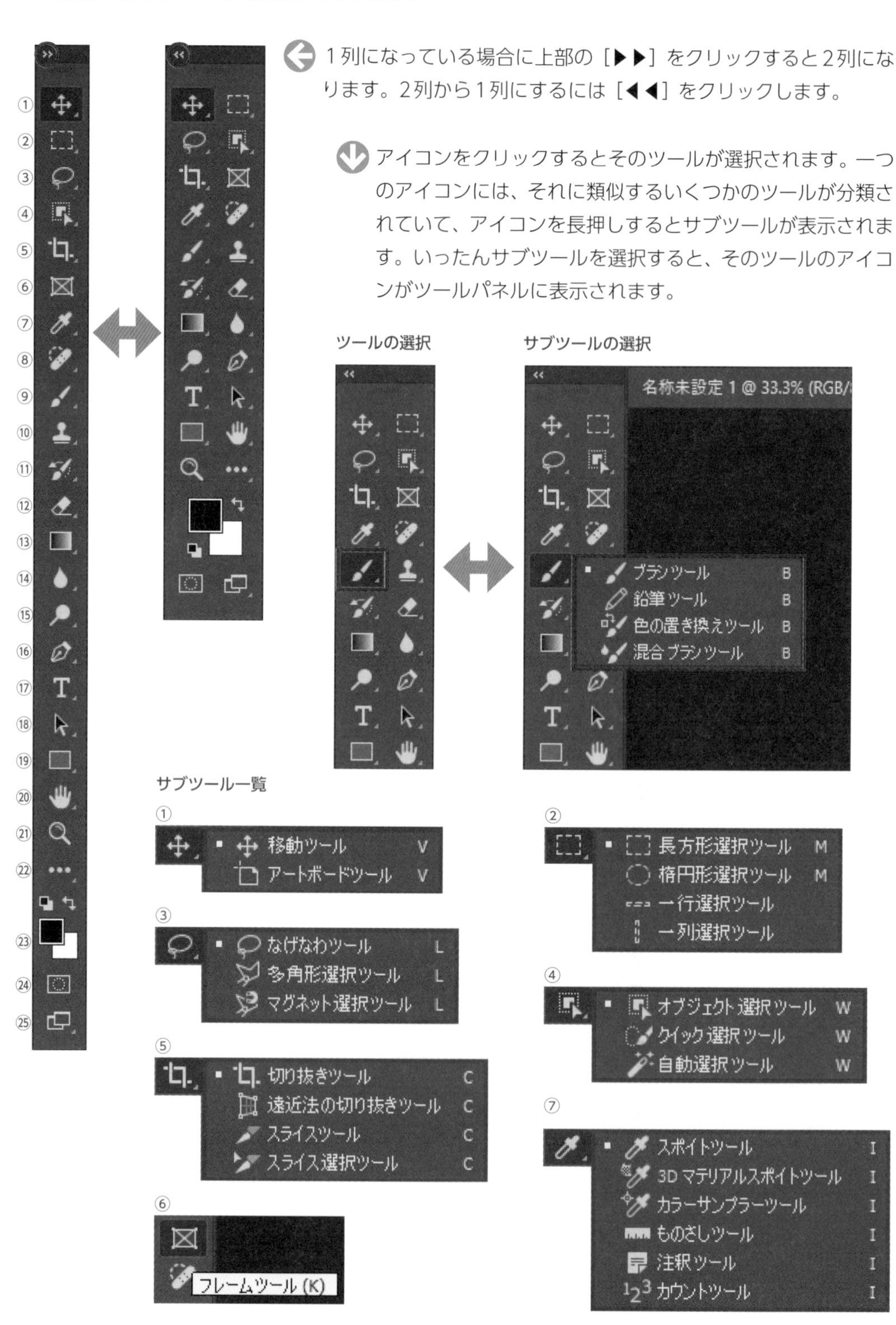

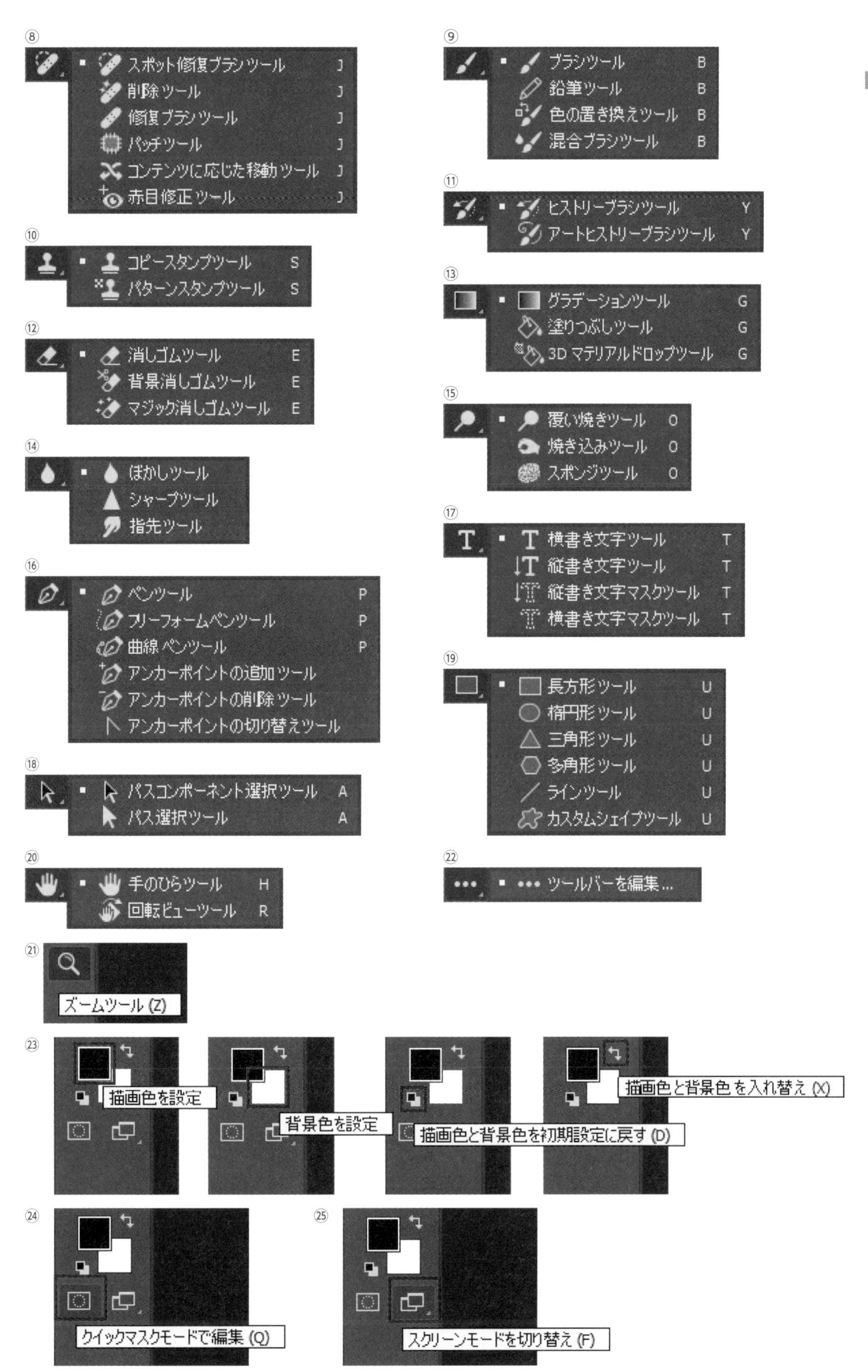
⑧
スポット修復ブラシツール J
削除ツール J
修復ブラシツール J
パッチツール J
コンテンツに応じた移動ツール J
赤目修正ツール J
⑨
ブラシツール B
鉛筆ツール B
色の置き換えツール B
混合ブラシツール B
⑪
ヒストリーブラシツール Y
アートヒストリーブラシツール Y
⑩
コピースタンプツール S
パターンスタンプツール S
⑬
グラデーションツール G
塗りつぶしツール G
3D マテリアルドロップツール G
⑫
消しゴムツール E
背景消しゴムツール E
マジック消しゴムツール E
⑮
覆い焼きツール O
焼き込みツール O
スポンジツール O
⑭
ぼかしツール
シャープツール
指先ツール
⑰
横書き文字ツール T
縦書き文字ツール T
縦書き文字マスクツール T
横書き文字マスクツール T
⑯
ペンツール P
フリーフォームペンツール P
曲線ペンツール P
アンカーポイントの追加ツール
アンカーポイントの削除ツール
アンカーポイントの切り替えツール
⑲
長方形ツール U
楕円形ツール U
三角形ツール U
多角形ツール U
ラインツール U
カスタムシェイプツール U
⑱
パスコンポーネント選択ツール A
パス選択ツール A
⑳
手のひらツール H
回転ビューツール R
㉒
ツールバーを編集...
㉑
ズームツール (Z)
㉓
描画色を設定
背景色を設定
描画色と背景色を初期設定に戻す (D)
描画色と背景色を入れ替え (X)
㉔
クイックマスクモードで編集 (Q)
㉕
スクリーンモードを切り替え (F)

オプションバー

選択しているツールに関する設定や操作の確定・キャンセルなどを行うパーツがオプションバーです。

左端に現在選択しているツールが表示されます。設定項目はツールごとに異なります。[ウィンドウ] メニュー→ [オプション] で表示/非表示を切り替えることができます。

パネルとドック

パネルとドックのエリアは使いやすいように配置や表示を変更できます。

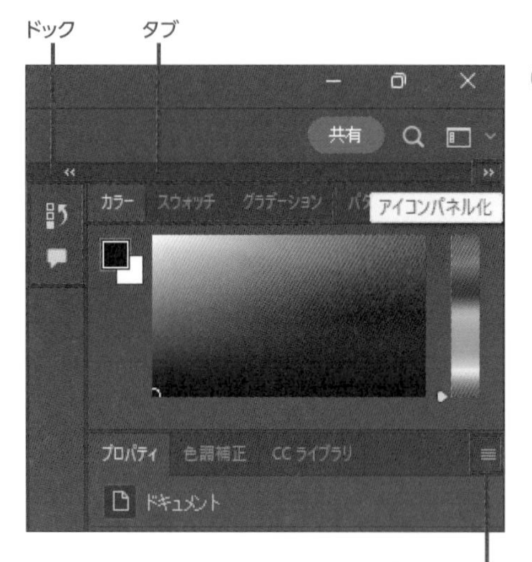

パネルは [カラー] や [レイヤー] など、各種の設定項目を表示している部分です。操作の内容によって必要なパネルを表示しておけば、情報の参照や詳細な設定がすぐに行えます。同じ領域に複数のパネルがある場合はタブで切り替えます。タブをドラッグすると配置を自由に変更できます。右上の [アイコンパネル化] をクリックすると、アイコン表示になるので、作業領域が広くなります。
パネルの右端にあるボタンをクリックすると、そのパネルに関連する [パネルメニュー] が表示されます。

ドックはパネルのアイコンを収納したエリアです。各種パネルは [ウィンドウ] メニューからパネル名をクリックして表示します。一部のパネルはドックにアイコンが追加されて開きます。

2.2 環境設定

Photoshopの環境設定では、既定の動作、単位、書き出しの際のファイル形式や保存場所の設定などが行えます。

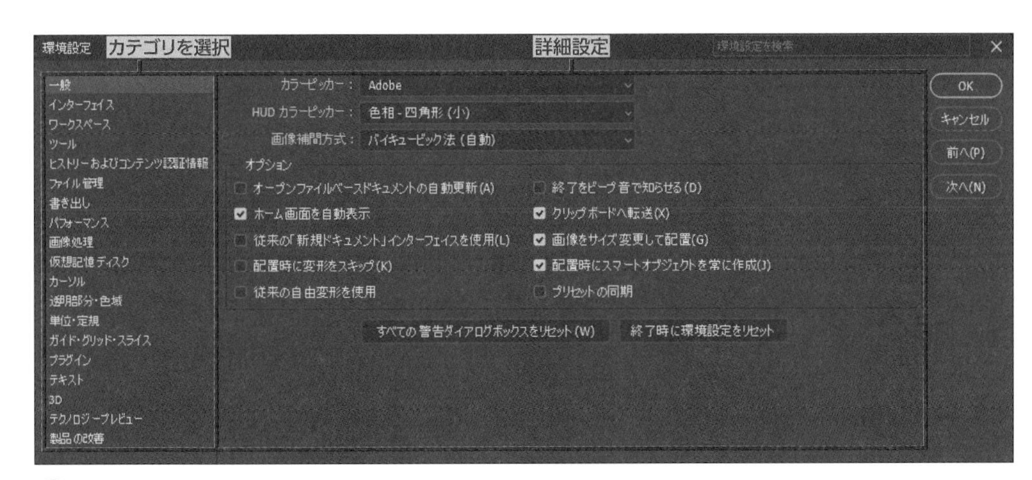

[編集] メニュー→ [環境設定] → [一般] で [環境設定] ダイアログボックスを表示します。**Ctrl**＋**K**キーでも同様の操作が可能です。
左側の一覧からカテゴリを選択して、右側で詳細を設定します。
例えば [ファイル管理] では、ファイルの既定の保存場所を、コンピューター上とCreative Cloudのどちらにするかを選択したり、ファイルの自動保存のタイミングなどを指定したりできます。[書き出し] では、クイック書き出しの際のファイル形式や書き出しの場所を設定できます。[単位・定規] では使用する単位の指定ができます。[テキスト] では、テキストレイヤーにサンプルテキストを表示する・表示しないなどを設定できます。

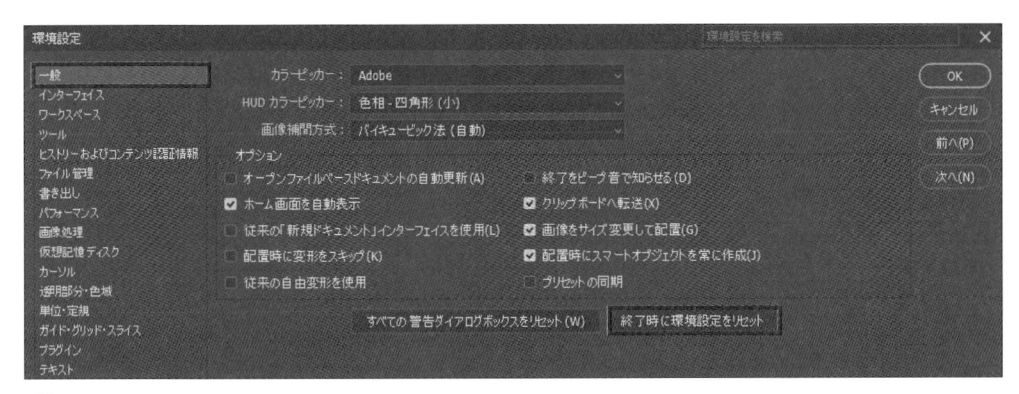

[一般] で、[終了時に環境設定をリセット] をクリックすると、環境設定を初期化できます。
ただし、環境設定をリセットすると、カスタマイズした環境設定に加え、カラー設定、カスタムショートカット、ワークスペースなどの環境設定ファイルが完全に削除されるので注意が必要です。

2.3 ドキュメントの作成

Photoshopの作業は、ドキュメントを新規で作成したり、既存の画像を開いたりするところから始まります。この最初の作業での基本的な方法を学びます。

新規ドキュメントの作成

新しくドキュメントを作成するときは、用途に合わせてドキュメントの種類からプリセットを選択します。

[ファイル] メニュー→ [新規] で、[新規ドキュメント] ダイアログボックスを表示します。ダイアログボックスの上部のタブで、[写真] [Web] などのドキュメントの種類を選びます。例えば [印刷] を選んで、[すべてのプリセットを表示] をクリックすると一覧が表示されるので、[A4] などのサイズを選びます。
右側の [プリセットの詳細] では、ドキュメントの名前や、サイズ (幅と高さ)、解像度、カラーモードなども自由に指定できます。

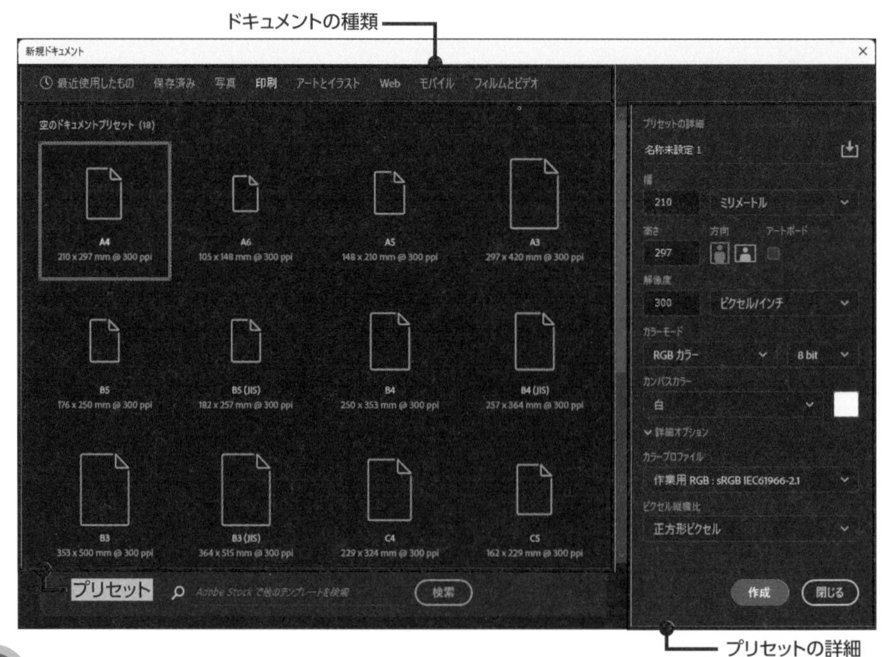

メモ

「プリセット」とは、用途に合わせてあらかじめ保存されている設定のことです。印刷には [A4] や [B4] など、印刷に適したカラーモードや解像度が設定されたプリセットがあります。

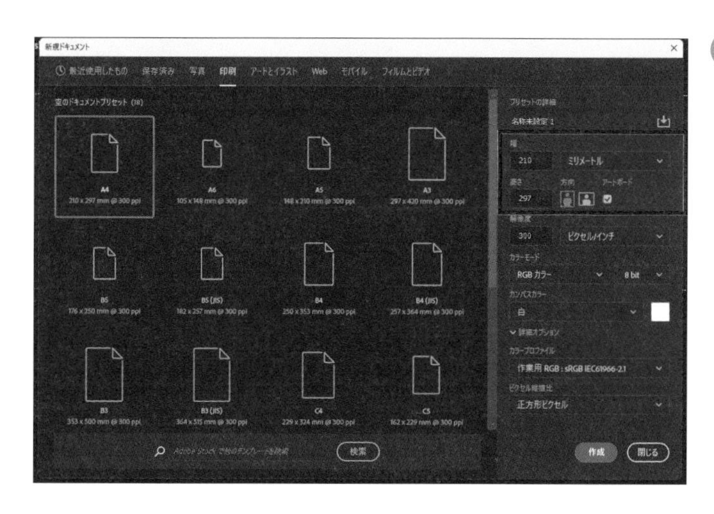

任意のサイズでドキュメントを作成するには、幅と高さを設定します。単位も指定できます。[方向] ではドキュメントの向きを指定します。
[アートボード] にチェックを入れると、アートボードを作成できます。

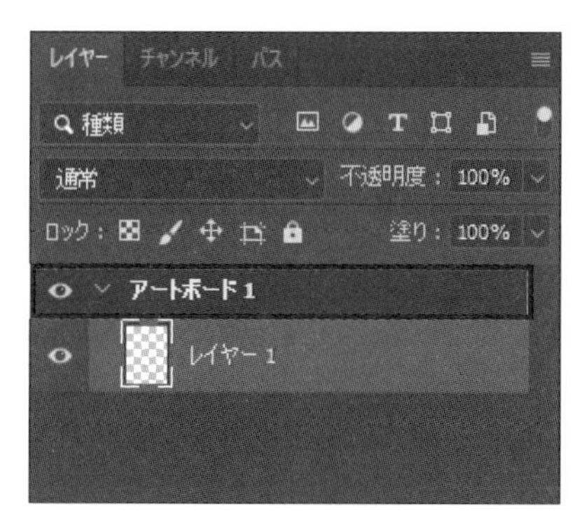

アートボードは、デザインを作成するための土台で、独立したカンバスとして機能します。アートボードを作成すると、一つのファイル内で、複数のデザインやサイズ違いのデザインを管理できるため、効率よく作業が行えます。複数のファイルとしてデザインを別々に保存するよりも便利です。

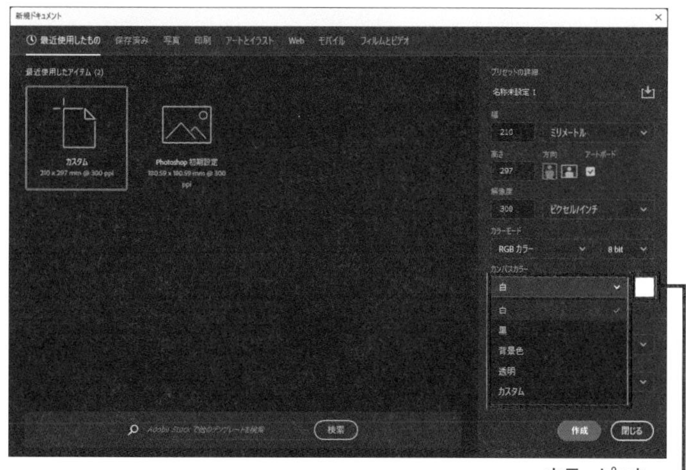

カンバスカラーは、新規ファイルを作成するときの背景の色を設定します。[白]、[黒]、[背景色]、[透明]、[カスタム] を選択できます。
[白] は白い背景です。
[透明] を選択すると、透明のカンバス（表示はグレーの格子模様）が作られます。
[背景色] は [V] の右側にあるカラーピッカーから色を変更できます。

画像を開く

Photoshopで、画像ファイルを開きます。

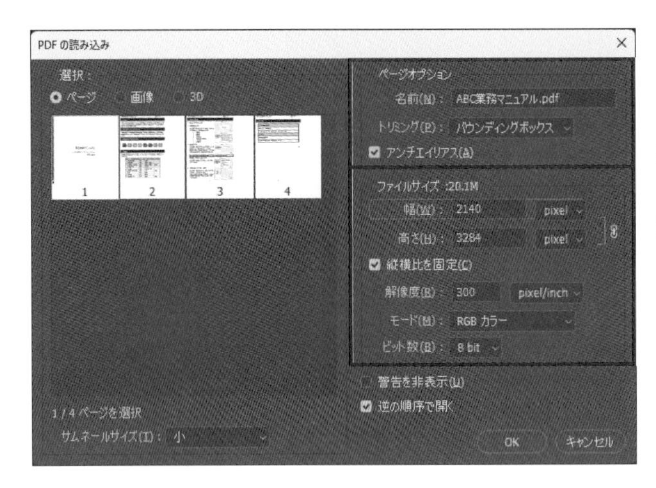

［ファイル］メニュー→［開く］で、［開く］ダイアログボックスを表示します。ここで目的のファイルを選択するとファイルが開きます。

選択したのがPDFファイルの場合は［PDFの読み込み］ダイアログボックスが開きます。ここでは開くページを選択したり、画像だけを抽出したり、トリミング、ドキュメントのサイズや解像度などの設定ができます。

指定形式で開く

ファイル名に拡張子がない、拡張子が間違っているなどの場合に、適切な形式を指定してファイルを開くには、［ファイル］メニュー→［指定形式で開く］で、［開く］ダイアログボックスを表示します。もちろん、実際のファイルが指定した形式になっていなければ開くことはできません。

画像を配置する（埋め込む・リンクする）

現在のドキュメントに別の画像を読み込む方法には、「埋め込み」と「リンク」の2通りがあります。「リンク」は読み込む画像ファイルとのリンクが維持されていて、元の画像ファイルが更新されるとPhotoshop上の画像も自動的に更新されます。一方「埋め込み」は元の画像ファイルとはリンクが切れ、配置後は別の画像として扱われます。同じ画像を複数のドキュメントにリンクで配置していると、元の画像ファイルを修正するだけですべてのドキュメントが更新されるので、手間が少なく更新ミスも防げます。一方、Photoshop上で独自の加工をする場合、元の画像ファイルを参照できない環境で作業する場合などは埋め込みでの配置が適しています。

「埋め込み」は［ファイル］メニュー→［埋め込みを配置］、「リンク」は［ファイル］メニュー→［リンクを配置］で操作します。読み込んだ画像はスマートオブジェクトとしてスマートオブジェクトレイヤーに配置されます。画像が埋め込みかリンクかは、［レイヤー］パネルのマークで見分けられます。
スマートオブジェクトについて詳しくは、「第7章　レイヤー」で説明します。

Adobe Bridgeを利用して開く

Adobe Bridgeは、Photoshopなどと一緒にインストールされるファイル管理アプリケーションで、WindowsのエクスプローラーやMacのFinderの代わりに使えます。条件指定によるファイルの絞り込みや、メタデータ（ファイル情報）の表示などが可能です。

Adobe Bridgeを起動するには［ファイル］メニュー→［Bridgeで参照］をクリックします。

2.4 ファイル形式

Photoshopは多くのファイル形式に対応しており、開いたり書き出したりできます。ファイル形式は基本的に拡張子によって識別します。それぞれの特性を理解し、用途に応じて適切なファイル形式を選択する必要があります。以下に代表的なものを紹介します。

[ファイル] メニュー→ [保存] で、現在開いているファイルが上書き保存されます。
[ファイル] メニュー→ [別名で保存] で、[別名で保存] ダイアログボックスが開きます。

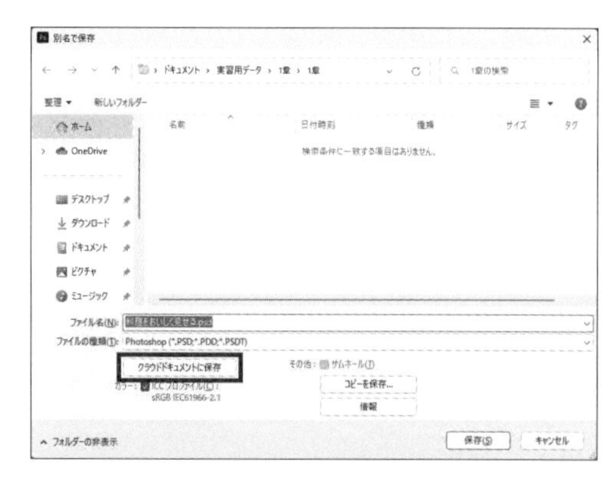

ファイル名、保存場所、ファイルの種類などを指定して保存します。選択したファイルの種類により、Creative Cloudに保存することができます。Creative Cloudに保存する場合は［クラウドドキュメントに保存］をクリックします。

メモ

開いているファイルにより、[別名で保存] ダイアログボックスで選択できるファイルの種類が異なります。

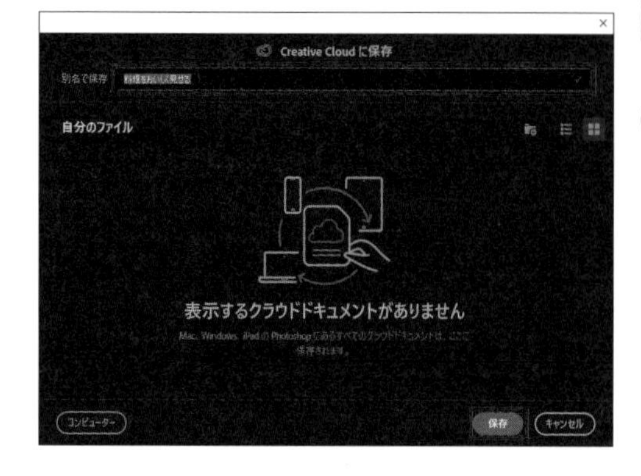

[Creative Cloudに保存] ダイアログボックスで任意の名前を付けて、[保存] をクリックします。

よく使われるファイルの形式

よく使われるファイル形式と特徴を理解しましょう。

PSD（ピーエスディー）

Photoshopの基本的なファイル形式です。Illustrator、InDesign、Premiere ProなどのAdobeアプリケーションや他のグラフィックスアプリケーションでも直接開くことができます。

JPEG、JPG（ジェイペグ）

写真のような画像に向く形式で、Webページでも広く利用されています。画質をあまり損なわずに元の画像を圧縮することによってデータを小さくしていますが、一度圧縮すると元に戻せない「非可逆圧縮形式」です。ファイル保存時に圧縮率を指定できます。

GIF（ジフ）

色数の少ないイラストやボタンの画像向きの形式で、JPEGと同様Webページで広く利用されています。256色以下の色数しか使えないという制約がある一方、透明部分を保持できる、「可逆圧縮形式」である、アニメーションを表現できるなどの機能があります。

BMP（ビットマップ）

ピクセルごとのデータをそのまま保存するファイル形式です。圧縮していないためファイルサイズはかなり大きくなるほか、Webブラウザの表示機能が対応していないこともあり、Web用、印刷用で使うことはほとんどありません。

PNG（ピング）

BMP形式のデータに対して圧縮を行った形式で、Webページで広く利用されています。元のデータに戻すことができる「可逆圧縮形式」です。画面をキャプチャした画像などはかなり圧縮されますが、写真などの圧縮率はあまり高くありません。透明部分を保持できます。

TIFF（ティフ）

画像データそのもの以外に、レイヤーなどの画像情報を付加したファイル形式です。

PDF（ピーディーエフ）

さまざまな環境で同一の見た目を維持できることを目指したファイル形式です。Photoshopで編集可能なデータも付随して保存することができるので、［別名で保存］ダイアログボックスなどのファイルの種類では［Photoshop PDF］と表示されます。レイヤー情報を保持することができます。

そのほかの形式

Camera Raw（カメラロウ）

デジタルカメラで撮影し、圧縮や加工を行っていない状態の生データのことです。Camera Rawを「RAW形式」ということもあります。

SVG（エスブイジー）

Webブラウザでも表示できるベクトル画像のファイル形式です。

MP4（H.264、MPEG-4 AVC）（エムピーフォー、エムペグフォー）

圧縮率が非常に高いうえに画質がいいことから、広く利用されている動画のファイル形式です。

2.5 画面操作

画像を拡大縮小したり、素早く切り替えたり、表示を工夫して作業領域を広げたりといった画面操作のさまざまな機能を学習します。

ズームツール

ズームツールは画像の表示を拡大・縮小するツールです。細かい部分の作業をする場合には拡大して作業し、全体を確認するときには縮小する、というように作業の途中で何度も行う操作です。素早く行えるように練習しましょう。

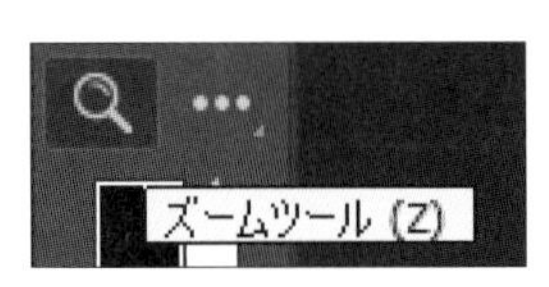

ツールパネルで［ズームツール］をクリックします。

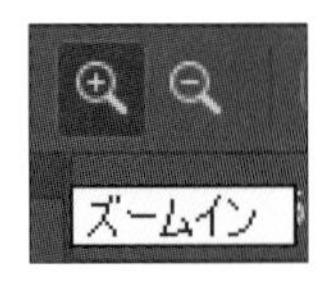

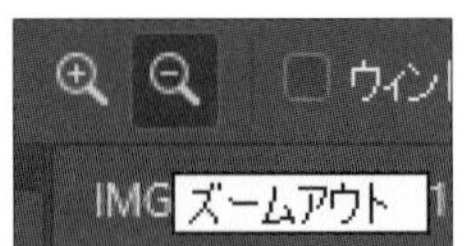

オプションバーのアイコンで拡大する［ズームイン］と縮小する［ズームアウト］を切り替えられます。

使用ファイル ズームツール.jpg

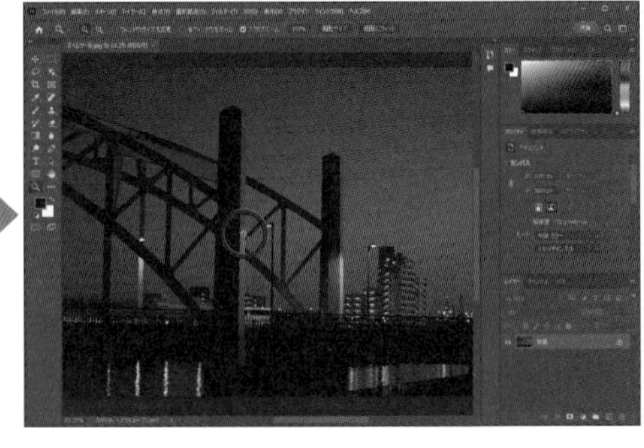

［ズームイン］の状態で画像をクリックすると、マウスカーソルがある位置を基点に画像が拡大表示されます。

表示倍率はウィンドウ左下で確認できます。

ズームツール以外に以下の操作でも拡大縮小ができます。

- **Alt**キーを押しながらマウスのホイールを回転させて拡大・縮小
- **Ctrl**キーを押しながら**+**で拡大、**−**で縮小
- ウィンドウ左下の倍率を直接入力する、または数値を選択した状態でマウスホイールを回転
- **Ctrl**+**0**キー（数字のゼロ）で画像全体を表示

[表示] メニュー

画像の拡大縮小は［表示］メニューからも操作できます。

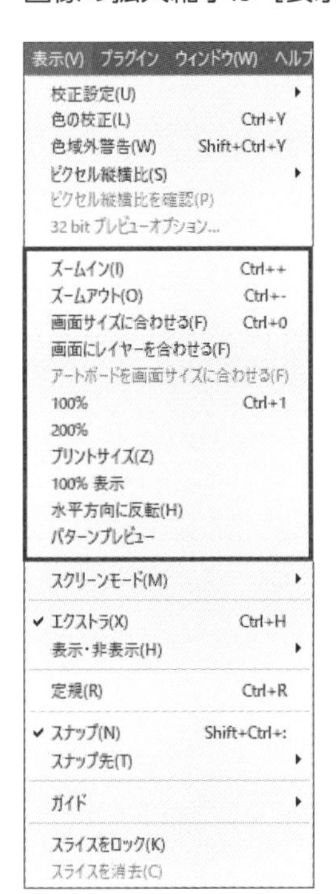

- **［ズームイン］［ズームアウト］**
  ズームツールと同様の操作です。
- **［画面サイズに合わせる］**
  画像全体を表示。**Ctrl**+**0**キーの操作と同じです。
- **［画面にレイヤーを合わせる］**
  選択しているレイヤーを画面全体に表示します。
- **［アートボードを画面サイズに合わせる］**
  アートボードを利用している場合、アートボード全体を表示します。
- **［100%］［200%］**
  画像をそれぞれの倍率で表示します。
- **［プリントサイズ］**
  印刷した場合とほぼ同じ大きさで表示します。
- **［100% 表示］**
  使用しているディスプレイの規格に合わせて、印刷した場合とほぼ同じ大きさで表示します。
- **［水平方向に反転］**
  画像を左右に反転して表示します。
- **［パターンプレビュー］**
  カンバス中央に表示される四角形のエリアに任意のグラフィック要素を配置して、規則的なパターンを効率的に作成します。

手のひらツール

手のひらツールは、拡大した画像の表示エリアを移動するときに使用します。ズームツールとセットで覚えておきましょう。

ツールパネルの［手のひらツール］をクリックして、画像の上で左にドラッグします。

使用ファイル 手のひらツール.jpg

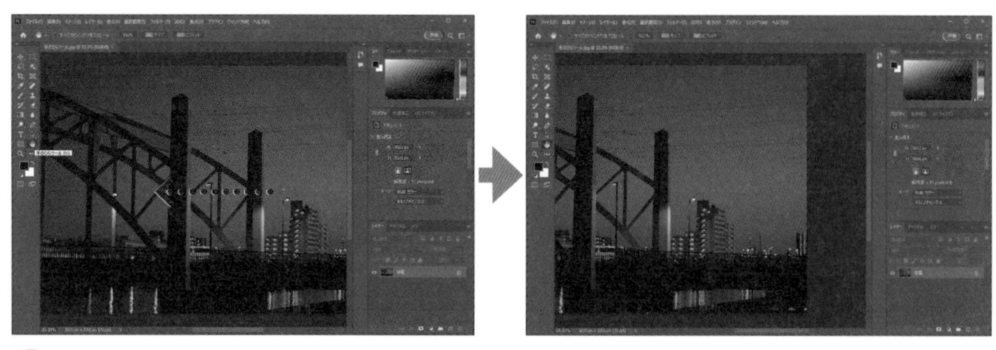

画像が全体に左に動きます。ドラッグでどの方向にも自在に動かすことができます。
ほかのツールを選択しているときでも、スペースキーを押している間は手のひらツールになります。この操作を覚えておくとたいへん便利です。

アレンジ

Photoshop上で、複数の画像やファイルを開いている場合、画像ウィンドウに並べて表示したり、別のウィンドウに分離して表示したりできます。

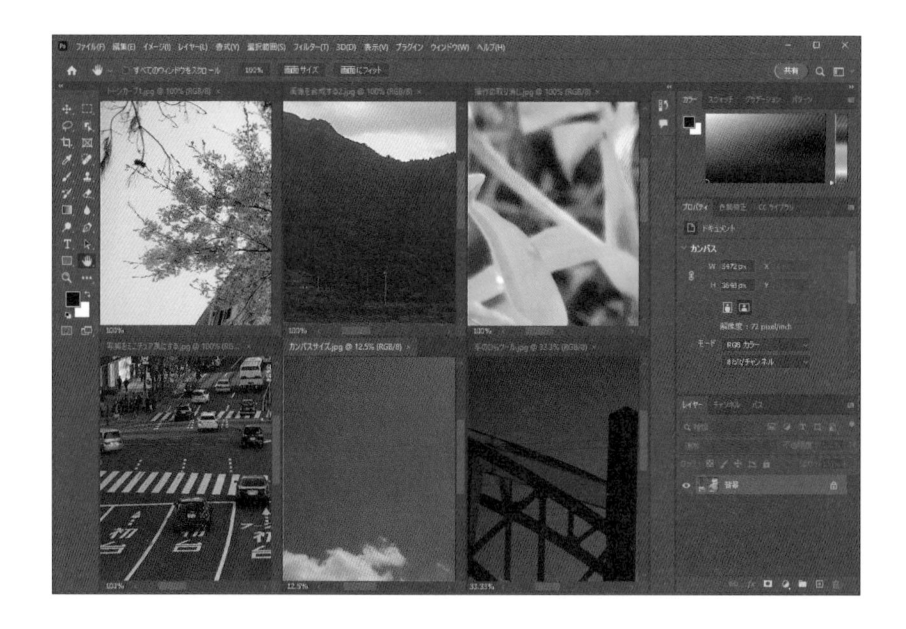

[ウィンドウ] メニュー→ [アレンジ] で、配置方法を選択します。[すべてを水平方向に並べる] [すべてを垂直方向に並べる] [2分割表示-水平方向] [2分割表示-垂直方向] [3分割表示-水平方向] [3分割表示-垂直方向] [3分割表示-スタック] [4分割表示] [6分割表示] などの配置方法があります。
[ウィンドウを分離] を選択すると、ウィンドウの位置やサイズを自由に変えられる表示になります。[すべてをタブに統合] を選択すると初めの状態に戻ります。

操作の取り消し

Photoshopで行った操作は履歴が保存されていて、必要に応じて以前の状態に戻すことができます。

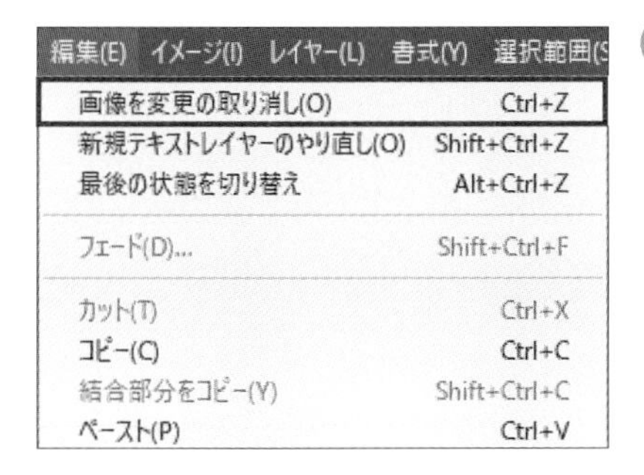

直前に行った操作を戻すときは、[編集] メニュー→[○○の取り消し] をクリックします。メニューの表示は [○○のやり直し] に変わり、クリックすると取り消した操作がやり直されます。**Ctrl**+**Z**キーでも同様です。[最後の状態を切り替え] をクリックしても直前の操作を取り消すことができます。
最後に保存した状態に戻すには [ファイル] メニュー→ [復帰] をクリックします。

[ヒストリー] パネル

Photoshopで行った操作の履歴は [ヒストリー] パネルで確認できます。初期設定では、ドックに [ヒストリー] パネルのアイコンがあるので、これをクリックして [ヒストリー] パネルを表示します。[ウィンドウ] メニュー→ [ヒストリー] でも表示できます。操作履歴 (ヒストリー) が古いものから順に並んでいて、一つをクリックすると、その操作を行った直後の状態に戻ります。

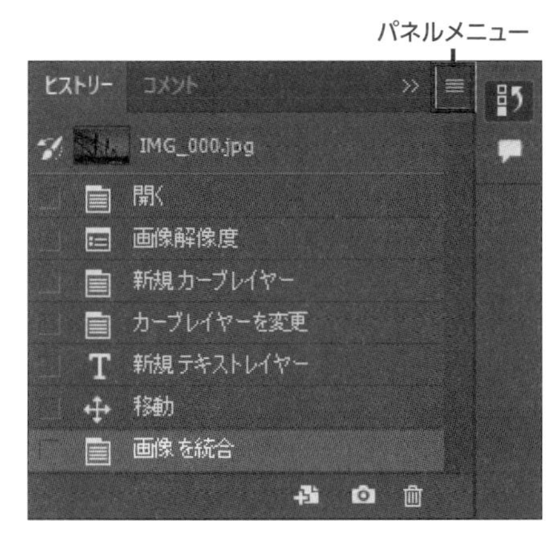

[ヒストリー] パネルの右上にあるパネルメニューをクリックして [1段階進む] [1段階戻る] を選択しても、操作履歴を一つずつ進んだり、戻ったりできます。

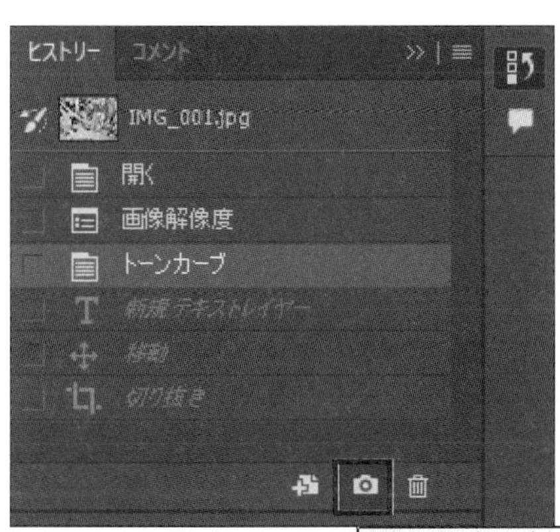

ヒストリーの一つに名前を付け、ワンクリックで呼び出す機能が「スナップショット」です。対象のヒストリーを選択し、パネル下部の [新規スナップショットを作成] をクリックすると、[ヒストリー] パネル上部にスナップショットが作成されます。作成したスナップショットを削除するには右クリックし、[削除] をクリックします。

スナップショットには「スナップショット1」のような名前が自動で付きますが、名前の上でダブルクリックして変更することもできます。スナップショットは複数作成できるので、いくつかの段階の状態の画像を比較するときなどに役立ちます。

2.6 配置の補助

オブジェクト（画像、選択範囲、シェイプ、パスなど）を配置するための補助となるのが、定規、ガイド、グリッド、スマートガイドです。大きさの確認、正確な拡大・縮小、正確な位置への配置などができるようになります。

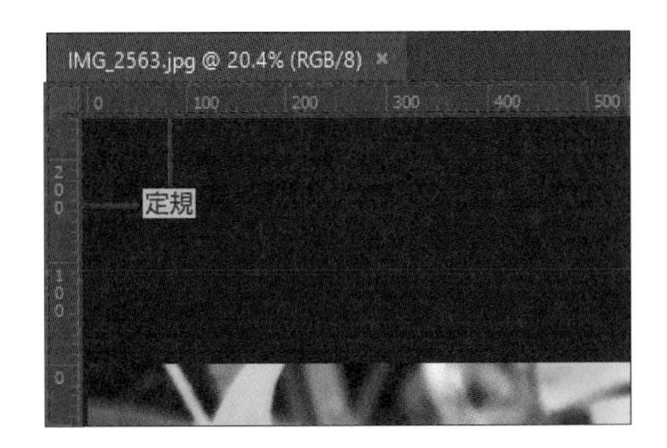

定規

画像ウィンドウの上端と左端に目盛を表示します。［表示］メニュー→［定規］で、定規が表示され、オブジェクトを作成する際にサイズや位置を確認できます。定規の上で右クリックすると、単位を指定できます。印刷物ならmm、Webページならpixelにするなど、作成するドキュメントに合わせて単位を切り替えて使用しましょう。

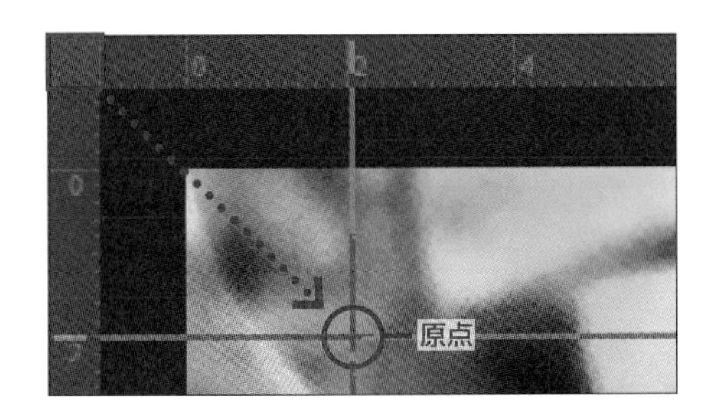

通常はカンバスの左上が横と縦の「0」（原点）ですが、定規の左上をドラッグすると横と縦の「0」の位置を変更できます。

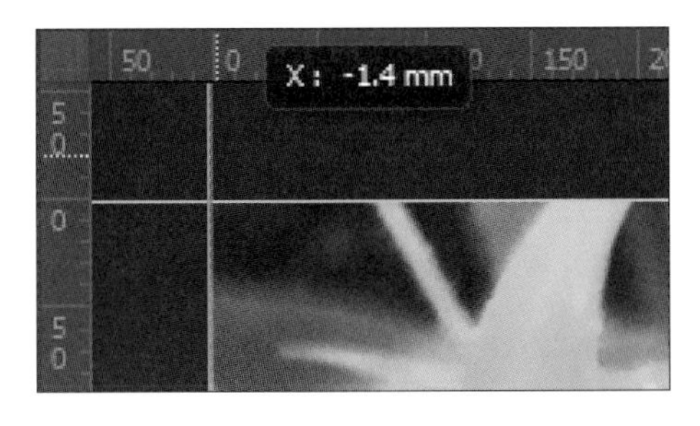

ガイド

縦位置や横位置を示すために自由な位置に引ける垂直線と水平線です。左端の定規から右にドラッグすると垂直のガイド、上端の定規から下にドラッグすると水平のガイドを作成できます。ガイドを削除するときは、逆に定規までドラッグします。

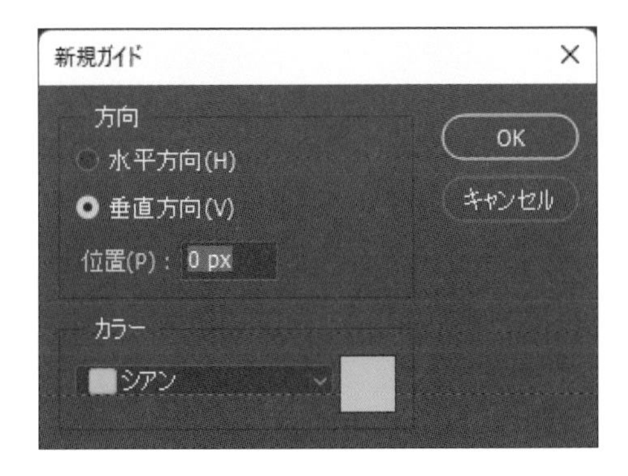

［表示］メニュー→［ガイド］→［新規ガイド］ではガイドを引く位置を数値で指定でき、ガイドの色も変更できます。

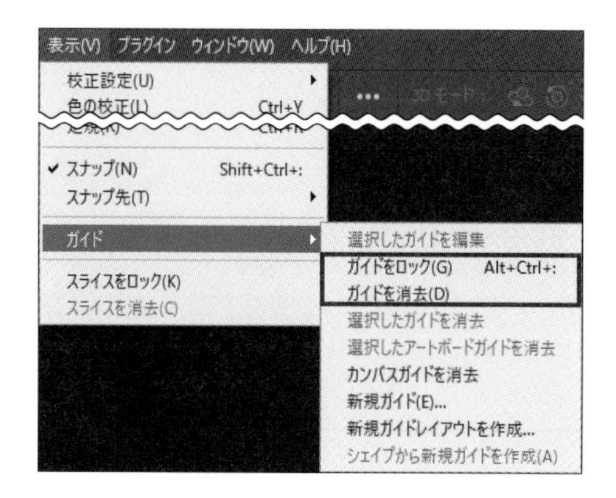

[表示] メニュー→ [ガイド] → [ガイドをロック] をクリックしてチェックをオンにすると、引いたガイドが固定され、誤ってガイドを動かしてしまうことを防げます。[表示] メニュー→ [ガイド] → [ガイドを消去] は、すべてのガイドを一括して削除します。ガイドの表示・非表示は [表示] メニュー→ [表示・非表示] → [ガイド] で切り替えます。

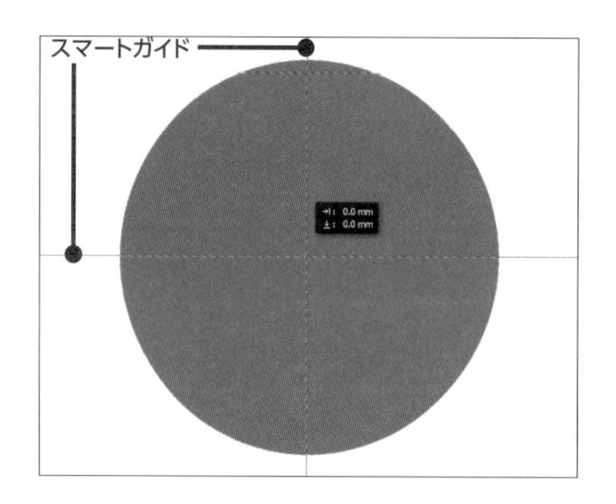

スマートガイド

画像、選択範囲、シェイプなどのオブジェクトをマウスでドラッグする際、ほかのオブジェクトの端や中央の水平/垂直位置が一致したときに、自動的にスマートガイドが表示されます。この段階でマウスボタンを離せば、オブジェクトを整列して配置できます。

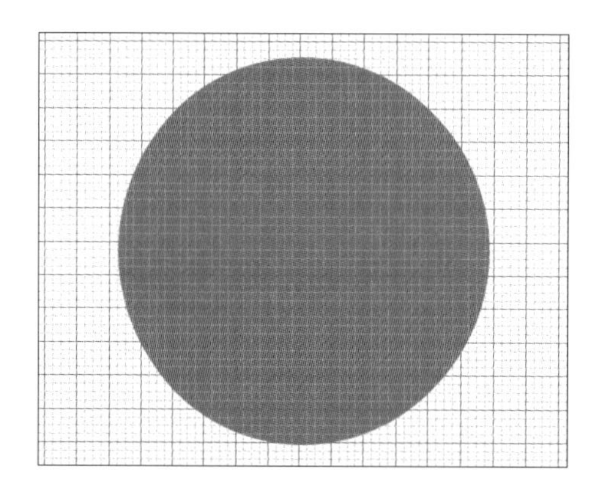

グリッド

画像上に等間隔に引かれる格子（水平線と垂直線）です。線の色や格子のサイズ、分割数などは [編集] メニュー→ [環境設定] → [ガイド・グリッド・スライス] で指定します。

ガイド、スマートガイド、グリッドは、[表示] メニュー→ [表示・非表示] でそれぞれを表示するか、しないかを切り替えられます。

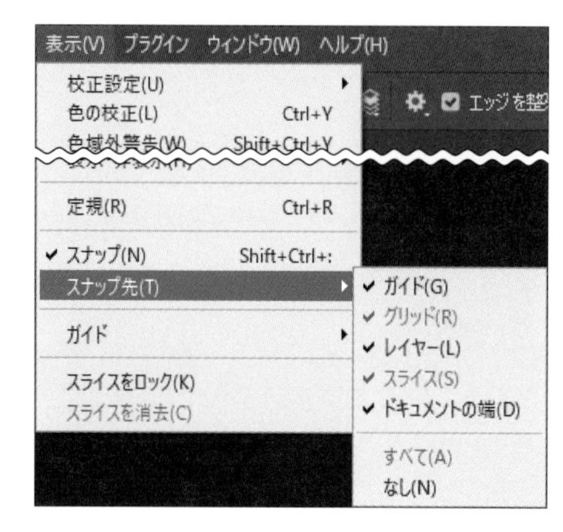

スナップ

エレメントをガイドやグリッドの近くに移動させると、それらにぴったり合わさる（吸着する）ように配置する機能です。[表示] メニュー→ [スナップ] のチェックをオンにするとスナップが働きます。移動中に**Ctrl**キーを押すと一時的にスナップがオフになります。
スナップする対象は [表示] メニュー→ [スナップ先] で個別に指定できます。初期設定ではすべてのチェックがオンになっています。スナップさせたくない場合は必要に応じてチェックを外します。

練習問題

問題1 デジタル画像のファイル形式について、正しい説明を選びなさい。

A. RAWはデジタルカメラの一般的な保存形式で、画像を圧縮してファイルサイズを小さくしている。
B. GIFやJPGはWebサイトの素材として広く利用されており、アニメーションも表現できる。
C. PSDはすべてのPhotoshop機能をサポートするファイル形式で、IllustratorやPremiere Proといったほかのアドビアプリケーションでも開くことができる。
D. JPGは圧縮することによってデータを小さくすることができるが、一度圧縮すると元に戻せない「非可逆圧縮形式」である。

問題2 ヒストリーに関して、間違った説明を選びなさい。

A. [ヒストリー] パネルにはPhotoshopで行った操作の履歴が保存されている。
B. ヒストリーは、1段階のみ直前の操作に戻ることができる。
C. [ヒストリー] パネルからのみ、操作を戻すことができる。
D. 保存されたヒストリーは削除できる。

問題3 スマートガイドについて正しい説明を選びなさい。

A. スマートガイドで引いた線は [表示] → [ガイド] → [ガイドを消去] で非表示にできる。
B. スマートガイドはガイドと同様に印刷することができる。
C. スマートガイドは [表示] → [表示・非表示] で表示するか、しないかを切り替えられる。
D. スマートガイドは [表示] → [ガイド] → [ガイドのロック] で固定することができる。

問題4 [練習問題] フォルダーの2.1.jpgを開き、画像の四辺にぴったりと合うようにガイドを引きなさい。

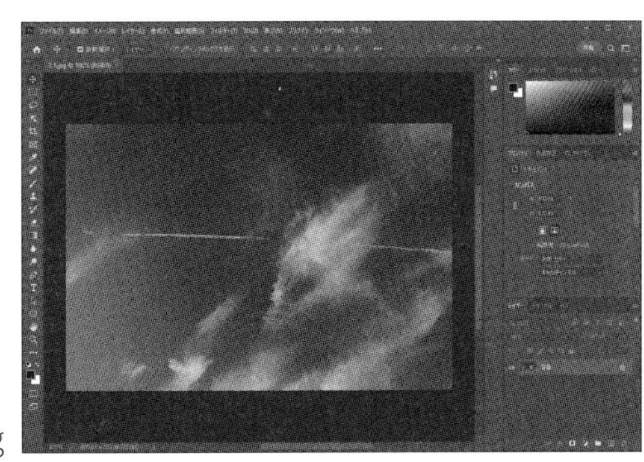

2.1.jpg

問題5 [練習問題] フォルダーの2.2.jpgを開き、画像の表示倍率を200%にしなさい。[手のひらツール]を使って右のペンギンの顔をカンバスの中央に表示しなさい。

2.2.jpg

3

画像の知識

3.1 画像の種類

Photoshopで取り扱う画像は、大きく分けてビットマップ画像とベクトル画像の２種類に分類されます。それぞれの特性を知り、適切に使い分けましょう。

ビットマップ画像

小さなドットの集合で描かれた画像です。「ラスター画像」ともいいます。
画像を大きく拡大するとドットがたくさん集まって構成されていることがわかります。このドットごとに色などの情報が付加されています。このドットを「ピクセル（pixel、画素）」と呼びます。
ビットマップ画像は写真など、細かい色の違いや濃淡などの情報がある画像に向いています。ただし、画像を拡大縮小したり、変形したりする加工には不向きです。大きく拡大すると、輪郭のギザギザが目立ちますし、ドットの色をPhotoshopが補うことで本来とは異なる色になるなど、画像が劣化することがあります。1ドット（1ピクセル）ごとに編集することができます。

ベクトル画像

X軸、Y軸の座標にもとづく計算によって図形や線を表す画像で、「ベクター画像」ともいいます。
例えば、黄色で塗りつぶされた正円を描く際、「半径○○の距離の円で、内側は黄色で塗りつぶす」という情報を記録します。拡大、縮小、変形などの加工を行ってもそのつど計算し直すので、常に輪郭がくっきりしています。
ベクトル画像は、イラストやロゴなど輪郭のはっきりした図に向いています。しかし、画像などの複雑な線や配色を持つものを描こうとすると膨大な計算量になり、処理に時間がかかることがあります。

	ビットマップ画像	ベクトル画像
拡大、縮小、変形	画質が落ちる	画質に影響を受けない
ファイルサイズ	比較的大きい	比較的小さい
強みを発揮する画像	写真など微妙な配色や階調を含むもの、形に多様性のあるもの	イラストやロゴなど、輪郭がはっきりしたもの
代表的なファイル形式	JPEG、GIF、PNG、TIFF、BMPなど	SVG、EPSなど

ラスタライズ

ベクトル画像として作られたオブジェクトをビットマップ画像に変換することです。
シェイプ、パス、スマートオブジェクト、テキストなどのオブジェクトはベクトル画像として作られています。一方ブラシツール、消しゴムツール、塗りつぶしツールなどやフィルターはビットマップ画像に対して加工を行うツールなので、これらのオブジェクトには使えません。このような場合にはラスタライズを行います。

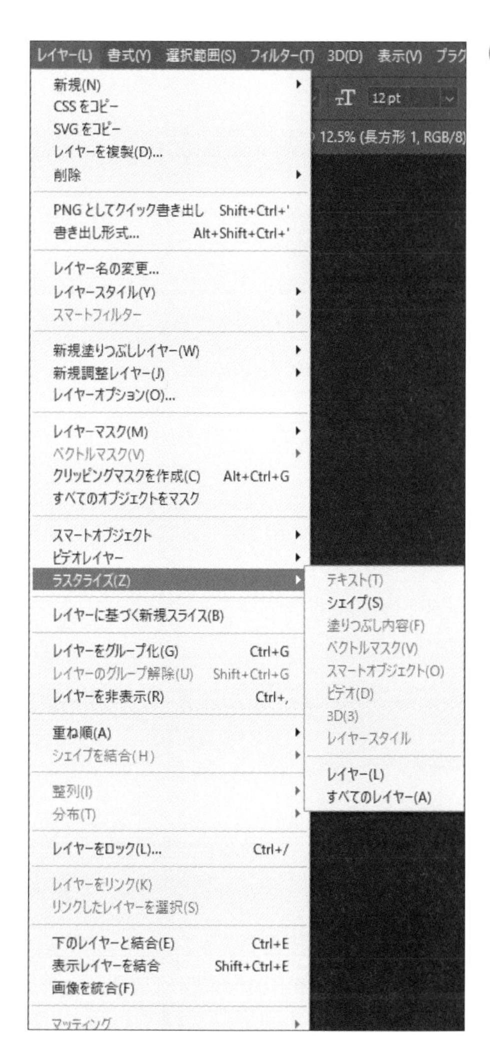

［レイヤー］メニュー→［ラスタライズ］で、ラスタライズしたい項目を選ぶ、もしくは、先にラスタライズしたいレイヤーを選択→［レイヤー］メニュー→［ラスタライズ］→［レイヤー］で行います。すべてのレイヤーをラスタライズする場合は、［ラスタライズ］→［すべてのレイヤー］で行います。

ヒント

ラスタライズするとビットマップ画像としてしか扱えなくなります。このためラスタライズ前のベクトル画像を別名で保存しておきましょう。

3.2 画像解像度とサイズ

Photoshopで画像を扱うときは、画像解像度とサイズを把握しておく必要があります。これらの数値が画像のきめ細かさを左右するからです。

ピクセル数

ピクセルは画像を構成する最小の単位で、画素ともいい、pixelやpxと表示されることもあります。長方形の画像の幅と高さに何個のピクセルがあるかを示すのがピクセル数です。

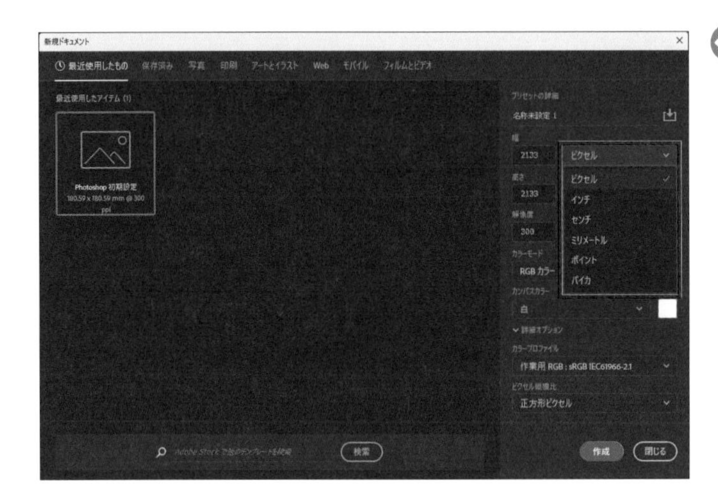

ピクセル数を指定して新規のドキュメントを作成する場合は、[ファイル] メニュー→ [新規] で [新規ドキュメント] ダイアログボックスを開き、[幅] [高さ] の単位をピクセルに変更します。

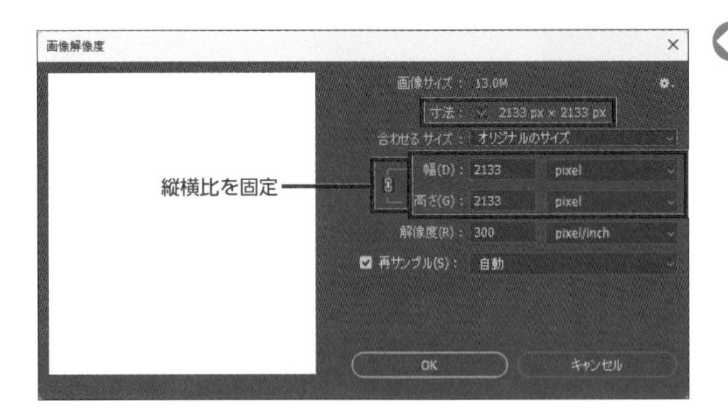

[イメージ] メニュー→ [画像解像度] で [画像解像度] ダイアログボックスを開くと、[寸法] で幅と高さのピクセル数を確認できます。[幅] の単位を [pixel] に変更して数字を書き換えると、[高さ] の値も変化します。初期設定では [縦横比を固定] がオンになっているためです。

画像解像度

画像の密度を表すもので、単に「解像度」ともいいます。画像を画面に表示したり、印刷したりする場合の、1辺1インチあたりのピクセル数で示します。単位はppi（pixel/inch）ですが、印刷物の場合はdpi（dot/inch）も使われます。この数値が大きいほど高精細の画像であることを表します。

［ファイル］メニュー→［新規］で［Photoshop初期設定］を選んだ場合、初期設定では解像度が300ピクセル／インチ（ppi）になっていますが、解像度の値は変更できます。

左側は1インチに72個のピクセルが並んでいるもの（72ppi）、右側は1インチに20個のピクセルが並んでいるもの（20ppi）を、同じ大きさで表示したものです。ピクセル数が多い方が画像は高精細になることがわかります（画像はイメージです）。

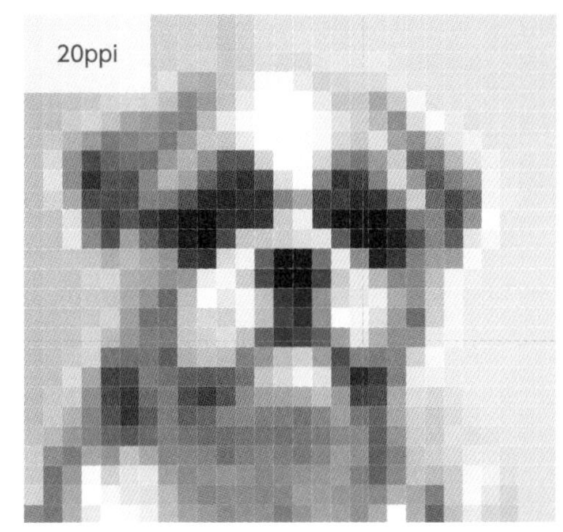

メモ

画像の解像度を低くしてファイルを保存すると元の状態に戻すことができません。解像度を下げる場合には、元のファイルを別名で保存しておきましょう。

画像の大きさと画像解像度の関係

このように、画像には実際の大きさ（表示や印刷をしたときの実際の寸法）、ピクセル数、画像解像度という指標（属性）があり、それぞれ関連を持っています。例えば、145mm × 145mmのような画像に対して、実際の大きさを変えずに画像解像度を高くする（［再サンプル］のチェックをオンにする）とピクセル数が多くなります。ピクセル数を変えずに画像解像度を高くする（［再サンプル］のチェックをオフにする）と実際の大きさは小さくなります。

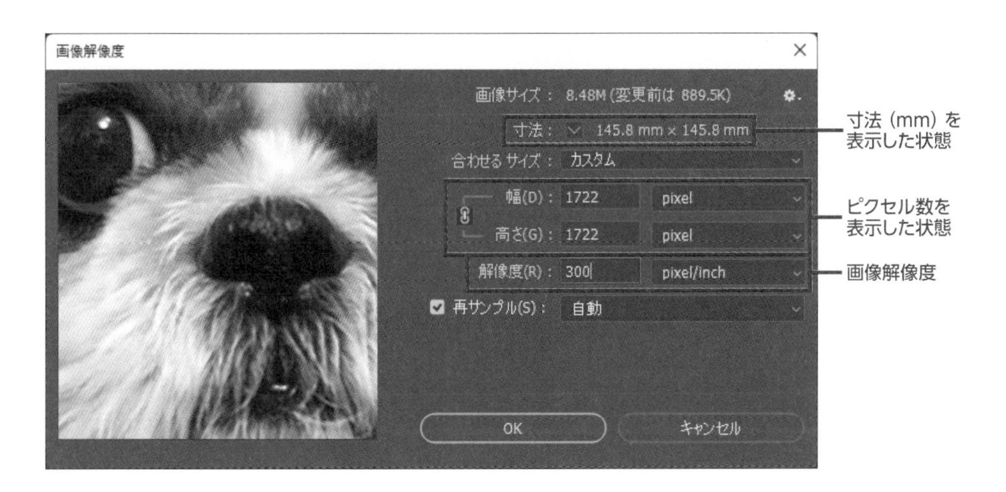

画像サイズとファイルサイズの関係

[イメージ] メニュー→ [画像解像度] で開いた [画像解像度] ダイアログボックスの [画像サイズ] に表示されているのは、Photoshop上で開いている画像データの大きさで、単位はキロバイト (KB)、メガバイト (MB)、ギガバイト (GB) などです。ピクセル数が多いほど画像サイズは大きくなります。寸法、ピクセル数、画像解像度を変更するとそれに伴って画像サイズが変わります。画像をファイルとして保存すると、画像サイズとは異なるファイルサイズになります。これはファイル形式によって圧縮方式やデータの持ち方が異なるからです。そのほか、画像にどのような情報を付加してファイルとして保存するかによってもファイルサイズは異なります。

画像の再サンプル

再サンプルとは、画像を拡大したり縮小したりする際に画質が落ちるのを防ぎ、自然に見せるための操作です。画像を拡大するとピクセル数の増加に伴ってピクセルが追加され、画像を縮小するとピクセル数の減少に伴ってピクセルが間引きされます。[画像解像度] ダイアログボックスの [再サンプル] のチェックをオンにして拡大縮小を行うと、画像が自然になるようにピクセルが補間されます。

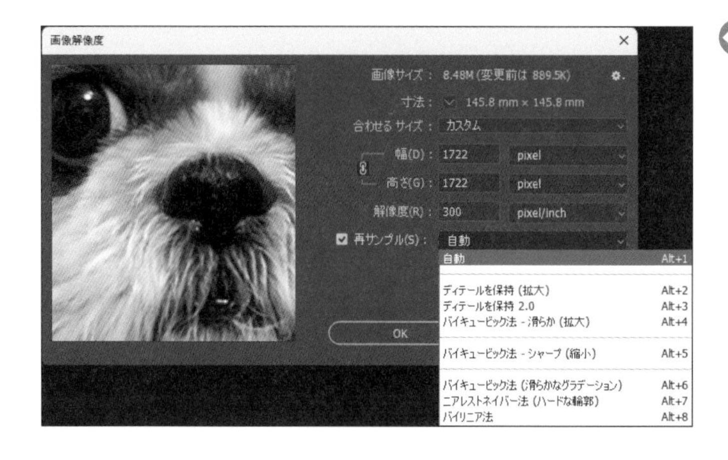

[イメージ] メニュー→ [画像解像度] で [画像解像度] ダイアログボックスを開き、[再サンプル] のチェックをオンにして、右の [V] からピクセル情報の補間方法を選択します。

補間方法は次の通りです。

・自動

Photoshopが状況に合わせた方法を自動的に選択します。

・ディテールを保持 (拡大)

画像を拡大させた際に発生するノイズを軽減させることができます。軽減の度合いはスライダーで調節できます。

・ディテールを保持2.0

人工知能を活かした機能で、画像のディテールやテクスチャを保持しながらサイズを変更でき、画像の劣化を抑えます。

・バイキュービック法 - 滑らか（拡大）

拡大する際、バイキュービック法の補間に基づいてより滑らかな結果が得られます。

・バイキュービック法 - シャープ（縮小）

縮小する際、バイキュービック法の補間に基づいて、よりシャープにします。この方法では、ディテールが保持されます。

・バイキュービック法（滑らかなグラデーション）

周辺ピクセルの値の調査に基づく精度の高い方式です。バイキュービック法はより複雑な計算を使用するため、ニアレストネイバー法やバイリニア法よりも色調のグラデーションが滑らかになります。

・ニアレストネイバー法（ハードな輪郭）

高速ですが精度の低い方法です。画像内のピクセルを複製します。この方法では、輪郭が保持され、ファイルサイズが小さくなります。ただし画像を変形したり、拡大縮小したり、1つの選択範囲に対して複数の処理を実行すると、修正部分がギザギザになる可能性があります。

・バイリニア法

周辺のピクセルのカラー値を平均してピクセルを追加する方式です。標準的な画質が得られます。

プリセットの保存と読み込み

［画像解像度］ダイアログボックスで設定した内容はプリセットとして保存し、他の画像に適用することができます。使用する画像の解像度を統一するなど、同じ設定で複数の画像を使いたい場合に有効な機能です。

［イメージ］メニュー→［画像解像度］でサイズ、解像度、再サンプルの種類などを選びます。［合わせるサイズ］の［V］で［プリセットを保存］を選択し、任意の場所に保存します。ファイルの拡張子はimzです。読み込む場合は、［プリセットの読み込み］で保存した拡張子imzのファイルを指定します。

3.3 カンバス

カンバスは、画像を操作するための作業領域です。カンバス上では、画像を切り抜く、特定のサイズに合わせる、角度を変えるなど、さまざまな操作を行うことができます。

切り抜きツール

比率を固定して切り抜く、回転と変形を同時に行いながら切り抜く、角度を補正して切り抜くといった機能を備えています。

ツールパネルで［切り抜きツール］を選択します。

使用ファイル 切り抜きツール.jpg

四隅にあるコーナーハンドルにカーソルを合わせて内側にドラッグすると、バウンディングボックスが小さくなり、切り抜き後の画像の範囲が示されます。ドラッグ中はカーソルの近くに切り抜き後のサイズが表示されます。**Shift**キーを押しながらドラッグすると縦横の比率が維持されます。

四辺の中央にあるセンターハンドルを動かすとその辺だけが動きます。それぞれのハンドルを操作して切り抜く領域を決めます。

メモ

ここで説明しているバウンディングボックスは、切り抜き範囲を示す長方形です。このほか、選択範囲や選択しているオブジェクトを囲む長方形もバウンディングボックスといいます。

バウンディングボックス内をドラッグすると画像を動かせるので、切り抜く領域を移動することもできます。

位置が決まったら、オプションバーの［○］をクリックするか**Enter**キーを押して確定します。［×］をクリックするとバウンディングボックスが初期状態に戻り、はじめからやり直すことができます。

三分割法
グリッド
対角線
三角形
黄金比
黄金螺旋

切り抜きツールのオーバーレイオプション

オプションバーの［切り抜きツールのオーバーレイオプションを設定］では、バウンディングボックスに表示できる「オーバーレイガイド」の種類を選択できます。切り抜き後の画像の構図を決める際の目安にするものです。

・三分割法

幅と高さをそれぞれ均等に三分割する線を表示します。

・グリッド

48×48ピクセルのグリッドを表示します。

・対角線

45度で交差する線を表示します。

・三角形

対角線に対して別の頂点から垂直に線を引いた状態を表示します。

・黄金比

上下左右を黄金比で分割する線を表示します。黄金比とはもっともきれいに見えるとされる比率で、1：1.618です。

・黄金螺旋

黄金比でつないだ曲線（対数螺旋）を表示します。

角度を補正して切り抜く

画像の角度を変えて切り抜くには、オプションバーの［画像上に線を引いて画像を角度補正］をクリックしてオンにします。斜めに傾いた写真の水平垂直を補正して、傾きのない画像として切り抜くときなどに使用します。

使用ファイル 角度を補正して切り抜く.jpg

風景や建物の水平ラインを目安に、水平の軸にしたい線を引きます。

オプションバーの［○］をクリックするか**Enter**キーを押して切り抜きを確定すると、画像の角度が調整され、画像の傾きが補正された状態で切り抜かれます。

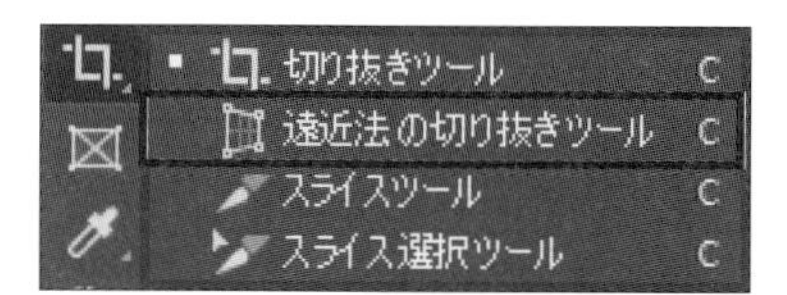

遠近法の切り抜きツール

遠近感のある画像から、遠近感を取り除いて切り抜くためのツールです。ツールパネルの［遠近法の切り抜きツール］を選択します。

使用ファイル 遠近法の切り抜きツール.jpg

切り抜きたい部分（左の例では看板）のおおよその位置でドラッグして、バウンディングボックスを作成し、四隅にあるコーナーハンドルをドラッグして、切り抜きたい部分の四隅に合わせます。オプションバーの［○］をクリックして、切り抜きを確定します。

遠近感を取り除いて平面になった画像を切り抜くことができます。

カンバスサイズ

カンバスサイズはあとから変更できます。カンバスを大きくすると画像の外側に領域が追加され、小さくすると画像が切り取られます。画像解像度には影響しません。

イメージ(I)　レイヤー(L)　書式(Y)　選択範囲

モード(M)	▸
色調補正(J)	▸
自動トーン補正(N)	Shift+Ctrl+L
自動コントラスト(U)	Alt+Shift+Ctrl+L
自動カラー補正(O)	Shift+Ctrl+B
画像解像度(I)...	Alt+Ctrl+I
カンバスサイズ(S)...	Alt+Ctrl+C
画像の回転(G)	▸

カンバスサイズを変更するには［イメージ］メニュー→［カンバスサイズ］をクリックします。

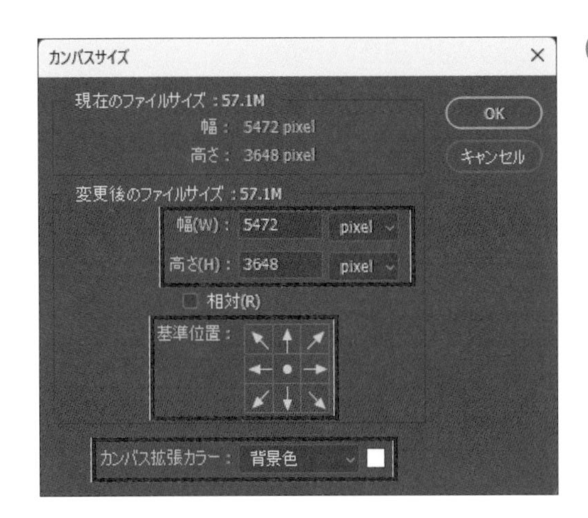

［幅］と［高さ］に寸法やピクセル数などの数値を入力します。増やしたり減らしたりするときの基準の位置は、［基準位置］で9カ所から選択します。クリックした場所に丸が表示され、矢印の方向に拡大・縮小されます。カンバスを広げる場合、広げた領域の色は、［カンバス拡張カラー］で指定します。

使用ファイル カンバスサイズ.jpg

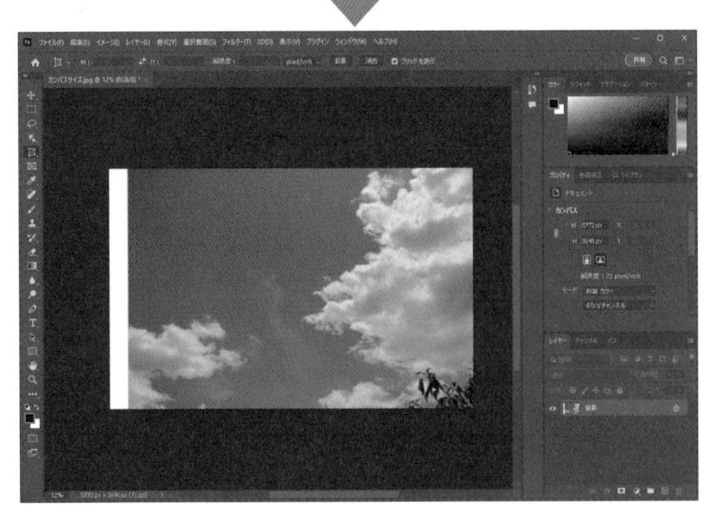

右を基準に左方向に幅を300pixel広げて背景色（白）でカンバスサイズを拡大した例です。

画像の回転

画像は角度を指定して回転したり、垂直水平方向に反転したりできます。

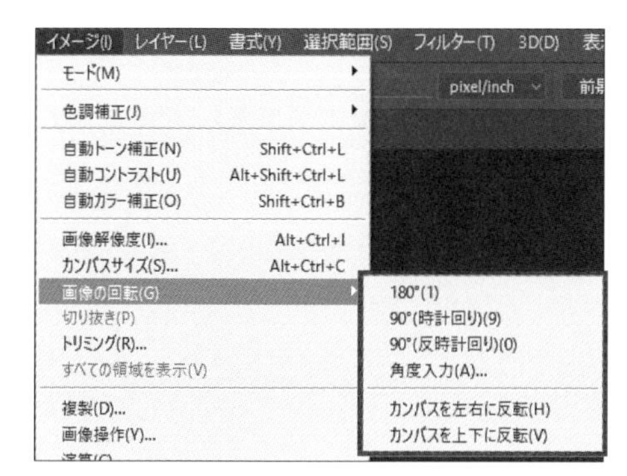

［イメージ］メニュー→［画像の回転］で、回転方法や反転方法が表示されます。
回転には［180°］、［90°（時計回り）］、［90°（反時計回り）］、［角度入力］があります。反転には［カンバスを左右に反転］と［カンバスを上下に反転］があります。

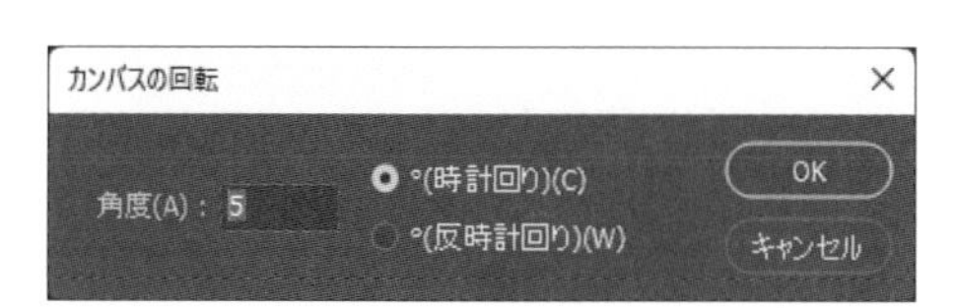

［角度入力］を選択すると、［カンバスの回転］ダイアログボックスが表示されます。数値で角度を入力し、時計回りか反時計回りかを指定します。

メモ

ここで紹介した画像の回転は、すべてのレイヤーを一度に動かします。同じような機能として［編集］メニュー→［変形］→［回転］がありますが、こちらはオブジェクトごとに操作します。使い方の違いを覚えておきましょう。

練習問題

問題1 画像について、間違った説明を選びなさい。

A. ビットマップ画像は、細かい色の違いや濃淡などの情報があるものなどに向いている。
B. ベクトル画像をビットマップ画像に変換する作業をラスタライズという。
C. ビットマップ画像は、JPGやSVGをはじめ幅広いファイル形式で使われている。
D. ベクトル画像は、ビットマップ画像のようにピクセルで描くのではないので、輪郭がくっきりしている。

問題2 画像解像度について正しい説明を選びなさい。

A. 画像解像度とは画像の密度を表し、数値が小さいほど高精細の画像であることを示している。
B. 画像解像度を変えても、ファイルサイズが変化することはない。
C. 画像解像度の単位であるppiは1インチあたりのピクセル数を表している。
D. 再サンプルのチェックを入れて画像解像度を変えても、ピクセル数は変化しない。

問題3 画像の回転について正しい説明を選びなさい。

A. [イメージ] → [画像の回転] と、[編集] → [変形] → [回転] は異なる操作である。
B. [イメージ] → [画像の回転] → [180°] をクリックすると、画像は水平方向に反転する。
C. [イメージ] → [画像の回転] → [角度入力] で [時計回り] にチェックを入れて「−5」と入力すると、反時計回りに5°回転する。
D. [イメージ] → [画像の回転] → [90°(反時計回り)] はすべてのレイヤーが反時計回りに90°回転する。

問題4 [練習問題] フォルダーの3.1.jpgを開き、一度の操作で画像を水平にしなさい。

3.1.jpg

問題5 [練習問題] フォルダーの3.2.jpgを開き、カンバスの左下を基準位置にして、幅650pixel、高さ500pixelで切り抜きなさい。

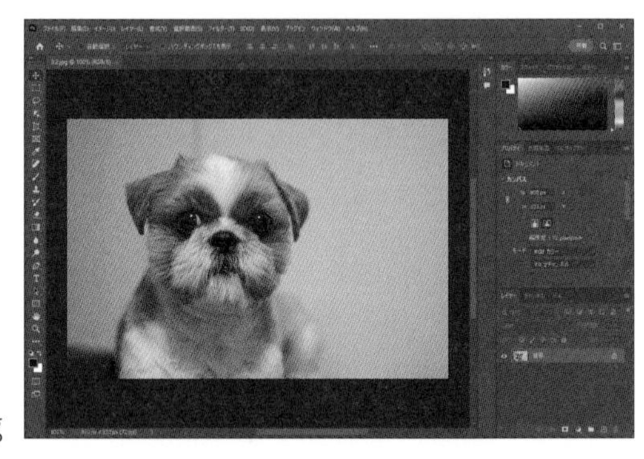

3.2.jpg

問題6 [練習問題] フォルダーの3.3.jpgを開き、最も適した再サンプル方法を選んで、画像解像度を72ppiに変更しなさい。

3.3.jpg

4

色

4.1 カラーモード

Photoshop上で、画像の色の情報をどのようなデータで表現するかを決めるのがカラーモードです。カラーモードにはいくつかの種類がありますが、通常よく使われるのはRGBとCMYKです。これらを使いこなすことで、適切な品質の成果物を作成することができます。

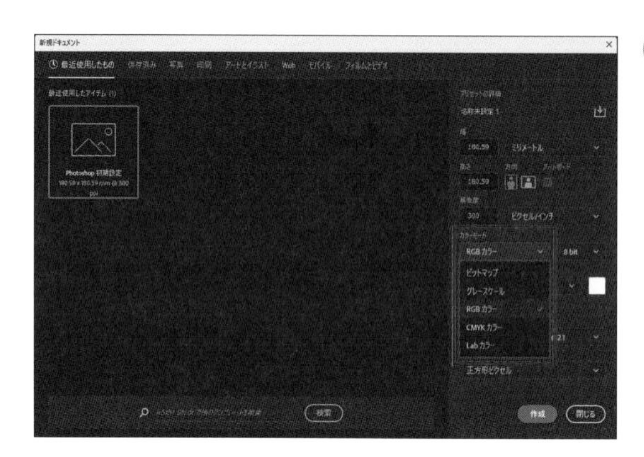

新規ドキュメントを作成するときは、［ファイル］メニュー→［新規］で表示した［新規ドキュメント］ダイアログボックスの［カラーモード］の［V］をクリックし、一覧からカラーモードを指定します。

RGB

RGBは、Red（赤）、Green（緑）、Blue（青）という「光の三原色」で色を表現する方式です。Photoshopが画像を開くときや新規ドキュメントを作成するときの初期設定はRGBカラーです。主にWebページに使用する画像、リバーサルフィルム（ポジフィルム）、コンピュータのモニター（ディスプレイ）などでRGBカラーを使用しています。

R（Red）、G（Green）、B（Blue）の光を混ぜると明るい色になり、全部を混ぜると白になります。これを「加法混色」といいます。ビットマップ画像は、構成する一つずつのピクセルについて、RGBそれぞれ8ビット（各チャンネルが8ビットの場合）の値が割り当てられていて、合計24ビットで色を表現しています。

「チャンネル」とは、RGBの画像データのうちRだけ、Gだけ、Bだけのデータにしたものです。［ウィンドウ］メニュー→［チャンネル］で［チャンネル］パネルを開き、［レッド］［グリーン］［ブルー］のいずれかをクリックすると、そのチャンネルのデータだけが表示されます。

ツールパネルの［描画色を設定］や［背景色を設定］をクリックして［カラーピッカー］ダイアログボックスを開き、RGBそれぞれの数値を確認してみましょう。ここには0から255まで（各チャンネルが8ビットの場合）の数値（階調）を指定できます。数値が大きいほど明るい色、小さいほど暗い色になります。RGBすべてを最大値（255）にすると白、すべてを最小値（0）にすると黒、すべてを同じ数値にするとグレーになります。

RGBの下にある［#］は「Hex値」というもので、RGBの数値をまとめて16進数（hexadecimal）で表しています。Webページを記述するHTMLなどで利用されます。RGBの値の代わりにHex値で色を指定することもできます。

CMYK

CMYKは、Cyan（シアン）、Magenta（マゼンタ）、Yellow（イエロー）、という「色の三原色」にBlack（ブラック）を加えた4色で色を表現する方式で、プロセスカラーともいいます。印刷する場合は基本的にCMYKのデータを使用します。

CMYのインクを混ぜると暗い色になり、全部を混ぜると黒になります。これを「減法混色」といいます。理論上はCMYだけで黒を表現できますが、使用頻度の高さや印刷時の見栄えなどを考慮し、通常印刷では3色と独立した黒（K）を加えます。

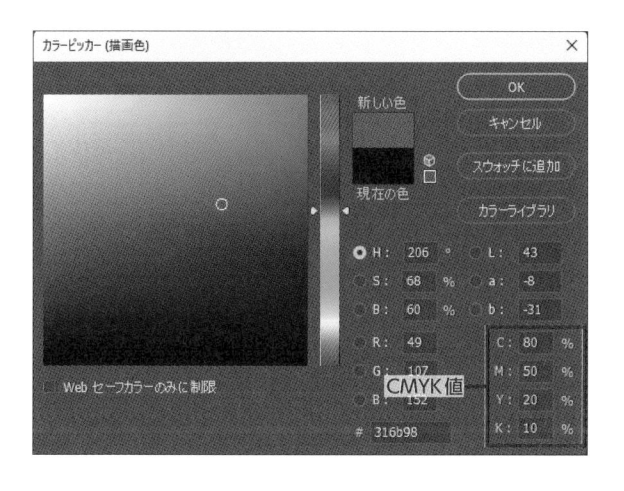

ツールバーの［描画色を設定］や［背景色を設定］をクリックして［カラーピッカー］ダイアログボックスを開き、CMYKそれぞれの数値を確認してみましょう。ここには0%から100%までの数値を指定できます。数値が大きいほど暗い色、小さいほど明るい色になります。CMYKすべてを最大値（100%）にすると黒、すべてを最小値（0%）にすると白、すべてを同じ数値にするとグレーになります。また、CMYをすべて0%にして、Kの値だけを調節することでもグレーを表現できます。

CMYK変換

通常Photoshopは画像をRGBモードで処理していますが、最終的な成果物を印刷するときはCMYKのデータに変換する必要があります。これを「CMYK変換」といいます。

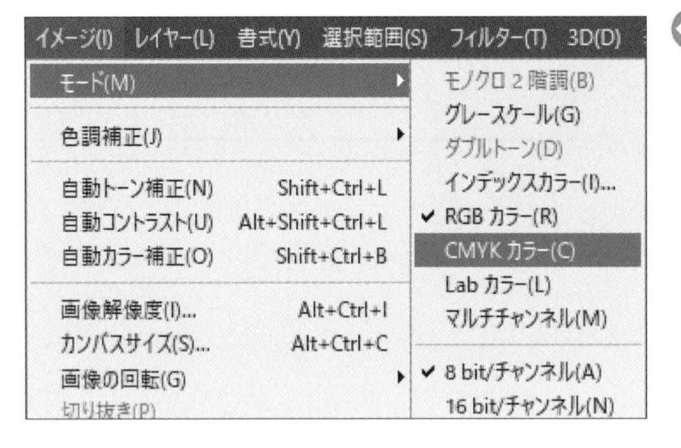

CMYK変換を行うには、[イメージ] メニュー→ [モード] で、[RGBカラー] にチェックが入っている（現在のカラーモードがRGBである）ことを確認し、[CMYKカラー] をクリックします。

ファイル名タブの後ろの表示がRGBからCMYKに変わります。

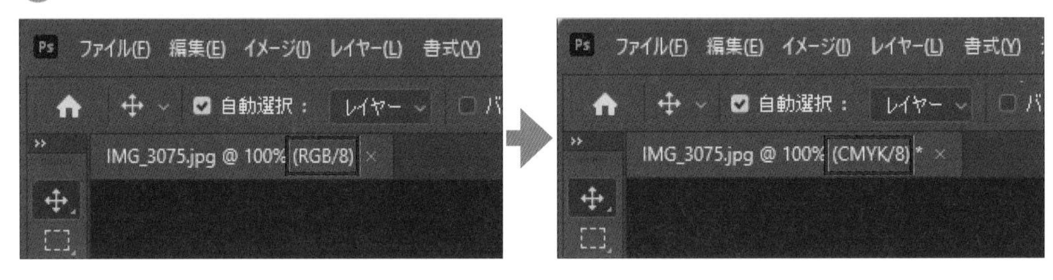

[チャンネル] パネルも同時に変化します。

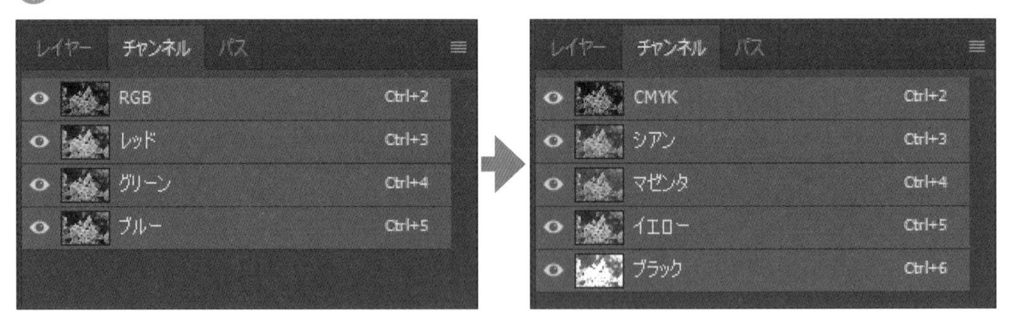

カラープロファイル

モニター、プリンター、印刷機などのデジタル機器は機器の種類や機種などによって表現される色の特性（色域）が違います。この違いを補正するために、個々の機器がどのような色域を持っているのかを表す情報が「カラープロファイル」または「ICCプロファイル」です。[編集] メニュー→ [カラー設定] で [カラー設定] ダイアログボックスを開くと詳細な設定ができます。ドキュメントを新規作成する際の [新規ドキュメント] ダイアログボックスでもカラープロファイルを指定できます。
カラープロファイルを使い、異なる機器間でなるべく同じ色に見えるようにすることを「カラーマネジメント」といいます。

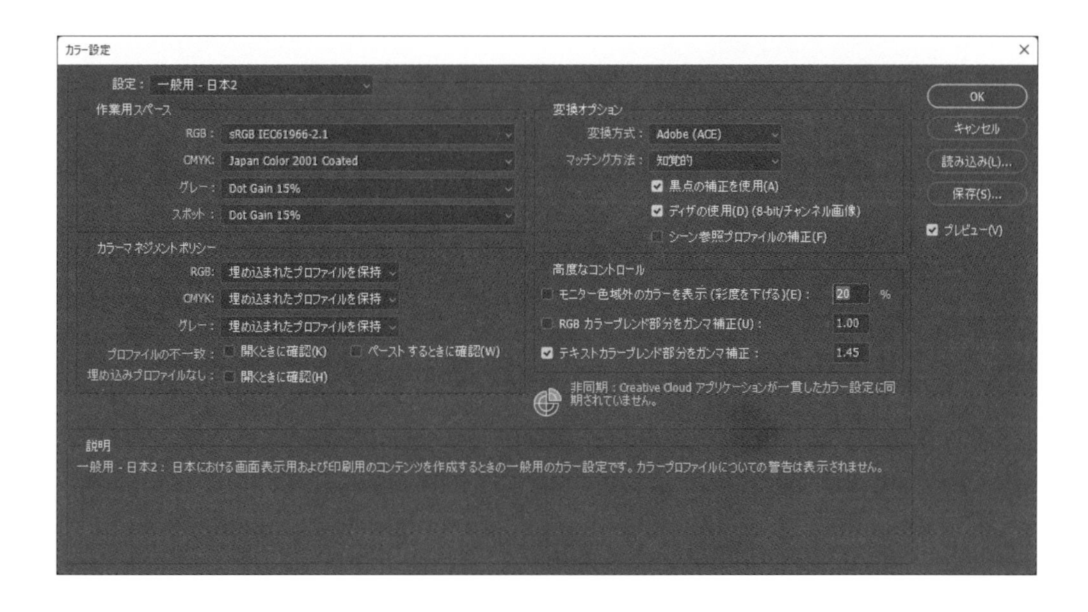

色の校正と色域外警告

RGBとCMYKで表現される色は必ずしも一致しないので、CMYK変換では近い色に置き換えられます。［カラー設定］ダイアログボックスで設定されているカラープロファイルなどの情報を基に変換が行われます。基本的にRGB機器よりCMYK機器の方が表現できる色域が狭いので、RGBカラーのモニター上で表現される色の一部はCMYKカラーの印刷物で表現できません。CMYK変換を行う際は、この点に注意する必要があります。

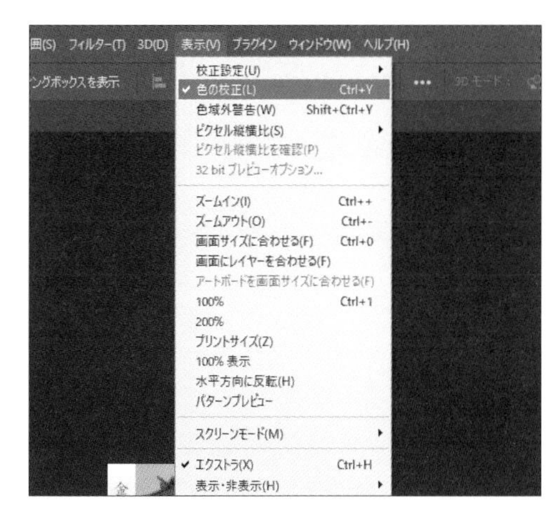

［表示］メニュー→［色の校正］をクリックしてチェックをオンにすると、CMYK変換後の画像をプレビューで確認できます。

プレビュー中はファイル名タブの後ろの表示に「/CMYK」が追加されます。

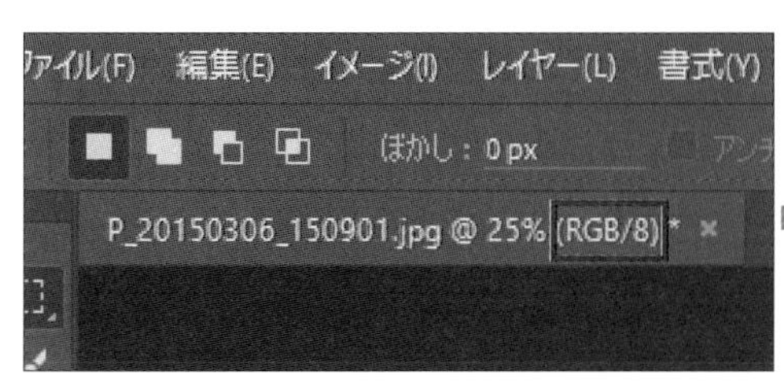

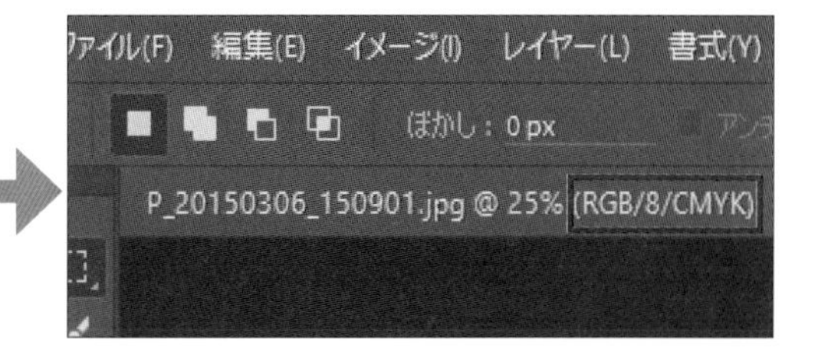

使用ファイル CMYK変換.jpg

[表示] メニュー→ [色域外警告] のチェックをオンにすると、CMYKで表現できない色の領域がグレーで表示され、一目で確認できます。

CMYKは鮮やかな色を表現できない傾向があるので、[イメージ] メニュー→ [色調補正] → [色相・彩度] で画像の彩度を落とすと、CMYK変換での色域外警告が少なくなることもあります。

その他のカラーモード

RGBとCMYK以外によく利用されるカラーモードには次のものがあります。

- グレースケール：カラー画像を256階調のモノクロにします。色相と彩度の情報がなくなり、明度の情報だけが残ります。
- モノクロ2階調：白と黒の2階調のみで表現します。グレースケールモードの画像に対して選択できるモードです。
- インデックスカラー：256色のカラー情報で表現します。このモードは、PNG-8形式やGIFの画像作成に使用します。
- Labカラー：通常の視覚を持つ人が認識できる色をすべて数値化して、輝度・明度、緑から赤への構成、青から黄色の構成、これら3つの要素を組み合わせて、色を再現します。

HSB

色相 (Hue)、彩度 (Saturation)、明度 (Brightness) の3つを「色の三属性」といい、この3つの値で色を表現することができます。カラーピッカーではHSBでも色を指定できます。

4.2 色の指定

画像に色を塗ったりするときは、色（描画色、背景色）を指定する必要があります。色の指定には［カラー］パネル、［カラーピッカー］ダイアログボックス、［スウォッチ］パネル、スポイトツールなどを使用します。

［カラー］パネル

［カラー］パネルでは、RGB、CMYKなどのカラーモデルごとに、色要素をスライダーで調整したり、「カラーランプ」にあるサンプルから色を抽出したりできます。

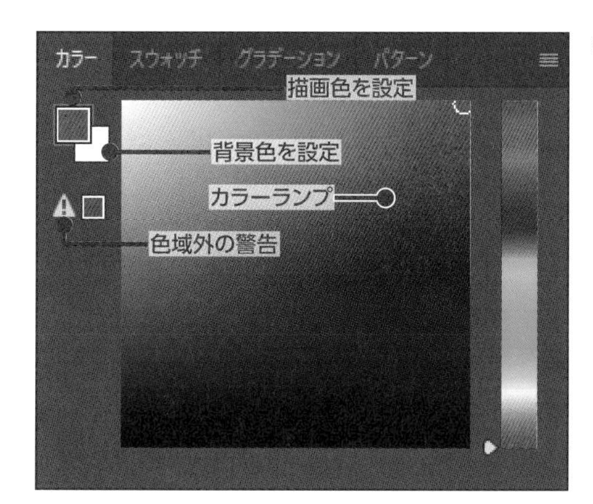

初期設定では「色相キューブ」が選択されています。中央の領域（カラーランプ）内をクリックするとその色が選択されます。右側の帯部分をクリックすると中央の領域の色合いが変化します。選択した色がCMYKで表現できない色の場合は［警告：印刷の色域外です。］というアイコンが表示され、その右にCMYK色域内の色が提示されます。

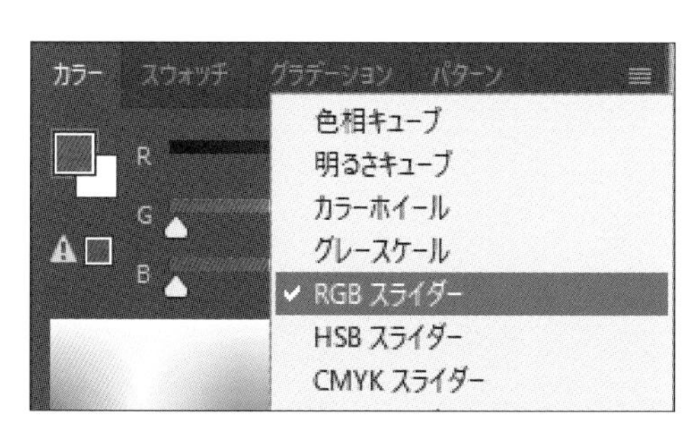

色の指定方法を変更するには、パネルメニューをクリックし、一覧から選択します。

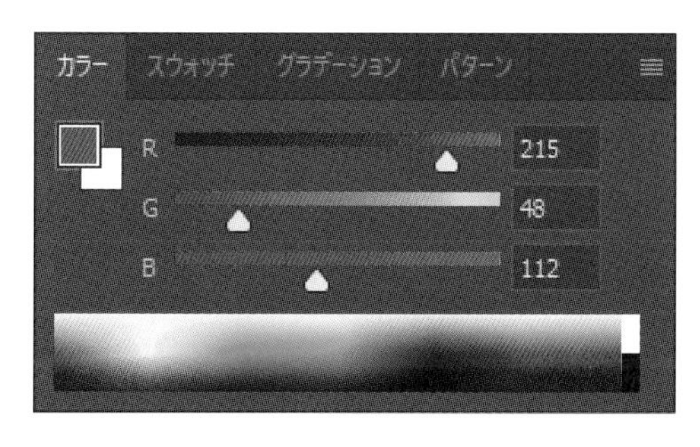

RGBスライダーは、RGBそれぞれのスライダーを動かして色を指定します。右側のボックスに直接数値を入力することもできます。

カラーピッカー

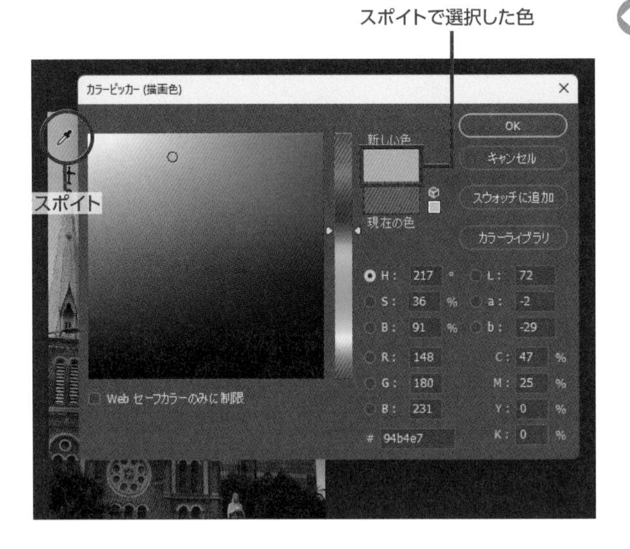

[カラー] パネルの [描画色を設定] や [背景色を設定] (ツールパネルにもあります) をクリックすると [カラーピッカー] ダイアログボックスが表示されます。その状態で、マウスポインターを画像の上に動かすと、ポインターがスポイトの形になります。クリックするとその位置にあるピクセルの色が [新しい色] に表示されます。[OK] をクリックするまでは描画色に設定されないので、単に画像上の色 (RGB値など) を知りたいだけのときなどにも利用できます。

カラーピッカーの使用例

カラーピッカーをどのように使うか、具体的な例を示します。
教会の壁の色を抽出して文字の色に反映させます。

使用ファイル カラーピッカー.psd

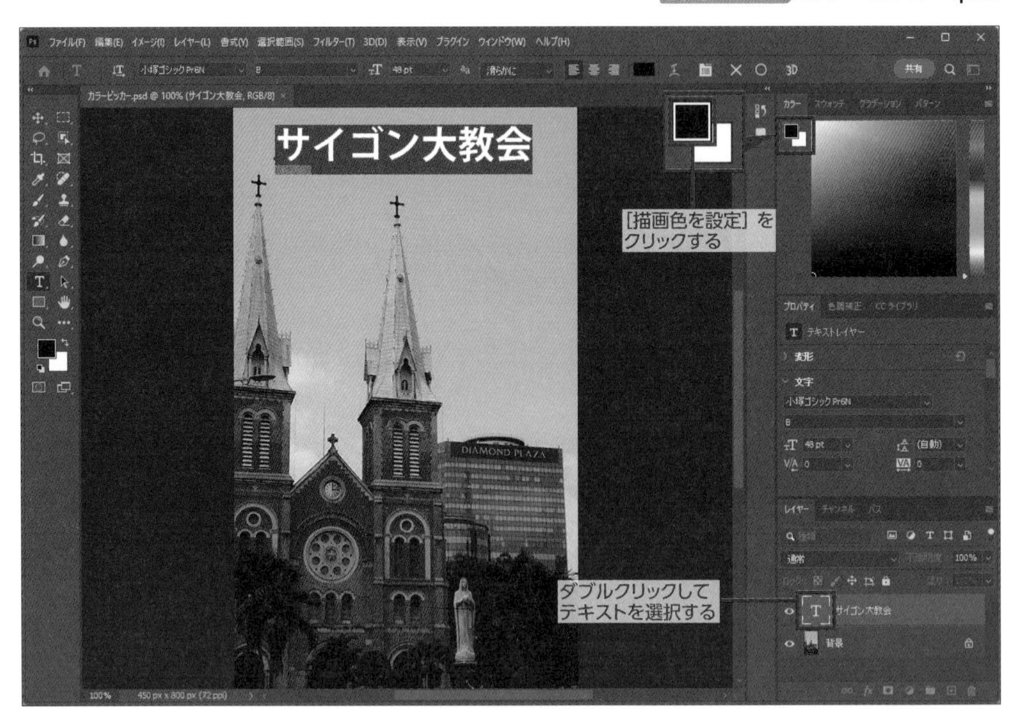

[レイヤー] パネルを表示します。文字レイヤーのTのマークをダブルクリックしてテキストを選択し、編集できるようにします。
次に [カラー] パネルを表示し、[描画色を設定] をクリックして [カラーピッカー] ダイアログボックスを表示します。

マウスポインターがスポイトの形になった状態で、教会の壁面をクリックして茶色い色を抽出します。カラーピッカーの［新しい色］に抽出した色が表示され、同時に選択していた文字列の色が変わります。

［OK］をクリックしてカラーピッカーを閉じ、オプションバーの［○］をクリックして変更を確定します。

［スウォッチ］パネル

［スウォッチ］パネルは、登録された色（スウォッチ）の一覧から色を選択します。［スウォッチ］パネルにはすでに多くの色がグループごとに登録されていますが、新たな色を登録することもできます。

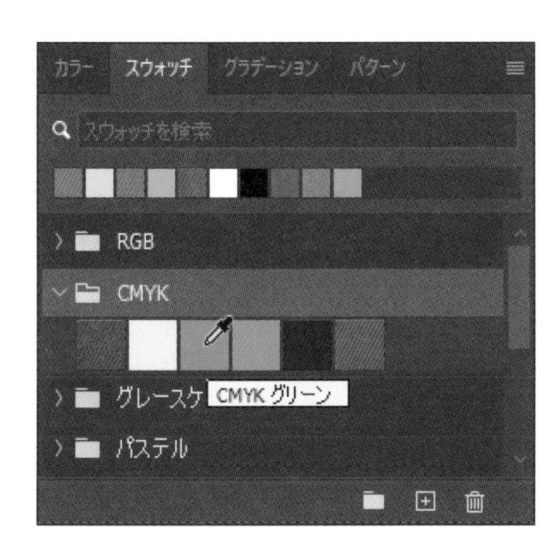

［スウォッチ］パネルでグループを展開し、スウォッチの上にマウスポインターを移動するとスポイトの形に変わります。この状態でいずれかのスウォッチをクリックするとその色が選択されます。パネルの一番上の行には、最近使用した色が表示されています。

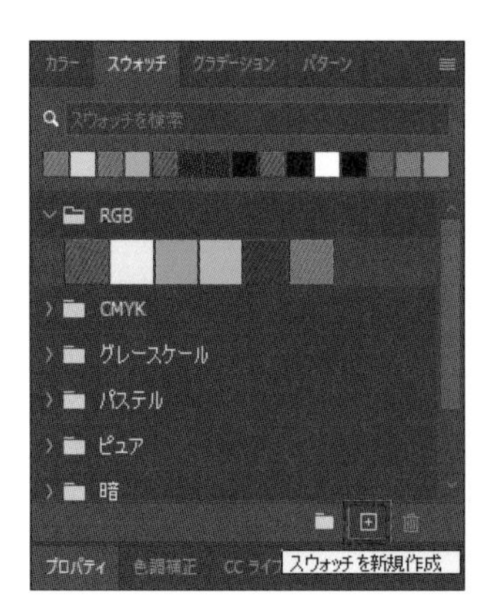

[スウォッチ] パネル右下の [スウォッチを新規作成] をクリックすると、[スウォッチ名] ダイアログボックスが表示され、現在描画色に設定されている色に名前を付けて、登録できます。

同様に、[カラーピッカー] ダイアログボックスで [スウォッチに追加] をクリックすると、現在の色をスウォッチとして登録できます。

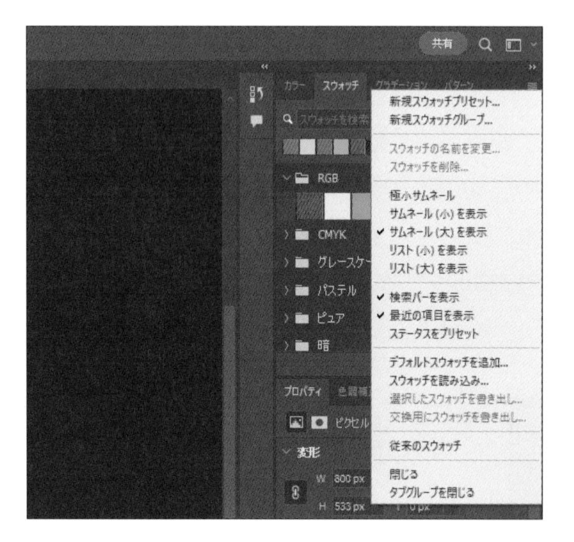

[スウォッチ] パネルのパネルメニューをクリックすると、[スウォッチ] パネルに対して実行できるメニューが表示され、スウォッチをリストで表示したり、サムネールの大きさを変更したりできます。

スポイトツール

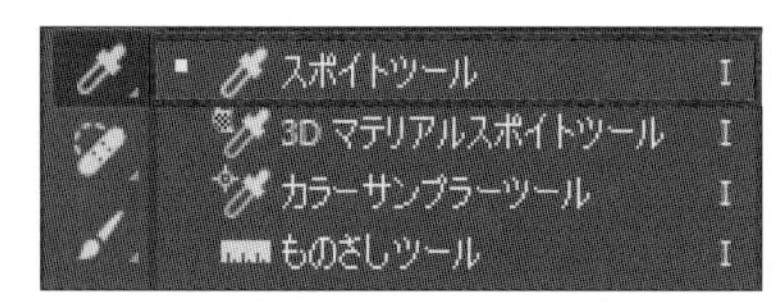

ツールパネルの [スポイトツール] を選択するとマウスポインターの形がスポイトに変わり、画像の上でクリックするとその位置にあるピクセルの色が描画色に設定されます。

4.3 色調補正

画像の色合いを変えたり明暗を調節したりすることを色調補正といいます。Photoshopにはさまざまな色調補正ツールがあります。処理対象が画像全体のものと、特定の領域だけのものがあります。

ヒストグラム

ヒストグラムは画像内にどのような値（階調）のピクセルが多いか、その分布を示すものです。RGBの合計、Rのみ、Gのみ、Bのみ、輝度などの切り口（チャンネル）で表示できます。ヒストグラムを見ることにより、画像全体の階調の分布がわかります。

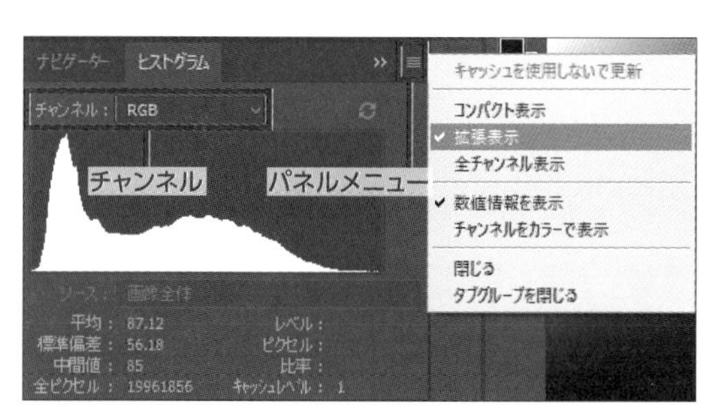

［ウィンドウ］メニュー→［ヒストグラム］で［ヒストグラム］パネルを表示します。［ヒストグラム］パネルのパネルメニューをクリックして［拡張表示］に切り替え、チャンネルを［RGB］にしましょう。
横軸が階調（明るさ）を表していて左端が0、右端が255です。縦軸がその値であるピクセル数を表しています。

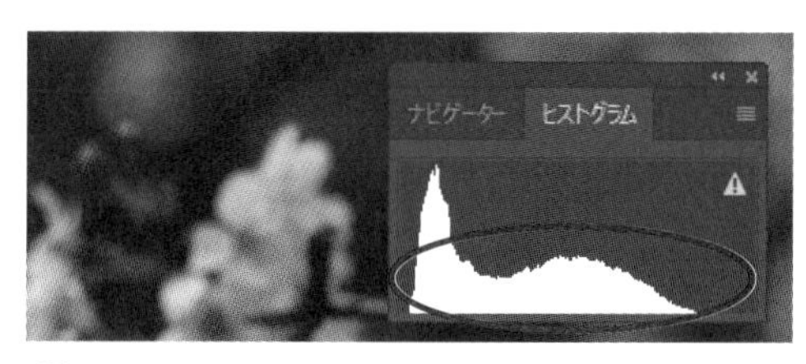

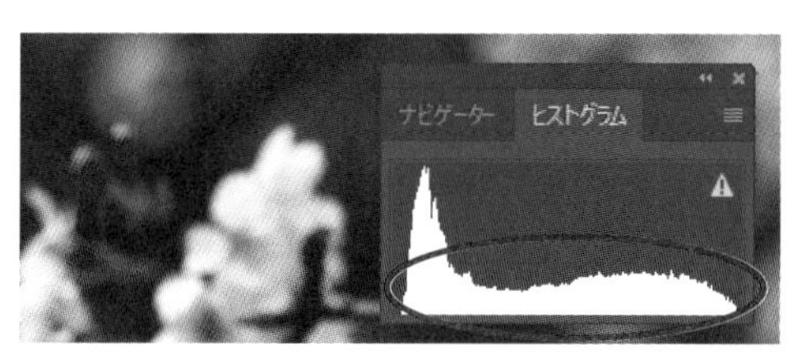

左の画像のように淡い画像は分布が狭く、右の画像のようにコントラストの強い画像は分布が広い傾向があります。

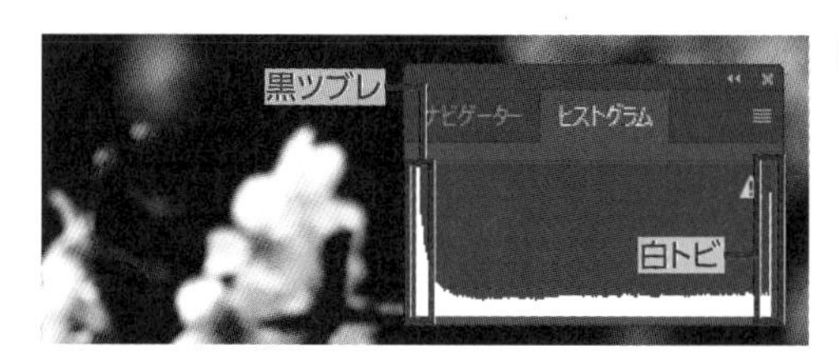

左端のピクセル数が極端に多い場合は、暗い色の大部分がほとんど黒になっている「黒ツブレ」という状態になっています。右端が極端に多い場合は、明るい色の大部分がほとんど白になっている「白トビ」という状態になっています。

メモ

「黒ツブレ」や「白トビ」は色の微妙な階調情報がほとんど失われている状態です。いったんこのような画像に色調補正して保存してしまうとその後の色調補正はほぼ不可能になります。注意しましょう。

明るさ・コントラスト

画像全体に対して明るさとコントラストを調整します。明るさを上げるとヒストグラムが全体に右に、明るさを下げると全体に左に移動します。コントラストを上げるとヒストグラムが全体に左右に分かれ、コントラストを下げると全体に中央に寄ります。

使用ファイル 明るさ・コントラスト.jpg

[イメージ] メニュー→ [色調補正] → [明るさ・コントラスト] でダイアログボックスを表示し、数値を調整します。スライダーを右に動かすと数値が大きくなり、左に動かすと小さくなります。[自動補正] をクリックすると、全体のバランスを取った数値に自動的に修正されます。

レベル補正

ヒストグラムを使って全体の明るさを調整します。「明るさ・コントラスト」よりも細かい調整が可能です。

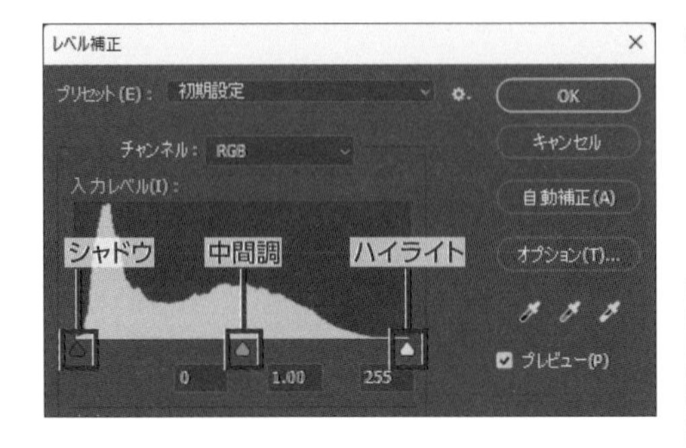

[イメージ] メニュー→ [色調補正] → [レベル補正] でダイアログボックスを表示します。横軸の左から [シャドウ]、[中間調]、[ハイライト] の3つの点を基準にスライダーを動かします。

メモ

シャドウとハイライトを大きく動かすと「黒ツブレ」「白トビ」を起こします。最初に山の始まりの少し手前に置くなど、慎重に補正を行いましょう。

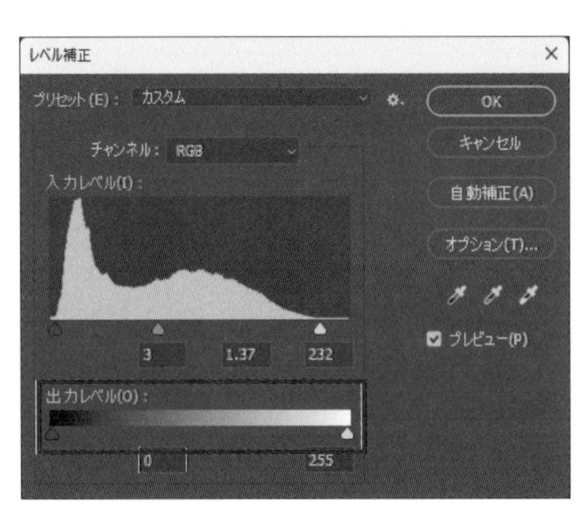

シャドウやハイライトのスライダーを山の始まり近くに合わせると、明るくメリハリのきいた画像になります。中間調を調節すると画像全体の明るさが変化します。[自動補正] をクリックすると、[オプション] で選択したアルゴリズムで自動的に補正されます。
「出力レベル」は印刷時に行う設定です。シャドウが濃すぎる場合などに調整することがあります。

トーンカーブ

階調（明るさ）のレベルごとに明るさを補正します。

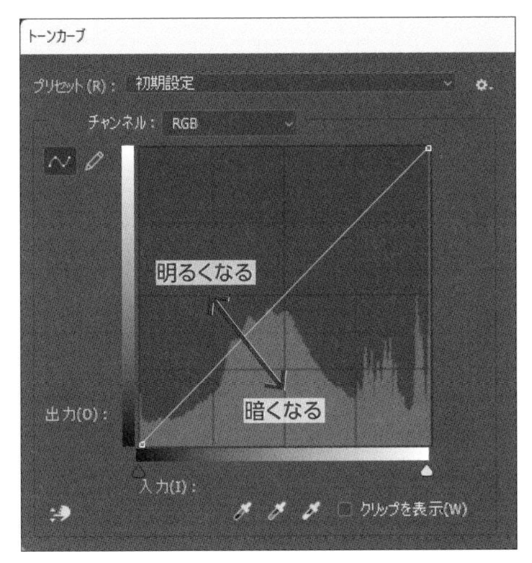

［イメージ］メニュー→［色調補正］→［トーンカーブ］で［トーンカーブ］ダイアログボックスを表示します。ここではダイアログボックスの左側部分を表示しています。
横軸（入力）が現在の階調、縦軸（出力）が補正後の階調です。初期状態では右上がり45°の直線が描かれていますが、これは入力と出力が同じ、つまり補正を行わないことを表しています。この直線をドラッグして動かすことにより補正を行います。
直線より左上に動かすと出力が大きくなり明るくなります。右下に動かすと出力が小さくなり暗くなります。

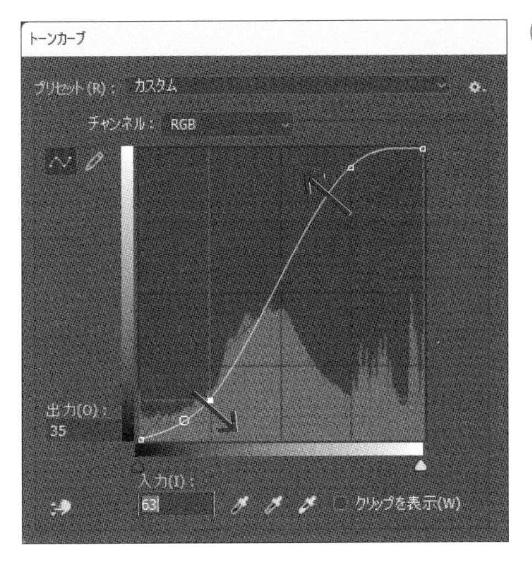

トーンカーブの右側部分を上に動かすと、画像の明るい部分がより明るくなります。トーンカーブの左側部分を下に動かすと、画像の暗い部分がより暗くなります。直線をS字のように変形すると、コントラストが強調されてメリハリのある画像になります。

使用ファイル トーンカーブ1.jpg

トーンカーブで補正を行った例です。

[トーンカーブ] ダイアログボックスの [自動補正] をクリックすると自動的に補正されます。補正方法（アルゴリズム）は [オプション] をクリックして表示される [自動カラー補正オプション] ダイアログボックスで指定できます。

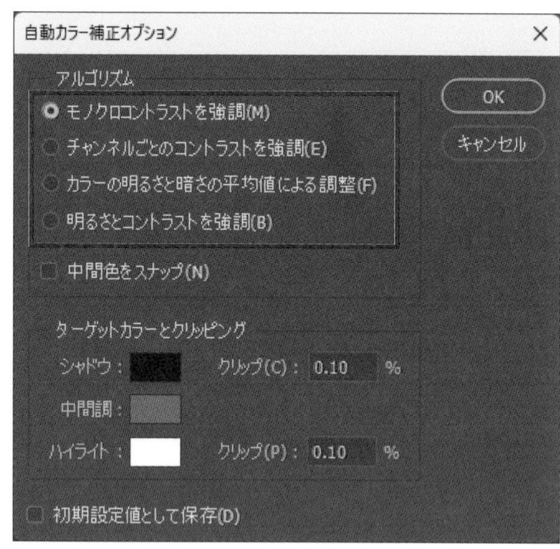

・モノクロコントラストを強調
色調を変えず、コントラストを上げます。

・チャンネルごとのコントラストを強調
RGBそれぞれのチャンネルごとにコントラストを上げるので、色調も変わります。

・カラーの明るさと暗さの平均値による調整
シャドウ部分とハイライト部分を解析して色調を変え、不要な色味をなくします。

・明るさとコントラストを強調
初期状態で選択されている設定です。[モノクロコントラストを強調] をもとに、さらに明るさを強めコントラストを上げます。

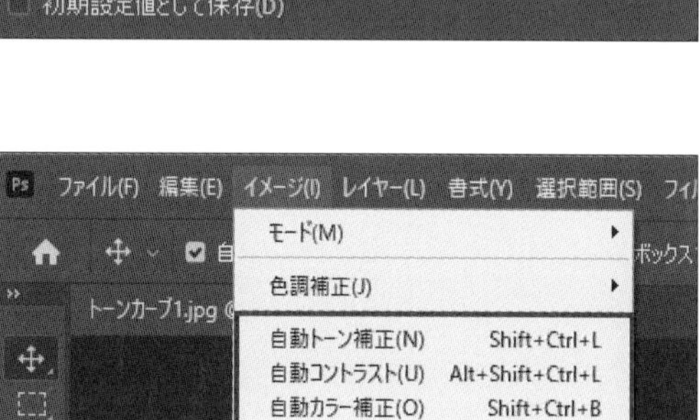

[自動カラー補正オプション] ダイアログボックスで指定できるアルゴリズムのうち、[モノクロコントラストを強調]、[チャンネルごとのコントラストを強調]、[カラーの明るさと暗さの平均値による調整] の３つは、[イメージ] メニューからも操作が行えます。

使用ファイル トーンカーブ 2.jpg

自動トーン補正

色調のバランスが悪く、コントラストが足りないときに使用します。

自動コントラスト

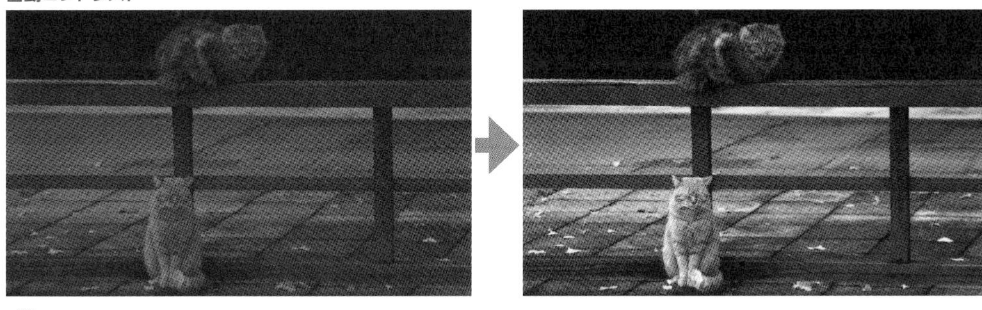

色調のバランスに問題なく、コントラストが足りないときに使用します。

自動カラー補正

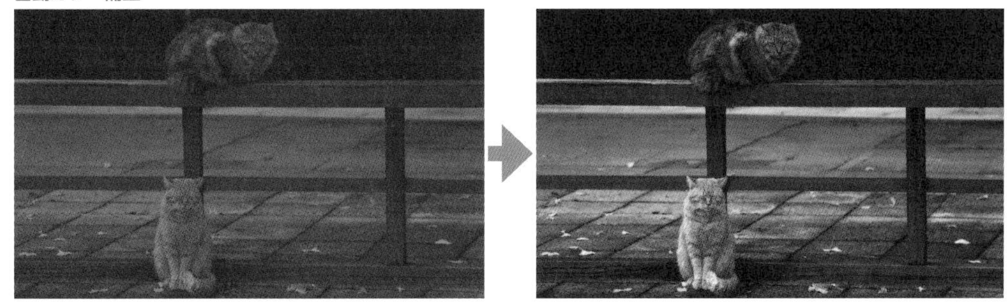

コントラストに問題がなく、色調のバランスが悪いときに使用します。

露光量

カメラは「絞り」と「シャッタースピード」で取り込む光の量を調節します。この光の量を露光量といいます。Photoshopの露光量はそのような明るさの調整を行います。

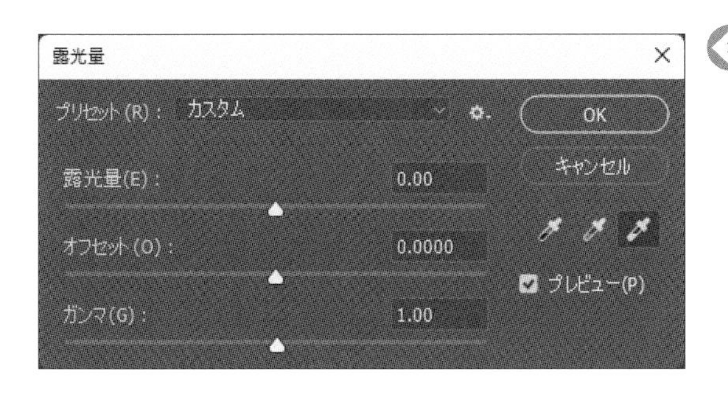

［イメージ］メニュー→［色調補正］→［露光量］で表示される［露光量］ダイアログボックスでは、露光量を含む次の3点を設定できます。

・露光量

画像のシャドウ部分に対する影響を最小限に抑え、ハイライト部分を調整します。数値を大きくすると画像が明るくなり、小さくすると暗くなります。

・オフセット

画像のハイライト部分に対する影響を最小限に抑え、そのほかの部分を調節します。

・ガンマ

写真全体の明るさを調整します。左に動かす（数値を大きくする）と明るくなり、右に動かす（数値を小さくする）と暗くなります。

色相・彩度

色相（Hue、色合い）、彩度（Saturation、色の鮮やかさ）、明度（Brightness、色の明るさ）という「色の三属性」を使って色調補正する方法です。

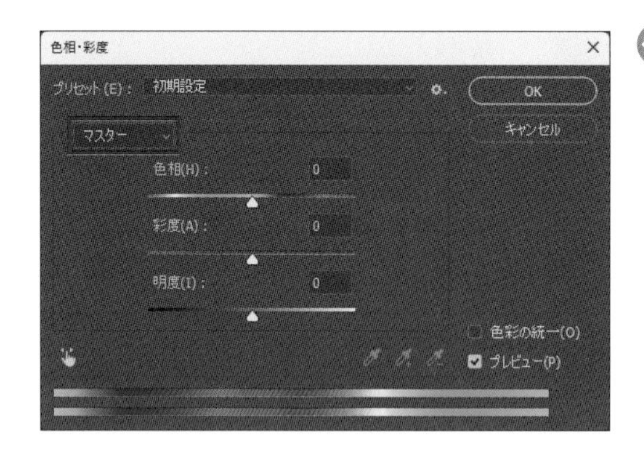

[イメージ] メニュー→ [色調補正] → [色相・彩度] で [色相・彩度] ダイアログボックスを表示します。左上のボックスはどの系統の色を対象に補正を行うかを指定するもので、[マスター] は全体を対象とします。このほか、[レッド系] [イエロー系] [グリーン系] [シアン系] [ブルー系] [マゼンタ系] があり、一部の系統の色だけを対象にすることもできます。

設定値を個別に指定せず、[青写真] [オールドスタイル] [セピア] などの名前で登録されている設定値の組み合わせを [プリセット] で選択することもできます。

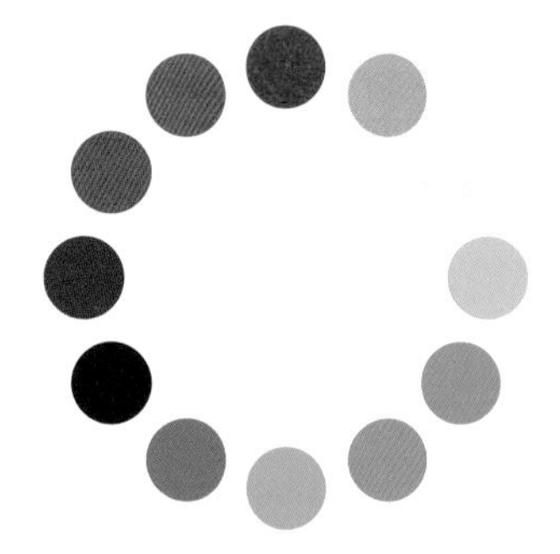

色相

代表的な色を円環に並べたものが「色相環（カラーホイール）」です。これを直線上に伸ばしたものが [色相] のスライダーです。スライダーの左端の－180、右端の＋180という数値は、色相環における角度を表しています。スライダーを動かすと、色相（色合い）がその角度だけ色相環に沿って回転した色に変わります。

彩度、明度

色の鮮やかさおよび明るさを－100から＋100の間で調整します。

（色相・彩度の）指先ツール

[色相・彩度] ダイアログボックス左下にある指先ツールをクリックします。マウスポインターを画像の上に動かすとポインターはスポイトの形に、ドラッグすると指の形に変わります。色を調整する画像のピクセルを起点にしてポインターを左右にドラッグすると、起点としたピクセルに関連した色の「彩度」が補正できます。さらに**Ctrl**キーを押しながら左右にドラッグすると「色相」を補正できます。画像の上をクリックした場合は、スポイトで選択した色が何系の色かを自動で認識するので、[色相・彩度] ダイアログボックスのスライダーで目的の色を補正できます。

使用ファイル 色相・彩度.jpg

レッド系、イエロー系、シアン系のそれぞれで彩度を＋50に、明度を＋7にしたものです。黄色、青緑色、赤色に近い色の部分を中心に鮮やかになっています。

自然な彩度

彩度を上げすぎると微妙な階調情報が失われて、画像がやや不自然になることがあります。とくに赤色は階調が失われる傾向があります。「自然な彩度」は階調を失わないようにしながら画像全体の彩度を調整するので、人の肌など繊細な赤みの表現が必要な画像の彩度を上げたい場合に有効な方法です。

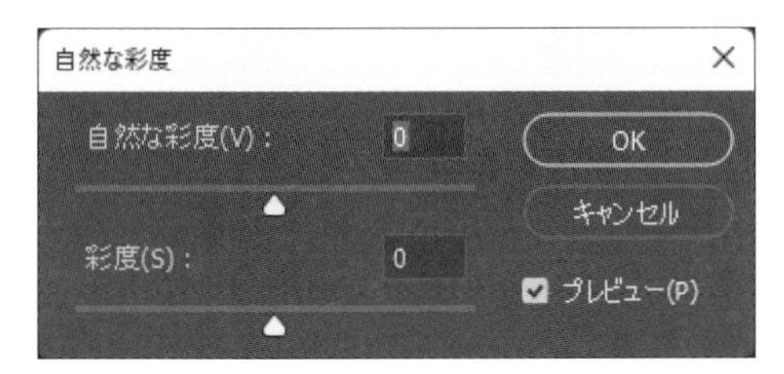

［イメージ］メニュー→［色調補正］→［自然な彩度］をクリックして［自然な彩度］ダイアログボックスを表示します。

自然な彩度

階調が失われるのを抑えながら、画像全体を自然な彩度に調整します。

彩度

画像全体の彩度を調整します。

カラーバランス

補色の関係を用いて色のバランスを調節します。

色相環の反対側に位置する2つの色を「補色」といいます。例えば赤とシアン、緑とマゼンタ、青とイエローが補色の関係にあります。補色間のバランスを変えることで、画像の色合いを調節できます。

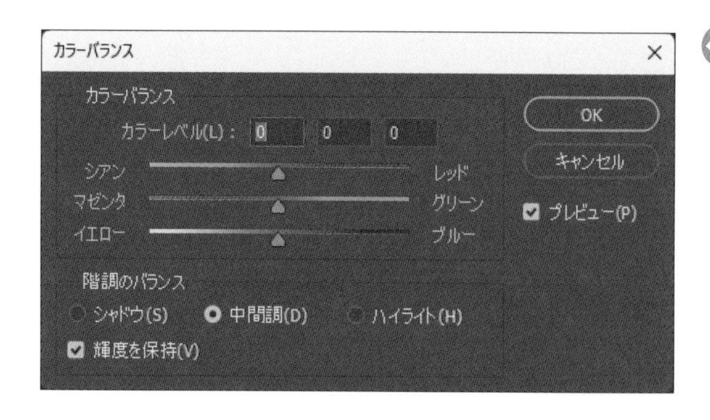

［イメージ］メニュー→［色調補正］→［カラーバランス］をクリックして［カラーバランス］ダイアログボックスを表示します。3つのスライダーを左右に動かすと、色合いが変わります。カラーレベルの数値を直接入力することもできます。補正対象はシャドウ、中間調、ハイライトの3つの階調に分かれています。

使用ファイル カラーバランス.jpg

中間調とハイライトに対してレッドやイエローを強めにした例です。暖色ライトの下で撮影した写真のようになっていることがわかります。

白黒

カラーの画像をグレースケールに変換します。色の系統別に詳細な設定ができます。

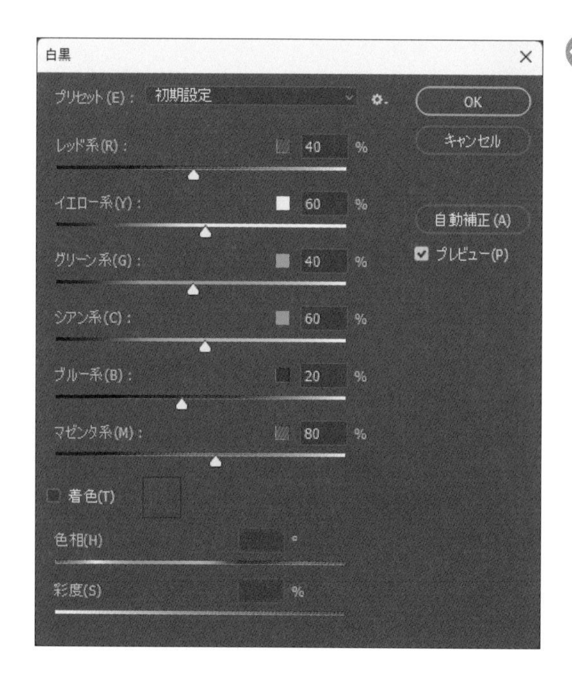

［イメージ］メニュー→［色調補正］→［白黒］をクリックします。レッド系、イエロー系など6つの色の系統のスライダーがあります。スライダーを右に動かすとその系統の色の部分が明るく（白く）なるように変換されます。［プリセット］には［初期設定］以外に［ブルーフィルター］［レッドフィルター］［暗く］［明るく］などのプリセットが用意されています。グレーではなく色を付けたモノトーン画像にしたいときは、［着色］のチェックボックスをオンにして、色を指定します。

使用ファイル 白黒.jpg

プリセットを「初期設定」にして、それからイエロー系を100%に上げて変換した例です。とくに黄色い領域がかなり明るく変換されています。

2階調化

「白黒」が256階調のグレースケールに変換するのに対し、「2階調化」は白と黒の2階調のみに変換します。

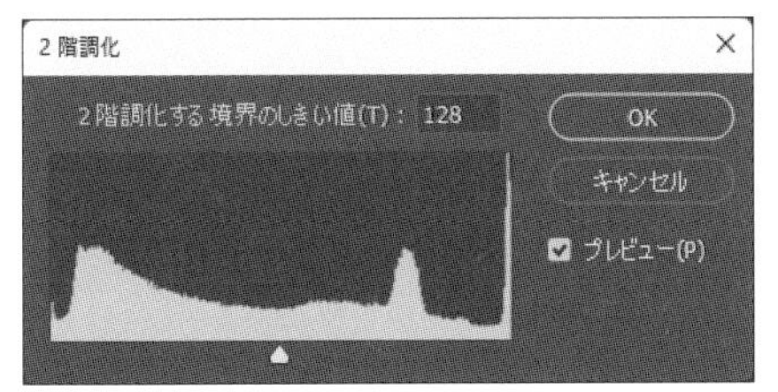

［イメージ］メニュー→［色調補正］→［2階調化］をクリックします。［2階調化する境界のしきい値］の階調を境目としてそれより大きい（明るい）ピクセルを白、小さいピクセルを黒に変換します。

使用ファイル 2階調化.jpg

シャドウ・ハイライト

画像の暗い部分（シャドウ）や明るい部分（ハイライト）の明るさを調整します。周りが明るいために暗くなっている影の部分を明るくする場合などに使います。

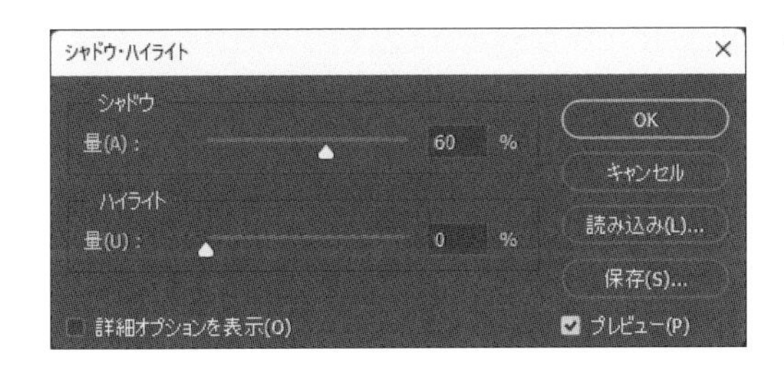

［イメージ］メニュー→［色調補正］→［シャドウ・ハイライト］をクリックします。

第4章

シャドウ

暗い部分をどの程度明るくするか、スライダーや数値（%）で設定します。

ハイライト

明るい部分をどの程度暗くするか、スライダーや数値（%）で設定します。
[詳細オプションを表示] チェックボックスをオンにすると、さらに細かい設定を行えます。

使用ファイル シャドウ・ハイライト.jpg

シャドウを＋50にした（ハイライトは0のまま）例です。

レンズフィルター

カメラのレンズフィルターはレンズの前後に取り付けてさまざまな効果を得るものですが、Photoshopの「レンズフィルター」機能は画像に特定の色を加える補正を行います。

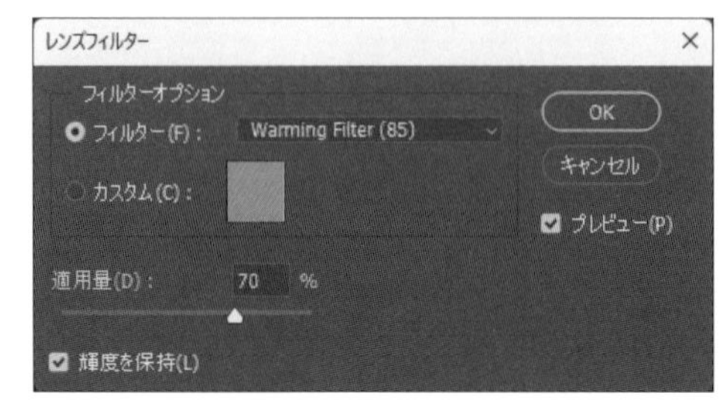

[イメージ] メニュー→ [色調補正] → [レンズフィルター] をクリックします。
[フィルター] には、暖色系、寒色系、レッド、シアンなどさまざまな種類が用意されていますが、自分で色を指定することもできます。[適用量] で色を適用する度合いを調整できます。

使用ファイル レンズフィルター.jpg

Warming Filter（85）を適用量70%で適用した例です。

チャンネルミキサー

RGBやCMYKの各チャンネルに別のチャンネルの値を加減することで画像の色を調整します。

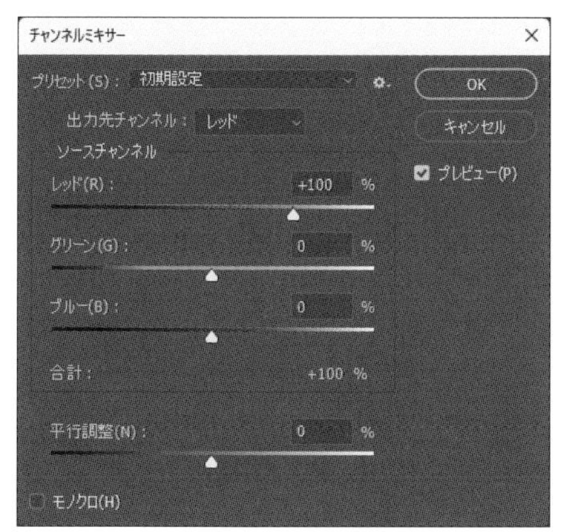

[イメージ] メニュー→ [色調補正] → [チャンネルミキサー] をクリックします。

RGB画像の場合 [出力先チャンネル] はレッド、グリーン、ブルーの3つです。例えば、出力先チャンネルを [レッド] にすると初期状態では [ソースチャンネル] のレッドの値が+100%、グリーンとブルーが0%です。ここでグリーンの数値をプラスにすると、元の画像でグリーンの値が大きい部分についてレッドが強まります。

使用ファイル チャンネルミキサー.jpg

出力先チャンネルを [レッド] にして、ソースチャンネルのレッドを100%のまま、グリーンを+70%、ブルーを−70%にした例です。

特定色域の選択

特定の系統の色だけを、CMYKの値を増減させて補正します。

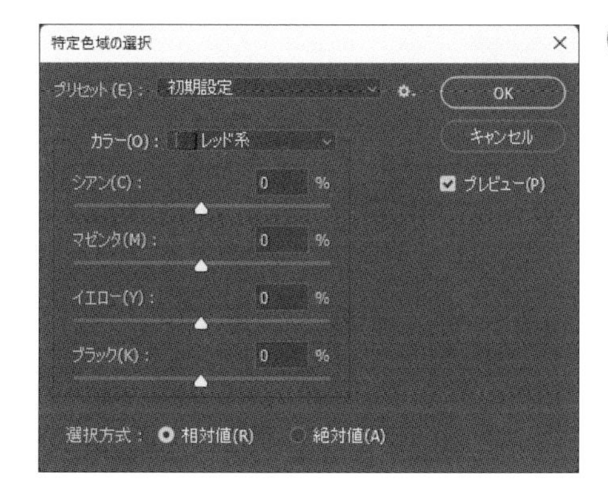

[イメージ] メニュー→ [色調補正] → [特定色域の選択] をクリックします。補正する対象の色の系統を [カラー] で指定し、CMYKの各色を増減させます。

選択方式では [相対値] と [絶対値] を選べます。[相対値] では、シアン、マゼンタ、イエローの色域を相対的に変化させることができます。[絶対値] は、シアン、マゼンタ、イエローの絶対的な色を変化させます。

使用ファイル 特定色域の選択.jpg

シアン系に対して、絶対値を選びシアン＋70%、マゼンタ＋80%、イエロー－65%、ブラック＋15%を指定した例です。

カラーの適用

別の画像の色調を現在開いている画像に適用します。複数の画像の色調に統一感を持たせたい場合に使います。

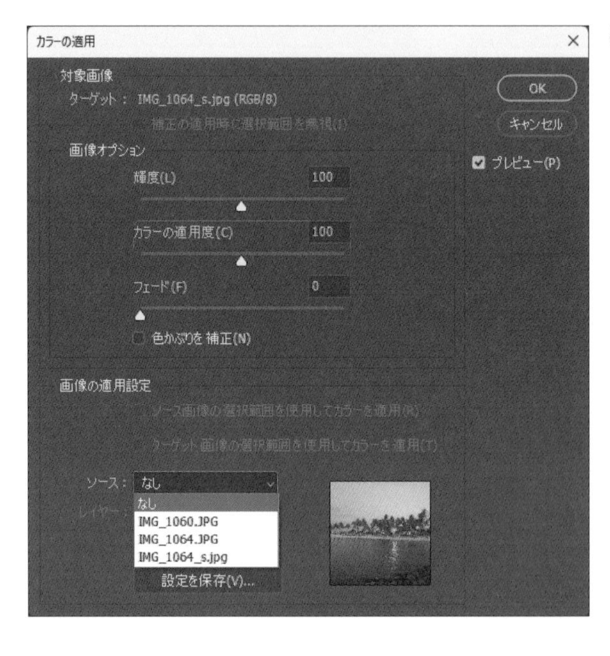

［イメージ］メニュー→［色調補正］→［カラーの適用］をクリックします。
［ソース］に色調を合わせたい画像を選択します。ソースには、同時に開いている画像のリストが表示されます。画像オプションの［輝度］で明るさ、［カラーの適用度］で彩度、［フェード］で適用の度合いを指定します。

色の置き換え

画像の中の特定の色を別の色に置き換えます。

[イメージ] メニュー→ [色調補正] → [色の置き換え] をクリックします。画像の上でクリックするとその位置にあるピクセルの色が [カラー] に設定され、置き換え対象となる範囲（選択範囲）がプレビュー表示されます。[許容量] は、どの程度近い色のピクセルまでを選択するかを決めます。
[色相]、[彩度]、[明度] を調整すると、[結果] に置き換える色が表示され、[OK] をクリックして色を置き換えます。また、[結果] の色をクリックすると、[カラーピッカー] ダイアログボックスで置き換える色を指定できます。

使用ファイル 色の置き換え.jpg

Tシャツの色を青から赤に置き換えた例です。

そのほかの色調補正ツール

カラールックアップ

Photoshopが用意している設定を選択するだけで、セピア風やトイカメラ風などさまざまな色調に変換できます。

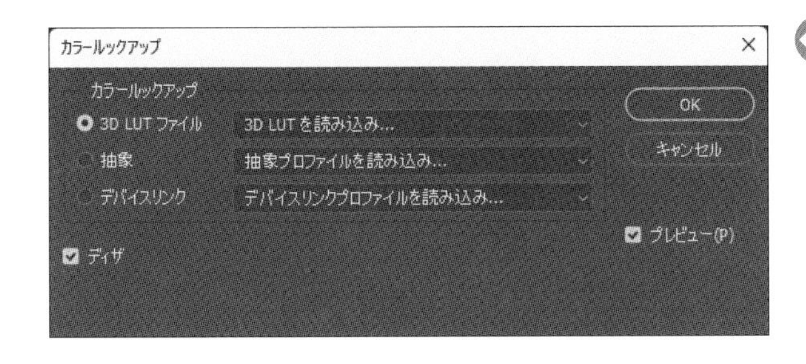

[イメージ] メニュー→ [色調補正] → [カラールックアップ] をクリックします。[3D LUTファイル] にはいくつかの設定が用意されています。

階調の反転

色を補色（反対色）に変換し、階調も反対の数値にします（例：255→0、－128→127)。カラーモードが「RGB」か「グレースケール」のときだけ有効です。
[イメージ] メニュー→ [色調補正] → [階調の反転] をクリックすると実行されます。

ポスタリゼーション

階調数を極端に減らすことで、色の境界がはっきりした画像にします。階調数は2から255を指定できます。

[イメージ] メニュー→ [色調補正] → [ポスタリゼーション] をクリックするとダイアログボックスが表示されます。

グラデーションマップ

ピクセルの明度に合わせてグラデーションを適用します。明度が最も低いピクセルにグラデーションバーの左端の色を割り当て、明度が最も高いピクセルに右端の色を割り当てます。

[イメージ] メニュー→ [色調補正] → [グラデーションマップ] をクリックするとダイアログボックスが表示されます。

HDRトーン

HDR (High Dynamic Range、ハイダイナミックレンジ) は明るい領域と暗い領域の階調をうまく合成する手法です。画像を肉眼で見た様子に近くしたり、絵画風やデザイン風に誇張したりします。

[イメージ] メニュー→ [色調補正] → [HDRトーン] をクリックするとダイアログボックスが表示されます。

彩度を下げる

[イメージ] メニュー→ [色相・彩度] で彩度を [−100] とするのと同じで、カラー画像をグレースケールにします。

[イメージ] メニュー→ [色調補正] → [彩度を下げる] をクリックすると実行されます。

平均化 (イコライズ)

画像全体の明るさを均等にする機能です。ヒストグラムを表示するとよくわかります。

[イメージ] メニュー→ [色調補正] → [平均化 (イコライズ)] をクリックすると実行されます。

使用ファイル 平均化.jpg

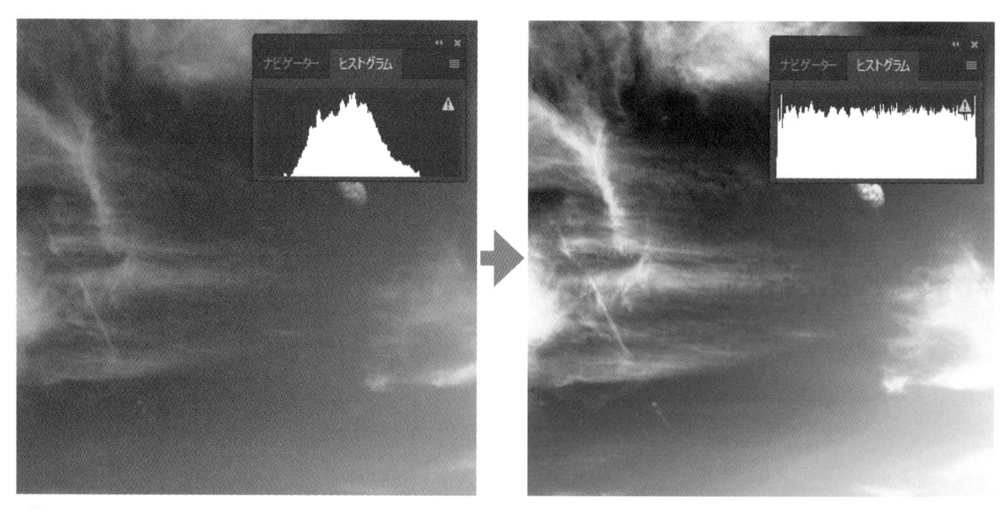

[ヒストグラム] パネルのチャンネルはRGBを選択しています。

覆い焼きツール

部分的に画像の明暗や彩度を調整するには、ツールパネルのツールを使用します。
覆い焼きツールは、ドラッグした部分を明るくするツールです。

ツールパネルの［覆い焼きツール］を選択します。

オプションバーでブラシの形状や補正対象の階調（シャドウ、中間調、ハイライト）などを設定します。

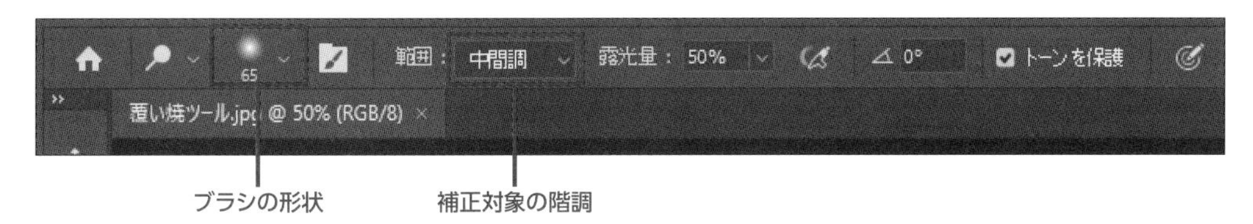

使用ファイル 覆い焼きツール.jpg

マウスポインターを画像の上に動かすと、マウスポインターがオプションバーで指定したブラシの形になるので、明るくしたい場所をドラッグします。繰り返しドラッグするとさらに明るくなっていきます。

中間調とハイライトで一番手前の花のあたりを何度かドラッグしたものです。その花の付近だけが明るくなっています。

焼き込みツール

ドラッグした部分を暗くするツールです。

ツールパネルの［焼き込みツール］を選択します。

中間調とハイライトで一番手前の花のあたりを何度かドラッグしたものです。その花の付近だけが暗くなっています。ブラシや補正対象の階調の設定は覆い焼きツールと同様に行います。

スポンジツール

ドラッグした部分の彩度を上げたり下げたりするツールです。

ツールパネルの［スポンジツール］を選択します。

オプションバーの彩度で［上げる］または［下げる］を指定します。

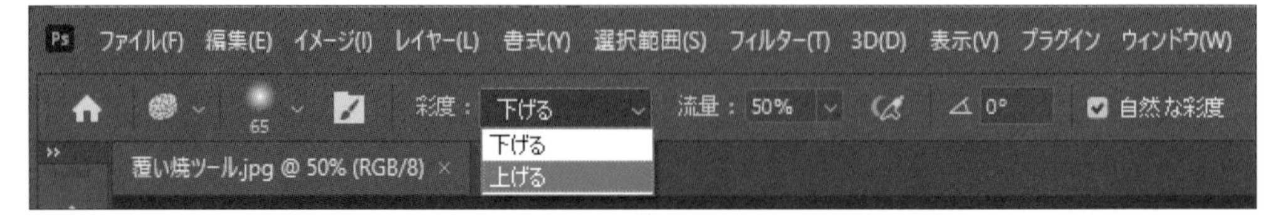

彩度を［上げる］に設定し、一番手前の花のあたりを何度かドラッグしたものです。その花の付近だけ彩度が上がっています。

練習問題

問題1 RGBとCMYKについて正しい説明を選びなさい。

A. RGBは光の三原色に基づき色を表現する。
B. CMYKは減法混色である。
C. RGBの3色がそれぞれ8ビットの場合、255の階調がある。
D. CMYKはシアン、マゼンタ、イエロー、ブラックで色を表現する。

問題2 色調補正の機能について間違った説明を選びなさい。

A. ［トーンカーブ］は画像の明るさやコントラストを同時に調整する。
B. ［色相・彩度］は色相、彩度、明度という「色の三属性」を調整する。
C. ［チャンネルミキサー］はCMYKの各チャンネルのみを調整する。
D. ［露光量］は数値を大きくするほど画像は明るくなり、小さくするほど暗くなる。

問題3 補色に関して正しい説明を選びなさい。

A. 補色とは色相環で反対の位置にある色の関係である。
B. 補色を組み合わせると調和を生みコントラストは低くなる。
C. 青の補色は黄色である。
D. RGBの補色はCMYである。

問題4 ［練習問題］フォルダーの4.1.jpgを開き、画像のコントラストを自動で調節しなさい。

4.1.jpg

問題5 ［練習問題］フォルダーの4.2.jpgを開き、トーンカーブを操作して画像の明るさを上げ、暖色系のフィルターをかけなさい。それぞれ度合いは問わない。

4.2.jpg

問題6 ［練習問題］フォルダーの4.3.jpgを開き、画像のカラーモードをグレースケールに変更しなさい。

4.3.jpg

5

選択範囲

5.1 選択ツール

Photoshopの操作は、基本的に「どこを」「どうする」という2つの要素で成り立っています。選択ツールはこの「どこを」を指示する役割を担います。図形を描く、線で囲む、色を指定するなどさまざまな選択方法があります。

［選択範囲］メニューのうち基本的な項目を説明します。

選択範囲(S)

すべてを選択(A)	Ctrl+A
選択を解除(D)	Ctrl+D
再選択(E)	Shift+Ctrl+D
選択範囲を反転(I)	Shift+Ctrl+I
すべてのレイヤー(L)	Alt+Ctrl+A
レイヤーの選択を解除(S)	
レイヤーを検索	Alt+Shift+Ctrl+F
レイヤーを分離	
色域指定(C)...	
焦点領域(U)...	
被写体を選択	
空を選択	
選択とマスク(K)...	Alt+Ctrl+R
選択範囲を変更(M)	▸

すべてを選択

カンバス全体を選択します。

選択を解除

現在選択されている範囲をすべて解除します。

再選択

一度選択範囲を解除したあとで、もう一度同じ部分を選択します。

選択範囲を反転

カンバス上で、選択範囲と選択していない範囲を反転させます。

色域指定

指定した色と同じ色の部分を自動的に選択します。マウスポインターがスポイトの形に変わります。画像の上でクリックするとその位置のピクセルの色をサンプリングし、同じ色の部分を選択します。［許容量］は、どの程度近い色までを範囲に含めるかを指定できます。

被写体を選択

画像内のメインとなる被写体を自動的に選択します。選択後は、ほかの選択ツールを使用して選択範囲を追加・削除することができます。また、5.2で紹介する［選択とマスク］や［クイックマスクモードで編集］を組み合わせて使用すると、より正確な選択範囲を作成することができます。

使用ファイル 被写体を選択.jpg

［選択範囲］メニュー→［被写体を選択］をクリックすると、自動的に猫の選択範囲が作成されます。

空を選択

画像内の空の部分を自動的に選択します。空の部分のみに色調補正を行うときなどに使用します。

使用ファイル 空を選択.jpg

［選択範囲］メニュー→［空を選択］をクリックすると、空の範囲を自動的に認識します。

長方形選択ツール

ドラッグして長方形を描いて選択範囲を作成します。

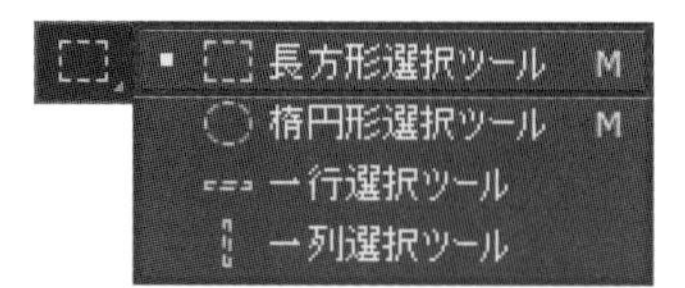

ツールパネルの［長方形選択ツール］をクリックします。

必要に応じてオプションバーで［ぼかし］や［スタイル］を設定します。

ぼかしは選択した範囲の境界線をぼかします。ぼかしの大きさはピクセル数で指定します。スタイルには3つの選択肢があります。

- 標準：自由な形の長方形の選択範囲を作ります。
- 縦横比固定：指定した縦横比の長方形の選択範囲を作ります。
- 固定：幅と高さをピクセル数で指定します。

使用ファイル 長方形選択ツール.jpg

郵便ポストの左上から右下へドラッグすると、始点と終点を対角線とする長方形が選択範囲になります。**Alt**キーを押しながらドラッグすると、始点を中心とし終点を頂点とする長方形が選択範囲になります。

Shiftキーを押しながらドラッグすると選択範囲が常に正方形になります。**Alt**キーと**Shift**キーを押しながらドラッグすると、始点を中心とする正方形が選択範囲になります。

楕円形選択ツール

ドラッグして楕円を描いて選択範囲を作成します。

長方形選択ツール M
楕円形選択ツール M
一行選択ツール
一列選択ツール

ツールパネルの［楕円形選択ツール］をクリックします。

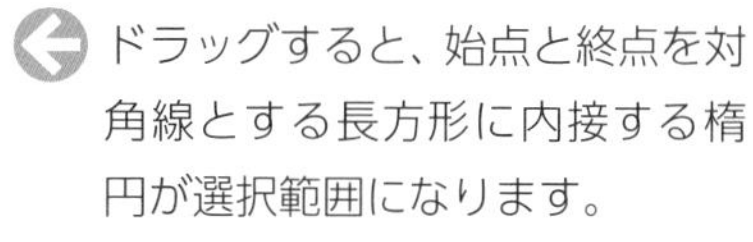

ドラッグすると、始点と終点を対角線とする長方形に内接する楕円が選択範囲になります。
Altキーを押しながらドラッグすると、始点を中心とする楕円が選択範囲になります。

Shiftキーを押しながらドラッグすると選択範囲が常に正円になります。**Alt**キーと**Shift**キーを押しながらドラッグすると、始点を中心とする正円が選択範囲になります。

一行選択ツール／一列選択ツール

一行選択ツールはクリックした位置から「高さ１ピクセル、横１行」の選択範囲を作成します。一列選択ツールは「幅１ピクセル、縦１列」の選択範囲を作成します。

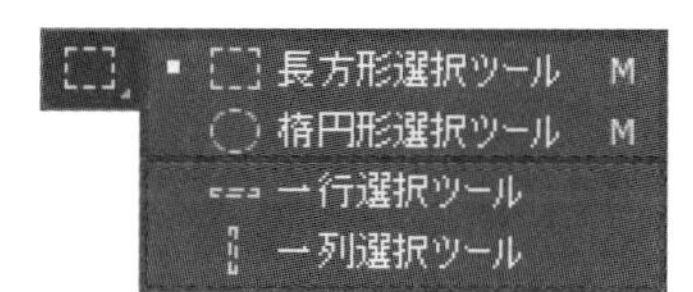

ツールパネルの［一行選択ツール］をクリックします。

一行選択したい場所でクリックします。高さが1ピクセルで幅が画像全体の範囲が選択されます。

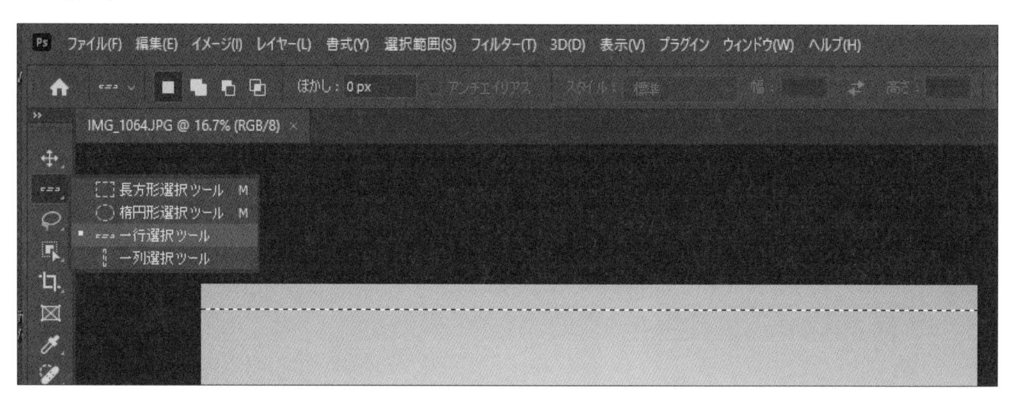

なげなわツール

ドラッグして囲んだ内側を選択範囲にします。不規則な形状を選択するときに使用します。

ツールパネルの［なげなわツール］をクリックします。

使用ファイル なげなわツール.jpg

選択したい範囲を囲むようにドラッグします。マウスボタンを離すとドラッグの始点と終点が直線で結ばれて選択範囲が作成されます。

多角形選択ツール

クリックした点を直線で結んだ多角形の選択範囲を作成します。

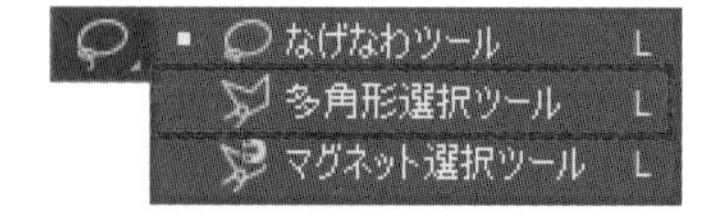

ツールパネルの［多角形選択ツール］をクリックします。

使用ファイル 多角形選択ツール.jpg

選択する範囲を点でつなぐようにクリックします。
途中で**BackSpace**キーを押すと、直前にクリックしたポイントを削除できます。ダブルクリックすると、始点と終点が直線で結ばれて選択範囲が作成されます。
左の例は、奥の工事現場と手前の暗い部分を除いた選択範囲を作成したところです。

Shiftキーを押しながらクリックすると、垂直や水平、斜め45°で直線を引くことができます。

第5章

マグネット選択ツール

マウスでオブジェクトの輪郭付近をなぞるようにドラッグすると、コントラストが変わっているところを自動で検知し、オブジェクトの形に合わせて選択できるツールです。

ツールパネルの［マグネット選択ツール］をクリックします。

使用ファイル マグネット選択ツール.jpg

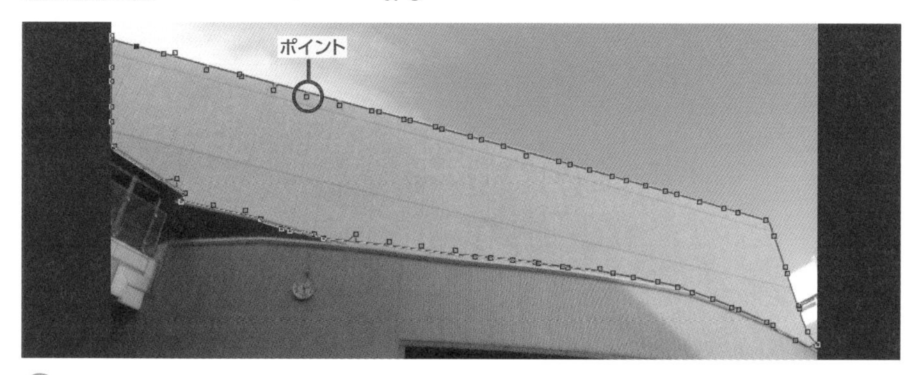

マウスポインターをドラッグすると、オブジェクトの境界付近に「ポイント」とそれをつなぐ線が自動で引かれていきます。マウスをクリックすることで、手動でポイントを追加することもできます。途中で**BackSpace**キーを押すと、直前のポイントを削除できます。マウスはなるべくゆっくりと動かす方が、正確に境界を認識しやすくなります。

オプションバーでは［コントラスト］や［頻度］を設定できます。

ぼかし：0 px　アンチエイリアス　幅：10 px　コントラスト：10%　頻度：57　選択とマスク...

- コントラスト：境界の感度を設定します。コントラストがはっきりしている場合は値を高く設定し、目立たない場合は低く設定します。
- 頻度：選択範囲に付けられるポイントの頻度を設定します。複雑な図形の場合、多く設定する方がうまく選択できます。0から100の値で設定します。

オブジェクト選択ツール

オブジェクト選択ツールは、画像内のオブジェクト（人物、動物、植物、建物などの被写体）、または領域を自動的に選択します。

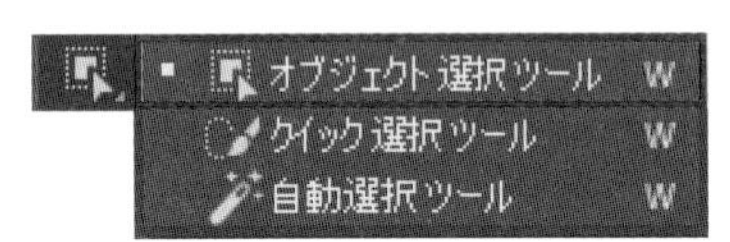

ツールパネルの［オブジェクト選択ツール］をクリックします。

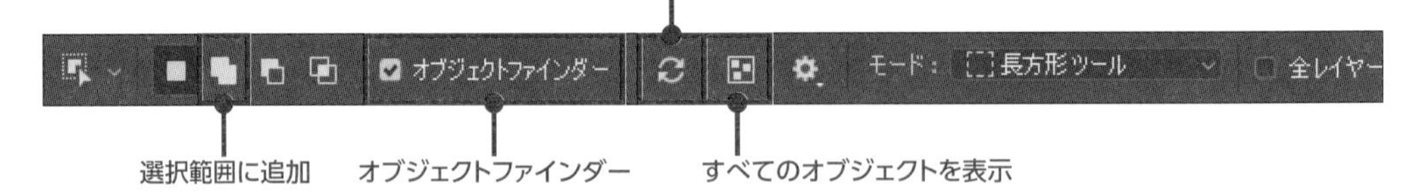

オプションバーの［オブジェクトファインダー］にチェックを入れると、人工知能が画像内の被写体を自動で認識します。マウスポインターを被写体に合わせるだけで選択範囲がハイライトされ、クリックすると簡単に選択範囲を作成できます。［オブジェクトファインダー］のチェックをオフにした場合は、被写体の周囲をドラッグで囲むことで、その範囲内から被写体を自動的に検出して選択範囲を作成します。

使用ファイル **オブジェクト選択ツール1.jpg**

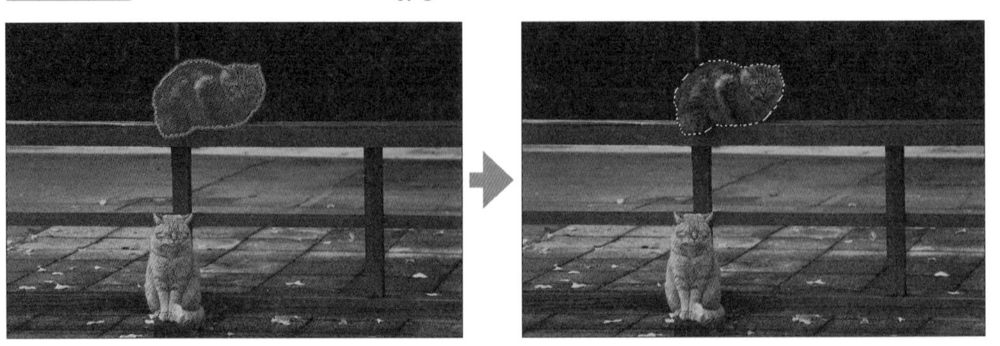

オプションバーの［選択範囲に追加］ボタンをクリックして他の猫をクリックすると選択範囲を追加できます。

一度に複数の被写体を選択したい場合は、オプションバーの［すべてのオブジェクトを表示］をオンにすると複数の被写体がハイライトされ、**Shift**キーを押しながらそれぞれの被写体をクリックすると、選択範囲を作成できます。

使用ファイル **オブジェクト選択ツール2.jpg**

クイック選択ツール

ブラシでなぞったところと同じ色の領域を自動的に認識して選択範囲を設定します。

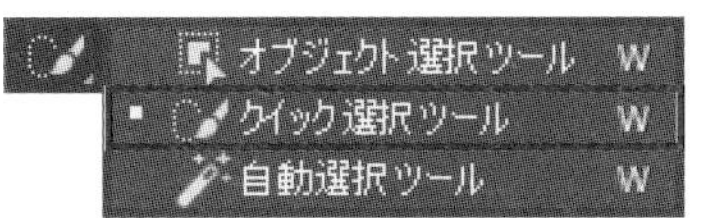

ツールパネルの［クイック選択ツール］をクリックします。

オプションバーでブラシの形状などを指定したあと、ゆっくりドラッグしながら選択したい部分をなぞります。選択範囲を修正したいときは、オプションバーで［選択範囲に追加］や［現在の選択範囲から一部削除］を選び、その部分をなぞります。

使用ファイル クイック選択ツール.jpg

ユリの花を選択したところです。

自動選択ツール

クリックした場所のピクセルと近い色の領域を自動で検知して選択範囲を作成します。

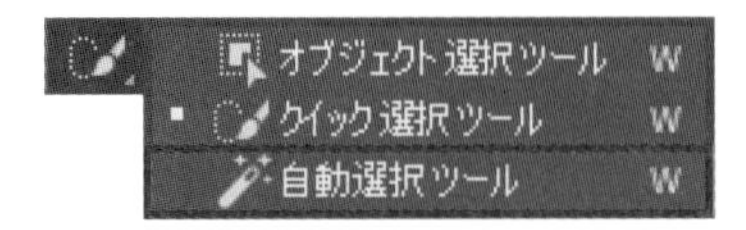

ツールパネルの［自動選択ツール］をクリックします。

使用ファイル 自動選択ツール.jpg

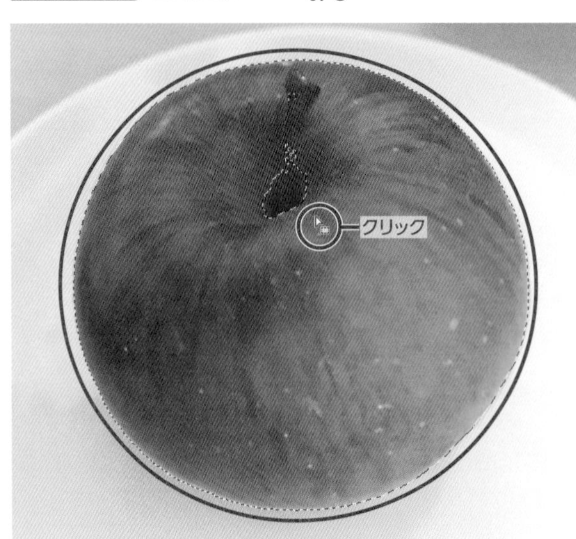

オプションバーの［許容量］の数値を大きくすると選択する色の範囲が広くなります。［隣接］のチェックをオンにすると、クリックしたピクセルと隣接した領域だけを選択します。チェックをオフにすると画像全体から領域を選択します。

許容値を100、［隣接］のチェックをオンにして、リンゴをクリックしたところです。リンゴの輪郭が選択されています。

選択ツールに共通するオプション

多くの選択ツールのオプションバーには、共通する項目があります。

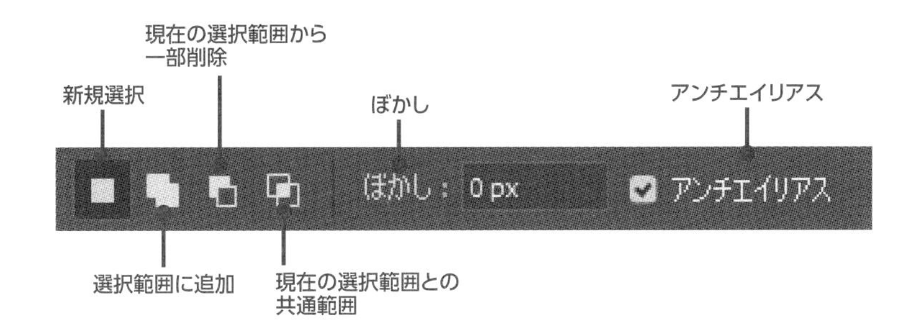

・新規選択

選択範囲を新たに作ります。

・選択範囲に追加

現在の選択範囲に加えて、新たな選択範囲を指定します。

・現在の選択範囲から一部削除

現在の選択範囲から重なる部分を削除します。

・現在の選択範囲との共通範囲

現在の選択範囲と新たに選択する範囲の重なっている部分を選択範囲として残します。

・ぼかし

境界をぼかします。境界をぼかすことで周囲になじんだ自然な調整ができます。ぼかす範囲をピクセル数で指定します。

・アンチエイリアス

境界線の周囲を滑らかにします。チェックのオンオフで切り替えます。

5.2 選択範囲の編集

適切な範囲選択ができることは、高品質な画像の編集を行ううえで欠かせません。いったん作成した選択範囲に対して移動、追加・削除、変形、境界の調節、保存といった調整を行う方法について学びましょう。

選択範囲の移動・解除

作成した選択範囲はドラッグして動かすことができます。

使用ファイル 選択範囲の移動.jpg

選択ツールで作成した選択範囲は、マウスポインターを選択範囲の内側に置いてドラッグすることで移動できます。ドラッグを始めてから**Shift**キーを押すと、移動方向が水平または垂直、斜め45°方向に制限されます。キーボードの矢印キーでも上下左右に移動するので、ドラッグで大きく移動したあとの微調整に利用できます。

［選択範囲］メニュー→［選択を解除］をクリックするか、**Ctrl**+**D**キーで選択範囲が解除されます。

移動ツール

範囲選択した部分の画像を移動したり、コピーしたりします。

範囲選択を行った状態でツールパネルの［移動ツール］をクリックします。

使用ファイル 移動ツール.jpg

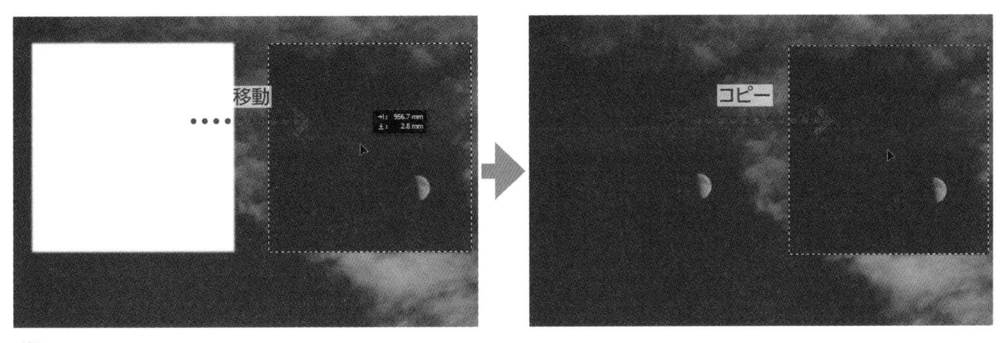

マウスポインターを選択範囲の内側に置いてドラッグすると、選択範囲内の画像が移動します。ドラッグを始めてから**Shift**キーを押すと、移動方向が水平または垂直、斜め45°方向に制限されます。キーボードの矢印キーでも上下左右に移動します。画像が移動したあとの領域は背景色になります。

Altキーを押しながらドラッグすると、選択範囲内の画像がコピーされ、元の位置にも画像は残ります。

選択範囲の変更

一度選択した範囲は範囲を変更したり境界をぼかしたりすることができます。

選択範囲(S)

すべてを選択(A)	Ctrl+A
選択を解除(D)	Ctrl+D
再選択(E)	Shift+Ctrl+D
選択範囲を反転(I)	Shift+Ctrl+I
すべてのレイヤー(L)	Alt+Ctrl+A
レイヤーの選択を解除(S)	
レイヤーを検索	Alt+Shift+Ctrl+F
レイヤーを分離	
色域指定(C)...	
焦点領域(U)...	
被写体を選択	
空を選択	
選択とマスク(K)...	Alt+Ctrl+R
選択範囲を変更(M)	▸
選択範囲を拡張(G)	
近似色を選択(R)	
選択範囲を変形(T)	
クイックマスクモードで編集(Q)	
選択範囲を読み込む(O)...	
選択範囲を保存(V)...	
新規 3D 押し出し(3)	

選択とマスク

選択範囲は破線で囲まれますが、それでは選択範囲がよく見えないこともあります。選択とマスクは、選択範囲をより分かりやすくし、細かい境界の調整などをしやすくするものです。

［選択範囲］メニュー→［選択とマスク］をクリックします。各選択ツールのオプションバーにある［選択とマスク］をクリックする方法もあります。

使用ファイル 選択とマスク.jpg

画面表示が切り替わり、選択範囲外の領域が「マスク」（操作対象から除外）されて表示が薄くなります。ツールパネルには、利用可能なツールのみが表示されます。オプションバーでは範囲の追加・削除、ブラシの形状などを指定できます。さらに［属性］パネルが表示され、マスクの濃さ（透明度）の調整、境界線の滑らかさ・ぼかし・コントラストなどの調整ができます。
この例では、クイック選択ツールで木と影を選択しました。
最後に［OK］をクリックすると選択範囲が確定し、通常の画面表示に戻ります。

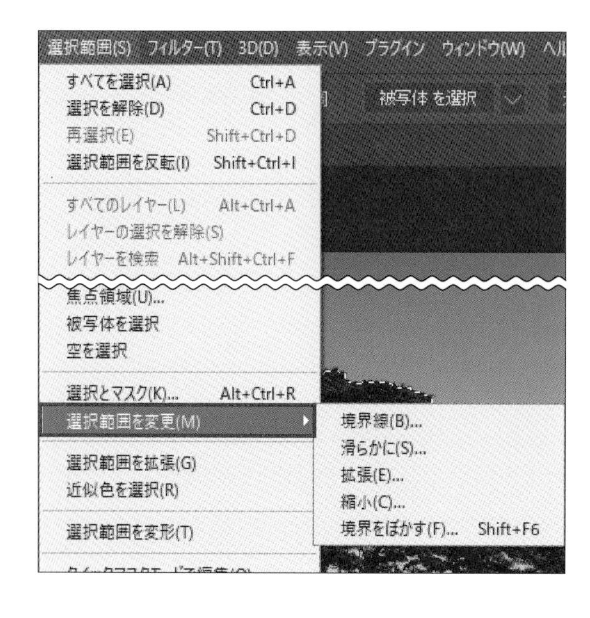

選択範囲を変更

［選択範囲］メニュー→［選択範囲を変更］をクリックすると、さまざまな方法で設定した選択範囲を変更できます。

・**元の選択範囲**

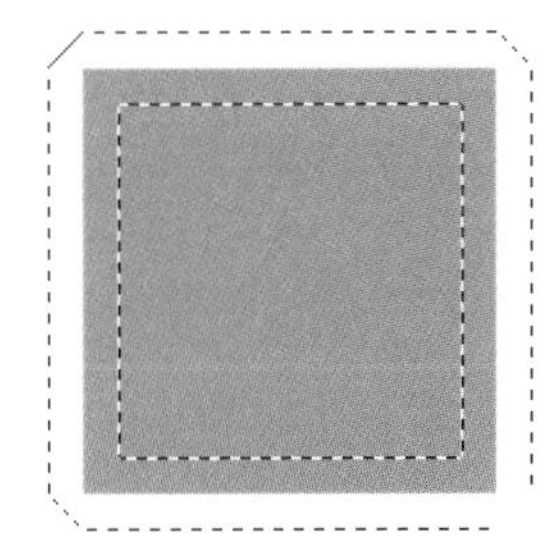

・**境界線**

現在の選択範囲の境界だけを、指定した幅で選択範囲にします。

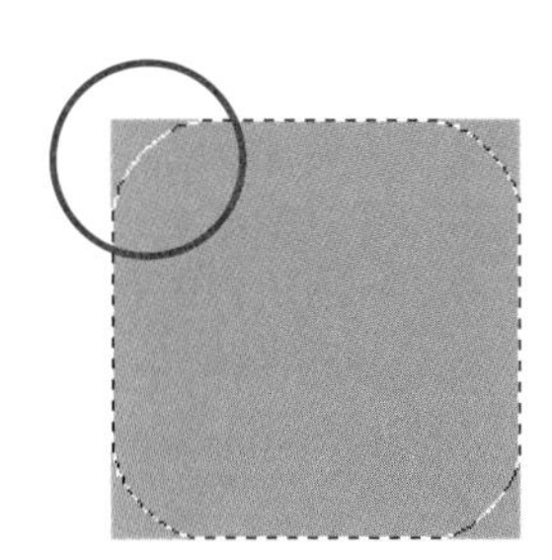

・**滑らかに**

選択範囲の角に丸みを持たせます。角の半径をピクセル数で指定します。

・**拡張**

選択範囲を指定したピクセル数だけ外側に広げます。

・**縮小**

選択範囲を指定したピクセル数だけ内側に狭めます。

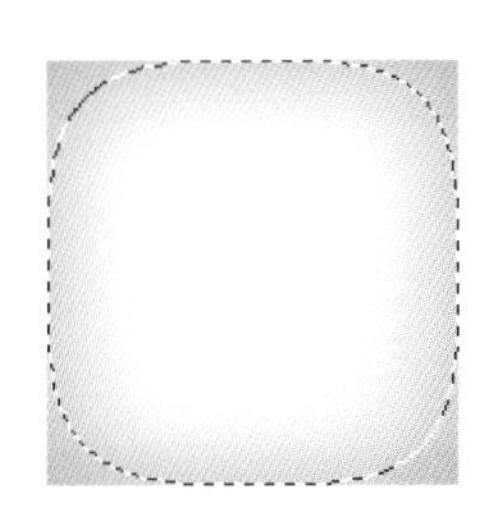

・**境界をぼかす**

境界線を中心に、指定したピクセル数の範囲で内側と外側をぼかします。選択範囲を塗りつぶすと境界線付近でぼかしが入っている様子がわかります。

選択範囲(S)

すべてを選択(A)	Ctrl+A
選択を解除(D)	Ctrl+D
再選択(E)	Shift+Ctrl+D
選択範囲を反転(I)	Shift+Ctrl+I
すべてのレイヤー(L)	Alt+Ctrl+A
レイヤーの選択を解除(S)	
レイヤーを検索	Alt+Shift+Ctrl+F
レイヤーを分離	
色域指定(C)...	
焦点領域(U)...	
被写体を選択	
空を選択	
選択とマスク(K)...	Alt+Ctrl+R
選択範囲を変更(M)	▸
選択範囲を拡張(G)	
近似色を選択(R)	
選択範囲を変形(T)	
クイックマスクモードで編集(Q)	
選択範囲を読み込む(O)...	
選択範囲を保存(V)...	
新規 3D 押し出し(3)	

選択範囲を拡張

選択範囲内と色が似ている、隣接する領域を追加します。［選択範囲］メニュー→［選択範囲を拡張］をクリックします。

近似色を選択

選択範囲内と色が似ている領域を選択範囲に追加します。［選択範囲を拡張］とは違い、隣接していない領域も選択します。［選択範囲］メニュー→［近似色を選択］をクリックします。

選択範囲を変形

バウンディングボックスを使用して選択範囲を変形します。［選択範囲］メニュー→［選択範囲を変形］をクリックします。選択範囲を囲むように表示されるバウンディングボックスを拡大・縮小すると、それに伴って選択範囲も変形します。その状態で［編集］メニュー→［変形］を利用してバウンディングボックスを変形することもできます。

使用ファイル 選択範囲を変形.jpg

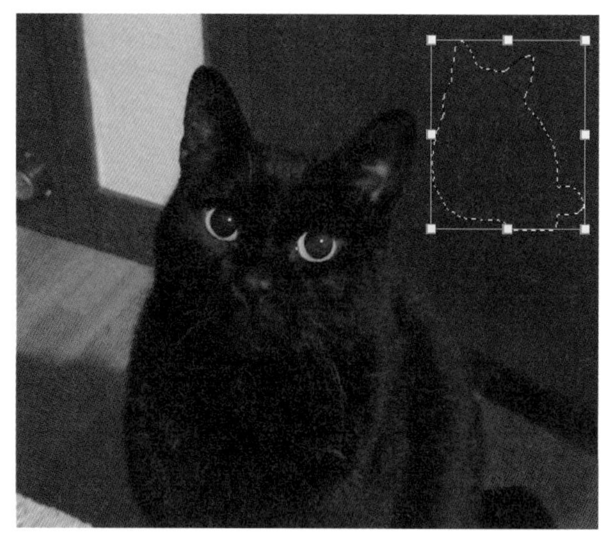

オブジェクト選択ツールで黒猫を選択したあと、バウンディングボックスのサイズを変更し、選択範囲を右上に移動したものです。

バウンディングボックスは、選択範囲や選択しているオブジェクトを囲む長方形です。四隅および四辺に表示されているハンドルをマウスで動かすことにより、変形できます。

選択範囲の保存と読み込み

選択範囲はドキュメントに保存し、あとから読み込むことができます。

使用ファイル 選択範囲の保存と読み込み1.jpg

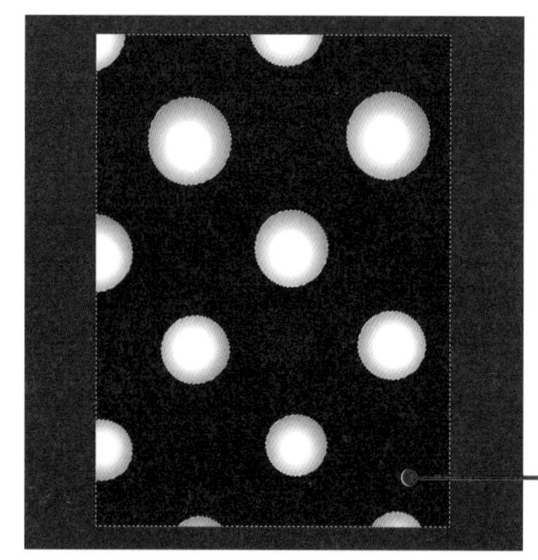

2つの画像を使った選択範囲の保存と読み込みを、具体的な操作を交えて説明します。

「選択範囲の保存と読み込み1.jpg」を開き、自動選択ツールで画像の黒い部分をクリックし、選択範囲を作成します。

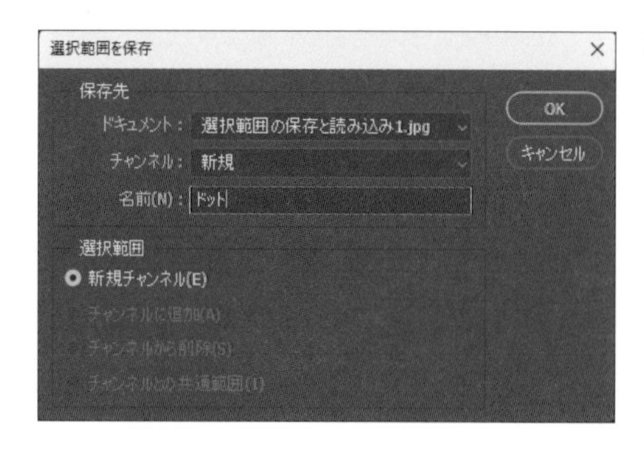

［選択範囲］メニュー→［選択範囲を保存］で［選択範囲を保存］ダイアログボックスを表示します。［ドキュメント］で保存先のドキュメントを選びます。現在開いているファイルと［新規］が選べます。［新規］を選ぶと、新しいファイルが作成されます。ここでは保存先ドキュメントを現在作業しているファイル（選択範囲の保存と読み込み1.jpg）にし、「ドット」という名前で保存します。

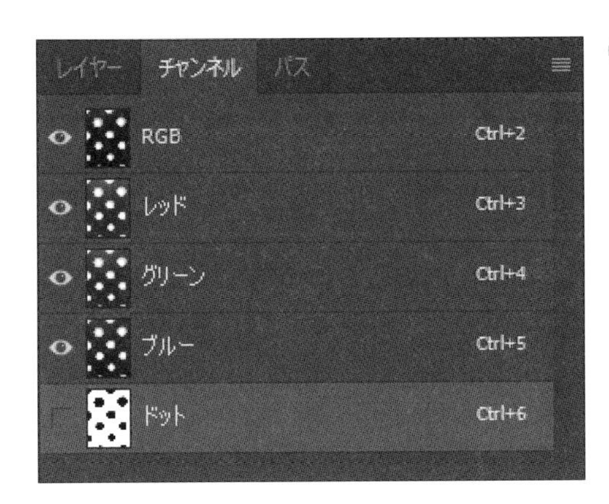

選択範囲は新しいチャンネルとして保存され、[チャンネル] パネルに表示されます。一つ以上の選択範囲のチャンネルが保存された状態では、新規のチャンネルを作るほかに、既存チャンネルの置き換えや既存チャンネルへの追加などの処理を行うこともできます。

保存した選択範囲を別のファイルに読み込みましょう。「選択範囲の保存と読み込み1.jpg」は開いたままにしておきます。新たに「選択範囲の保存と読み込み2.jpg」を開き、[選択範囲] メニュー→ [選択範囲を読み込む] で [選択範囲を読み込む] ダイアログボックスを表示します。

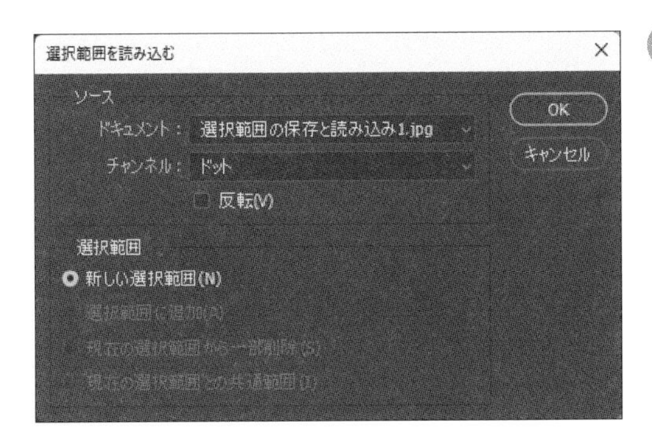

[ドキュメント] に選択範囲を保存したファイル (選択範囲の保存と読み込み1.jpg)、[チャンネル] に保存した名前 (ドット) を指定し、[OK] をクリックすると、選択範囲が読み込まれます。

使用ファイル 選択範囲の保存と読み込み2.jpg

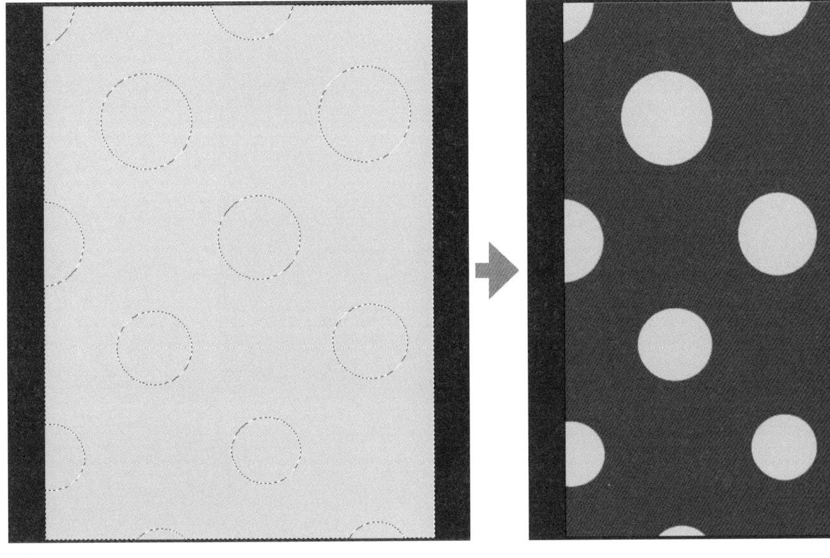

読み込んだドットの選択範囲 (左側) に青色のべた塗りレイヤーを適用したものです。保存した選択範囲は、別のファイルに読み込んで再利用することができます。

クイックマスクモードで編集

クイックマスクモードにすると、ブラシツールを使って選択範囲を作成したり変形したりできます。

選択範囲(S)
- すべてを選択(A)　Ctrl+A
- 選択を解除(D)　Ctrl+D
- 再選択(E)　Shift+Ctrl+D
- 選択範囲を反転(I)　Shift+Ctrl+I
- すべてのレイヤー(L)　Alt+Ctrl+A
- レイヤーの選択を解除(S)
- レイヤーを検索　Alt+Shift+Ctrl+F
- レイヤーを分離
- 色域指定(C)...
- 焦点領域(U)...
- 被写体を選択
- 空を選択
- 選択とマスク(K)...　Alt+Ctrl+R
- 選択範囲を変更(M)
- 選択範囲を拡張(G)
- 近似色を選択(R)
- 選択範囲を変形(T)
- クイックマスクモードで編集(Q)
- 選択範囲を読み込む(O)...

［選択範囲］メニュー→［クイックマスクモードで編集］をクリックするか、ツールパネルの［クイックマスクモードで編集］を選択します。選択範囲外にしたい部分をブラシツールで塗ると、半透明の色が付きます。選択範囲を作成した状態でクイックマスクモードにすると、その時点で選択範囲外に半透明の色が付いているので、ブラシツールで塗ってその部分を増やします。

再度［クイックマスクモードで編集］をクリックするとクイックマスクモードが解除され、半透明の色がついていない部分が選択範囲として作成されます。

使用ファイル　クイックマスクモードで編集.jpg

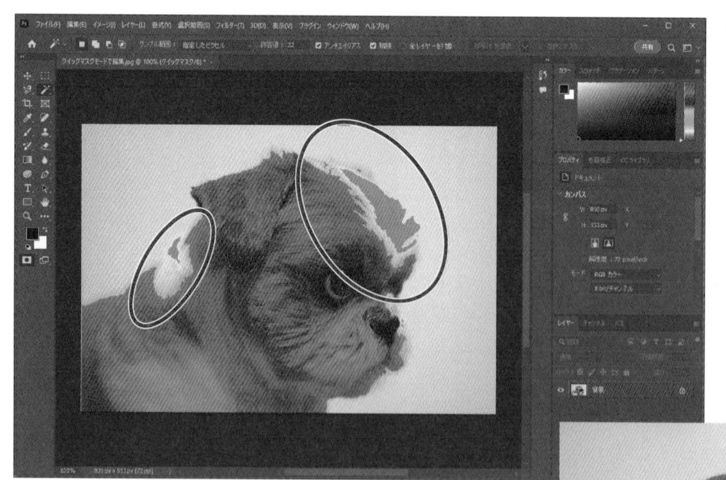

自動選択ツールで背面の壁を選択したあとクイックマスクモードにし、ブラシツールを使って選択されていない首の上や額部分を追加したところです。

5.3 パス

ペンツールなどで引いた線を「パス」といいます。作成したパスは選択範囲に変換したり、シェイプ（ベクトル形式の図形）に変換したりできます。パスの作成と変形を行うツールを学習しましょう。シェイプに関しては別の章で扱います。

ペンツール

直線や曲線でパスを作成するためのツールです。Adobe Illustratorのパス機能と使用方法は同じです。

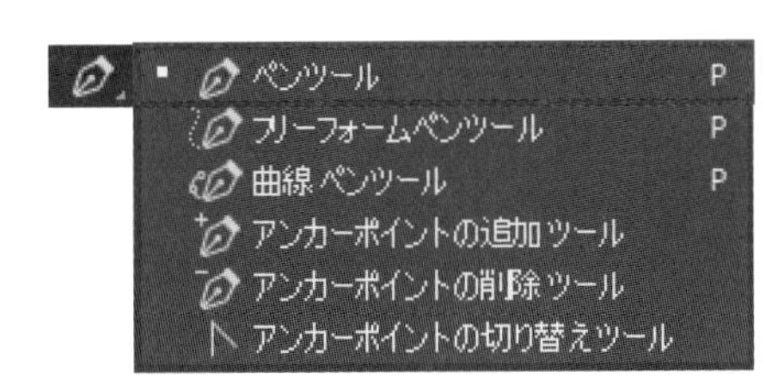

ツールパネルの［ペンツール］をクリックすると、マウスポインターが万年筆のペン先の形になります。

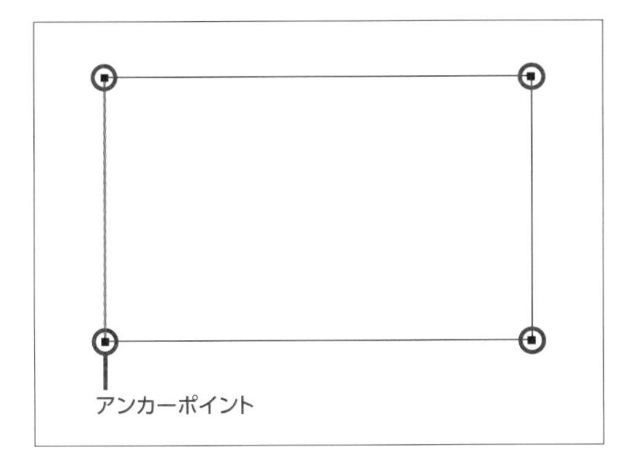

直線

カンバス上でクリックすると始点が置かれ、別の点をクリックすると2点間をつなぐ直線が引かれます。さらに何点かをクリックし、再度始点をクリックすると多角形が作成されます。**Shift**キーを押しながらクリックすると、垂直や水平、斜め45°で直線を引くことができます。このときクリックした点を「アンカーポイント」といい、青または白の四角が表示されます。本書ではパスの色を黒に変更しています。

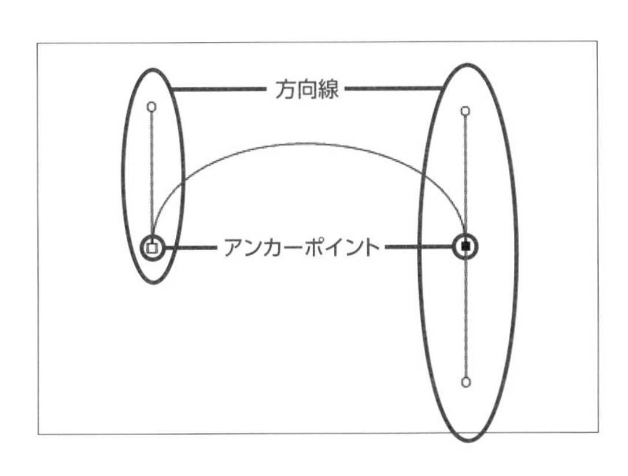

曲線

始点をクリックしそのままドラッグすると、その方向と逆方向の2方向に「方向線」が伸びます。いったんマウスボタンを離し、別の点でクリックしそのままドラッグすると、方向線に接するように2点間になめらかな曲線（ベジェ曲線）が引かれます。方向線の長さや方向を変えることによって曲線の形状も変化します。

3点のアンカーポイントを結ぶ曲線を描き、最後に始点をクリックした例です。

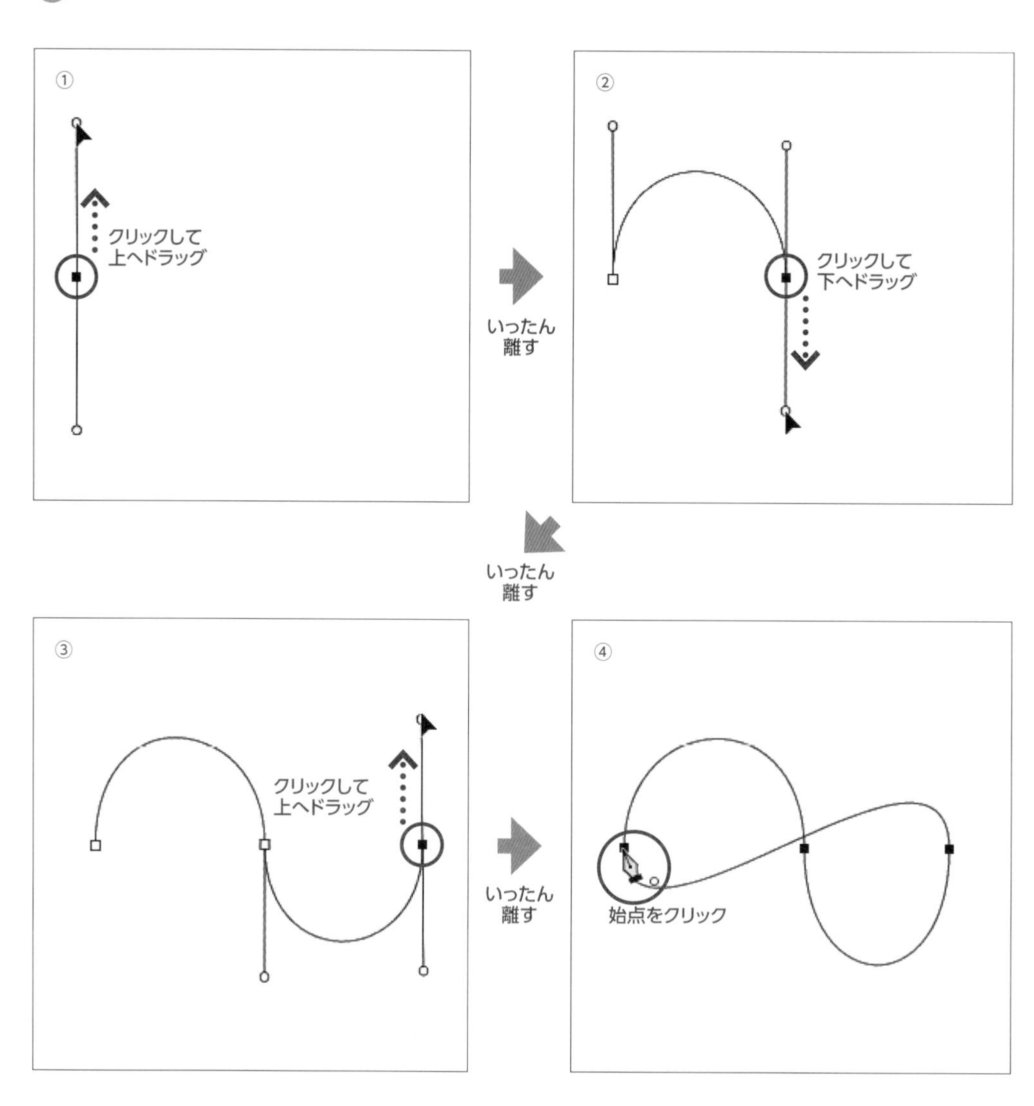

クローズドパスとオープンパス

何点かをクリックし、再度始点をクリックするとパスによって囲まれた（閉じた）図形ができます。これを「クローズドパス」といいます。途中で**Esc**キーを押すとそこでパスの作成が終了します。閉じていないパスを「オープンパス」といいます。

前に示した曲線の図は、3つめのアンカーポイントを作成したあと、始点とつないだときにクローズドパスになります。

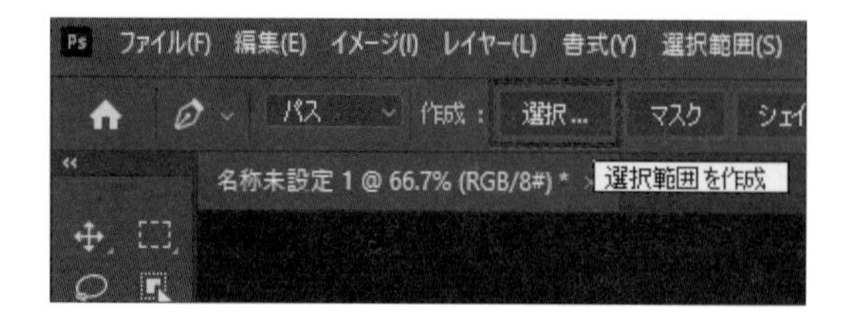

パスを選択範囲に変換

パスを作成した段階でオプションバーの［選択］をクリックすると、［選択範囲を作成］ダイアログボックスが表示されます。

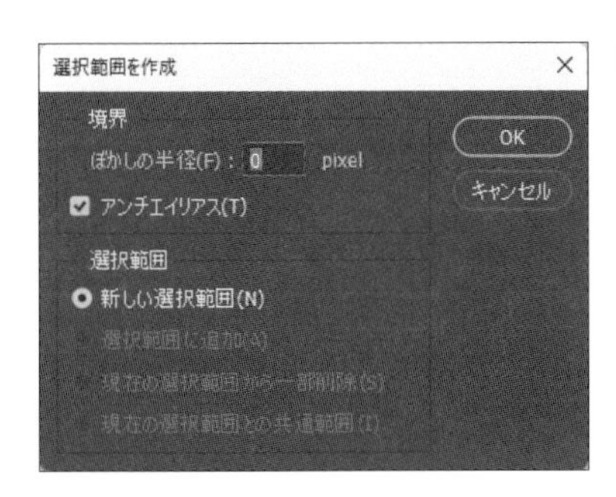

必要に応じてぼかしやアンチエイリアスの設定をして［OK］をクリックすると、パスが選択範囲に変換されます。オープンパスの場合は始点と終点を直線で結んだ図形が選択範囲になります。

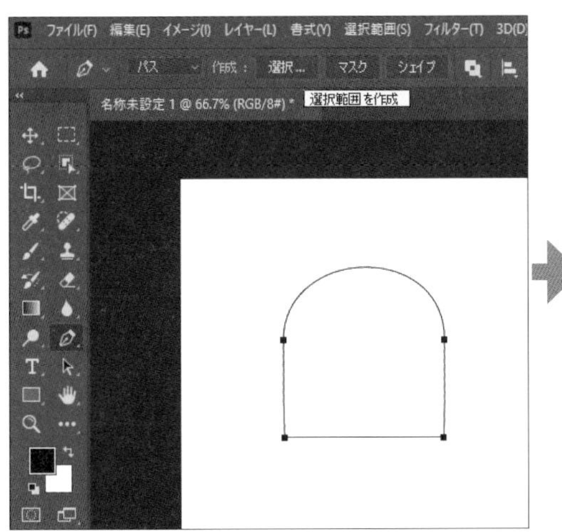

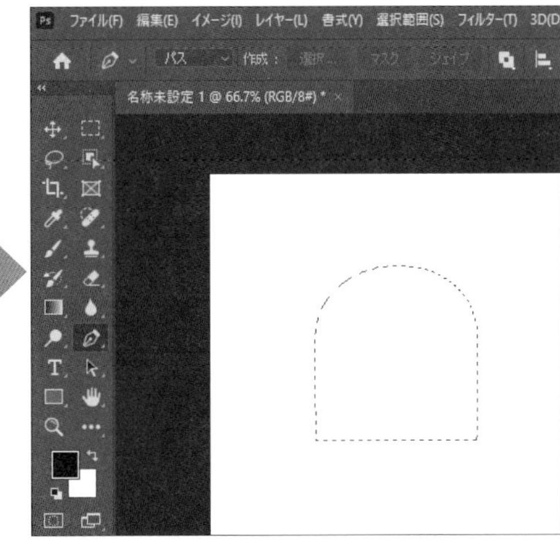

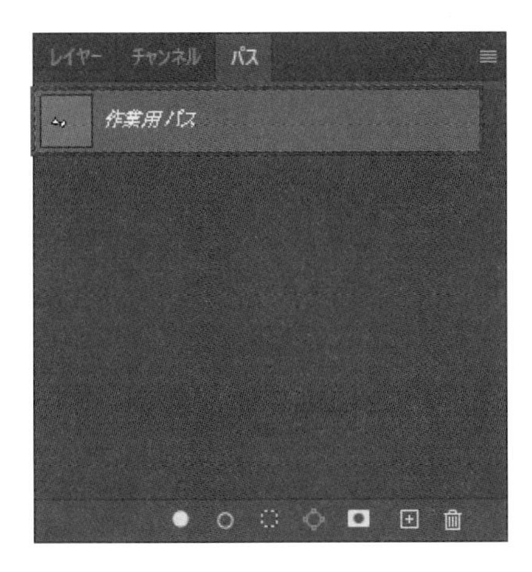

パスは［パス］パネルに［作業用パス］として表示されます。［作業用パス］をダブルクリックすると［パスを保存］ダイアログボックスが表示され、パス名を指定してパスを保存できます。

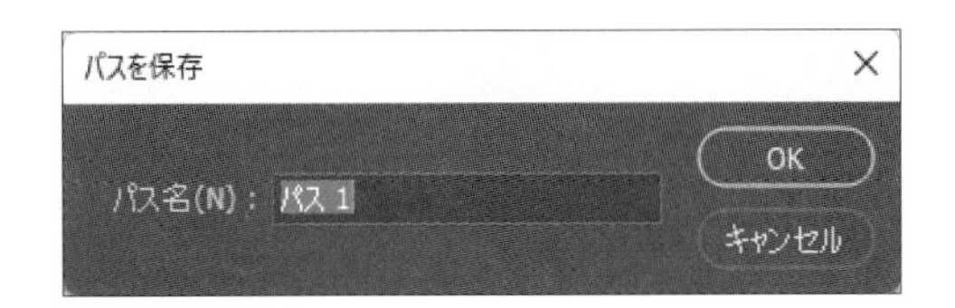

フリーフォームペンツール

フリーハンドでパスを作成するためのツールです。

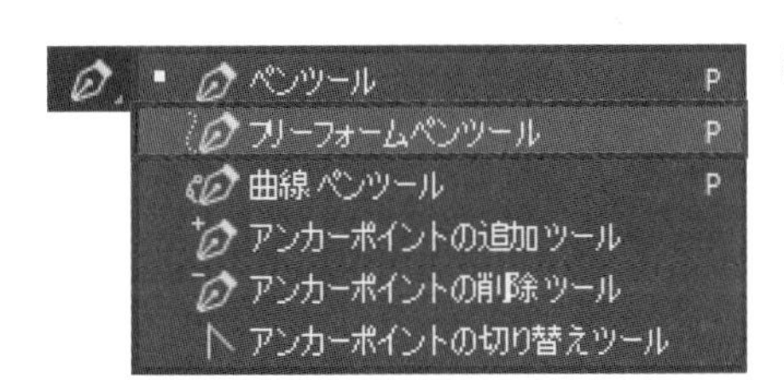

ツールパネルの［フリーフォームペンツール］をクリックします。ドラッグした軌跡にあわせてパスが作成されます。実際には多数の短い曲線で構成された、アンカーポイントの多いパスになります。

曲線ペンツール

アンカーポイントをドラッグしたりクリックしたりするだけで簡単に曲線を描けるツールです。

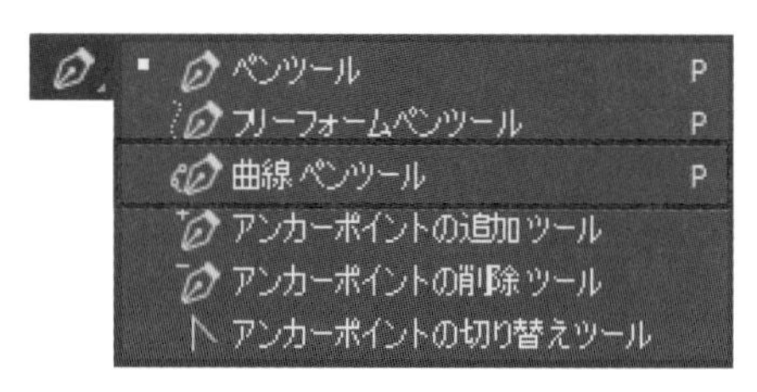

ツールパネルの［曲線ペンツール］をクリックします。

カンバス上でクリックすると始点が置かれ、別の点をクリックすると2点間をつなぐ直線が引かれます。直線上で任意の位置をポイントし、上（下）方向にドラッグすると形状が曲線になります。また、3点目をクリックすると、自動的に曲線が描画されます。

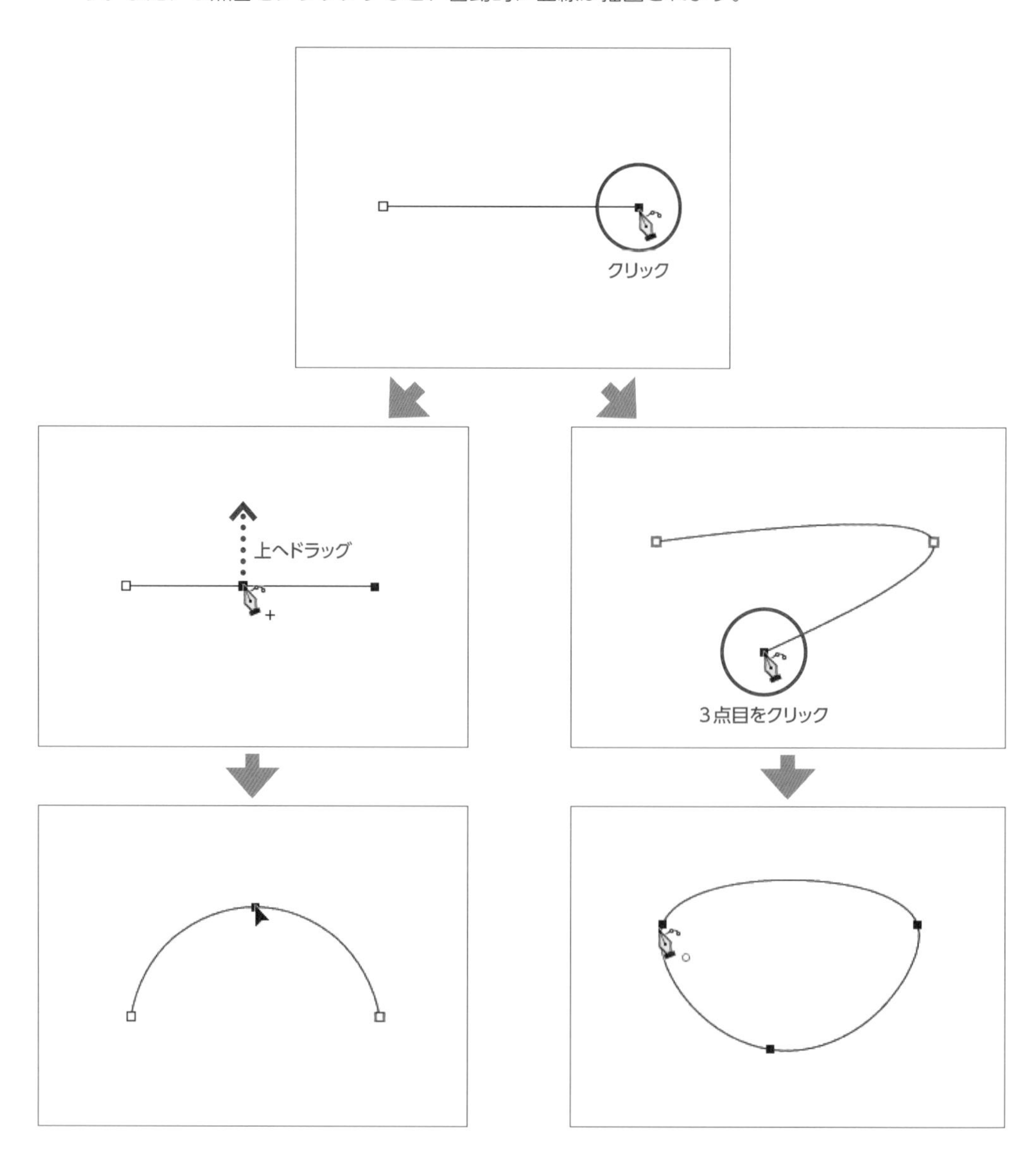

アンカーポイントの追加・削除ツール

一度作成したパスに対して、アンカーポイントを追加または削除するツールです。

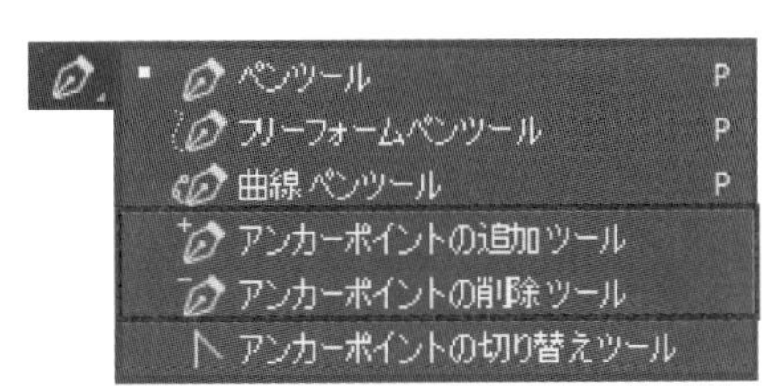

ツールパネルの［アンカーポイントの追加ツール］または［アンカーポイントの削除ツール］をクリックします。

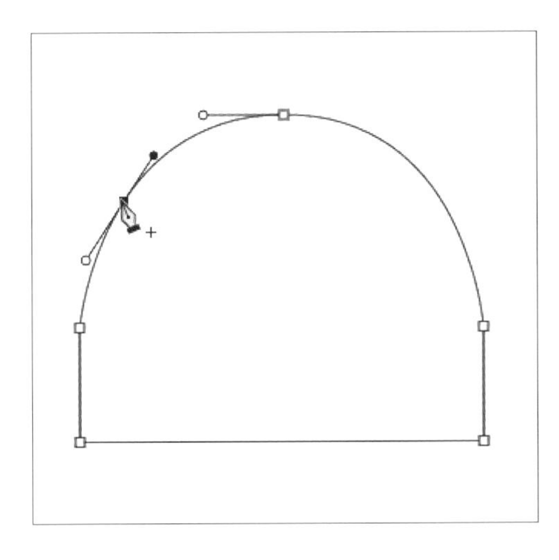

アンカーポイントの追加

マウスポインターをパス上に移動させると、ペン先の右下に「+」が付いた形になります。この状態でクリックするとその場所にアンカーポイントが追加されます。

アンカーポイントの削除

マウスポインターをアンカーポイント上に移動させると、ペン先の右下に「−」が付いた形になります。この状態でクリックするとアンカーポイントが削除され、両隣のアンカーポイントが接続されます。

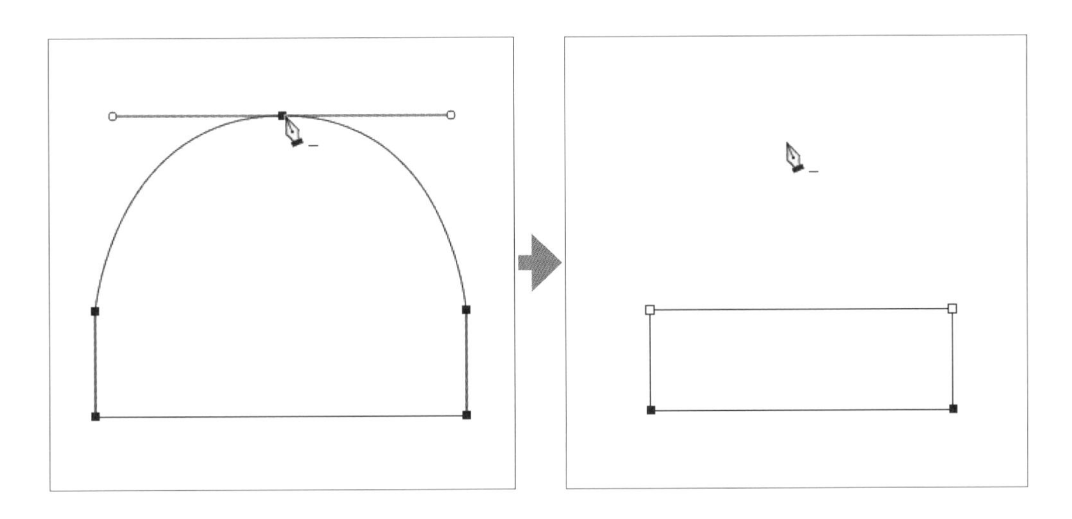

アンカーポイントの切り替えツール

アンカーポイントは方向線のない直線のもの（コーナーポイント）と、方向線のある曲線のもの（スムーズポイント）の2種類があります。[アンカーポイントの切り替えツール]を使うとこの種類を切り替えられます。

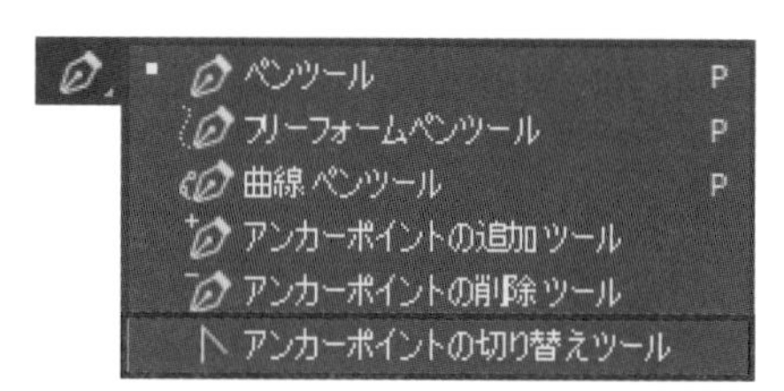

ツールパネルの［アンカーポイントの切り替えツール］をクリックします。

方向線のない直線のアンカーポイントをドラッグすると、アンカーポイントから方向線が伸び、曲線のアンカーポイントになります。曲線のアンカーポイントをクリックすると、方向線がなくなり直線のアンカーポイントになります。

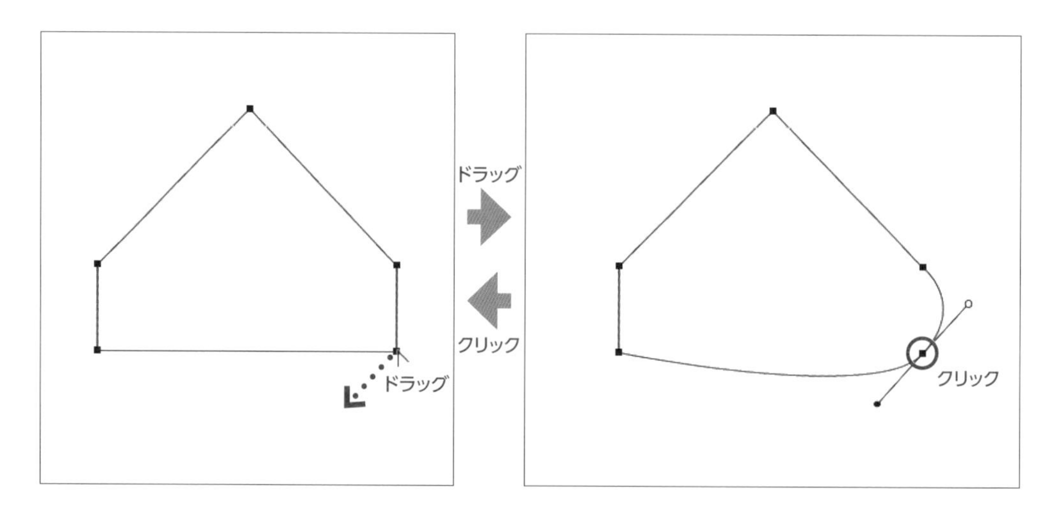

パス選択ツール

［パス選択ツール］を使うと、個々のパスやアンカーポイントを自由に動かすことができます。

ツールパネルの［パス選択ツール］をクリックします。

パス上のアンカーポイントをクリックするとパスやアンカーポイントが選択されます。アンカーポイントをドラッグすると移動しパスが変形します。直線をドラッグすると直線が平行移動し両隣のパスが変形します。

曲線をドラッグするとアンカーポイントは動かずに曲線のパスが変形します。

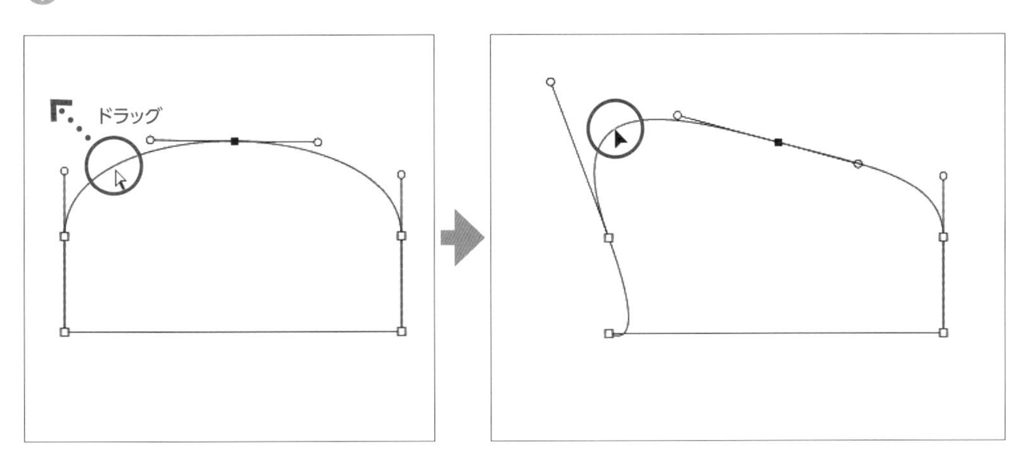

パスコンポーネント選択ツール

[パスコンポーネント選択ツール] は複数のパスで構成されたオブジェクト全体を移動するものです。

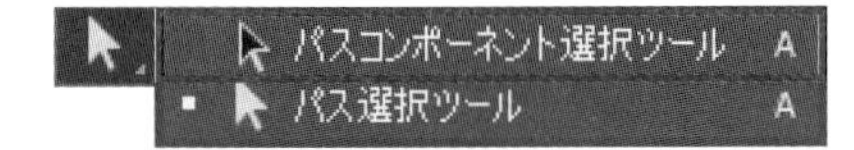

ツールパネルの [パスコンポーネント選択ツール] をクリックします。
複数のパスで構成されたオブジェクトをドラッグすると、全体が形を変えずに移動します。**Alt**キーを押しながらドラッグするとオブジェクトが移動ではなくコピーされます。

練習問題

問題1 選択ツールについて間違った説明を選びなさい。

A. 多角形選択ツールは初期設定では五角形の選択範囲が作成される。
B. クイック選択ツールは近似色の領域を自動的に判断して選択範囲を作成する。
C. マグネット選択ツールは、コントラストが変わるところを検知して選択範囲を作成する。
D. 楕円形選択ツールで始点が中心となるように選択範囲を作成するには、**Ctrl**キーを押しながらドラッグする。

問題2 ［選択範囲を変更］について正しい説明を選びなさい。

A. ［境界をぼかす］は、指定したピクセル数で境界の外側をぼかす。
B. ［境界線］は、選択範囲の境界から指定した幅を広げ、それを選択範囲に変更する。
C. ［滑らかに］は、選択範囲の角に丸みを持たせる。
D. ［拡張］は、選択範囲を指定したピクセル数だけ外側に広げる。

問題3 ［練習問題］フォルダーの5.1.jpgを開き、なげなわツールで月を選択し、左下にコピーしなさい（おおよその位置でかまわない）。

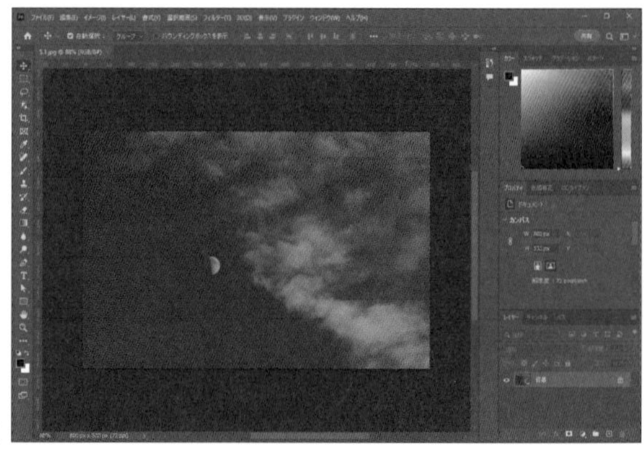

5.1.jpg

問題4 ［練習問題］フォルダーの5.2.jpgを開き、黒い部分全体を選択して、選択範囲を保存しなさい。

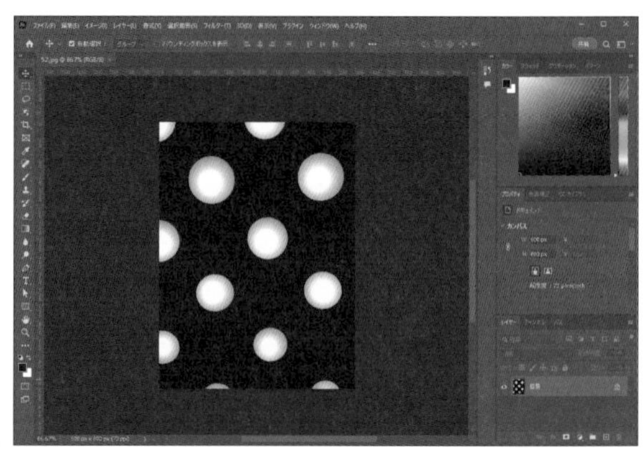

5.2.jpg

問題5 ［練習問題］フォルダーの5.3.jpgを開き、［色域指定］を使用してポストの赤い色を選択し、［色相・彩度］から［マスター］［色相：＋30］に設定しなさい。

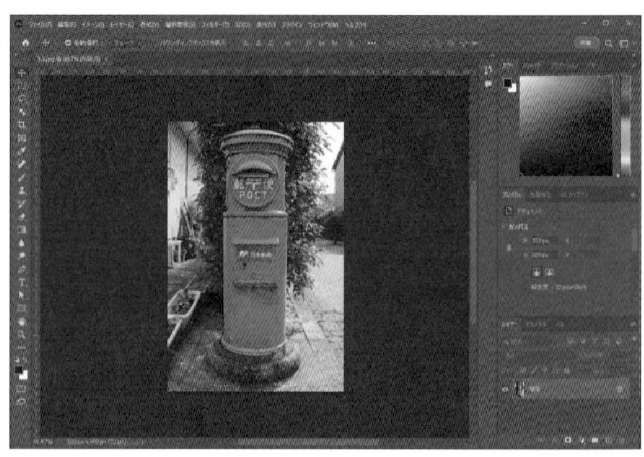

5.3.jpg

6

レタッチ

6.1 レタッチツール

余分な要素を消去したり画像の一部分を移動・複製したりすることで、写真の修正や画像の加工を行うことを「レタッチ」といいます。レタッチツールは、単純に消去や複製をするのではなく、周囲になじむように加工して自然な感じの仕上がりになるので大変便利です。

コンテンツに応じた移動ツール

移動したい部分を選択して、画像の別の領域に移動させるツールです。画像が削除された移動元と画像の移動先では画像が周囲になじむように自動で調整されます。

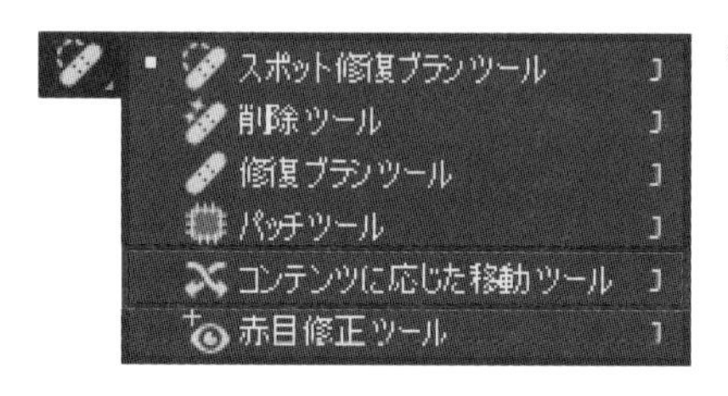

ツールパネルの［コンテンツに応じた移動ツール］をクリックし、移動したい部分をドラッグして大まかに囲みます。選択範囲が作成されたら、その内部にマウスポインターを置いて移動先までドラッグします。移動後、オプションバーの「○」をクリックして確定します。

使用ファイル コンテンツに応じた移動ツール.jpg

オプションバーの［モード］を［拡張］にすると選択範囲が元の位置にも残る複製（コピー）の動作になります。［構造］には1～7の数値を指定します。数値を小さくすると移動先のなじみ具合が強くなります。

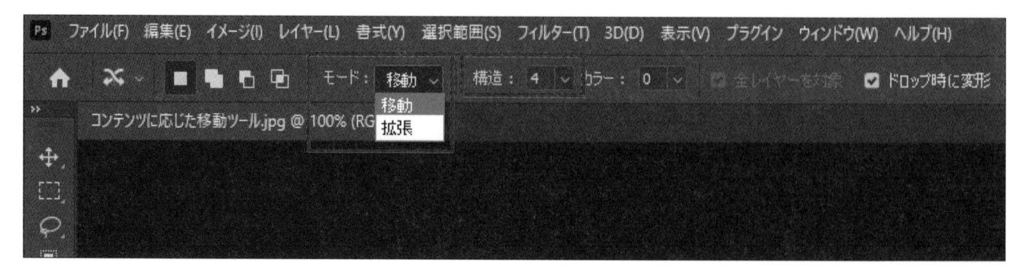

パッチツール

消去したい部分を選択し、別の場所の画像に置き換えてなじませるツールです。

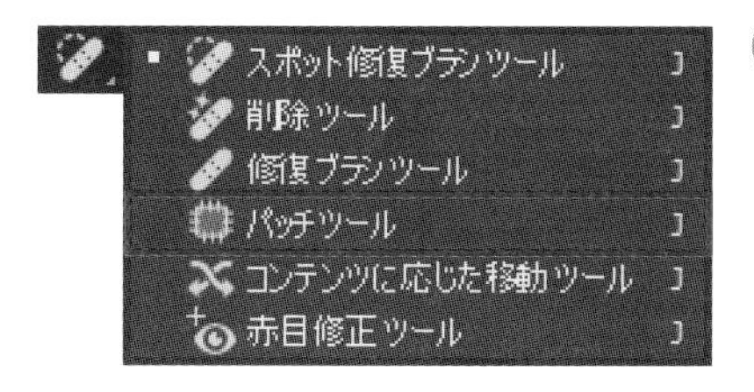

ツールパネルの［パッチツール］をクリックして、消去したい範囲をドラッグして大まかに囲みます。選択範囲が作成されるので、その内部にマウスポインターを置いて置き換えたい画像がある場所までドラッグします。ドラッグ先付近の画像が選択範囲にペーストされて周囲になじむように修正されます。

使用ファイル パッチツール.jpg

オプションバーの［パッチ］では、［通常］と［コンテンツに応じる］を選択できます。「通常」は明るさや陰影を一致させながらなじませるので、グラデーションがある場合は［通常］の方が自然な画像になることがあります。［コンテンツに応じる］は芝生や砂利など繰り返し似たパターンが現れるような背景の場合、自然な仕上がりになります。

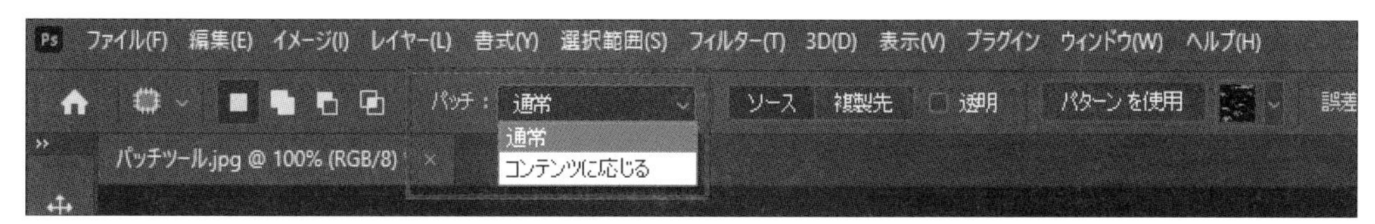

修復ブラシツール

指定した場所（サンプリングポイント）周辺の画像をコピーして、周囲となじませながらブラシでペーストしていくツールです。主に小さい傷や汚れなどを消す（修復する）ときに利用します。

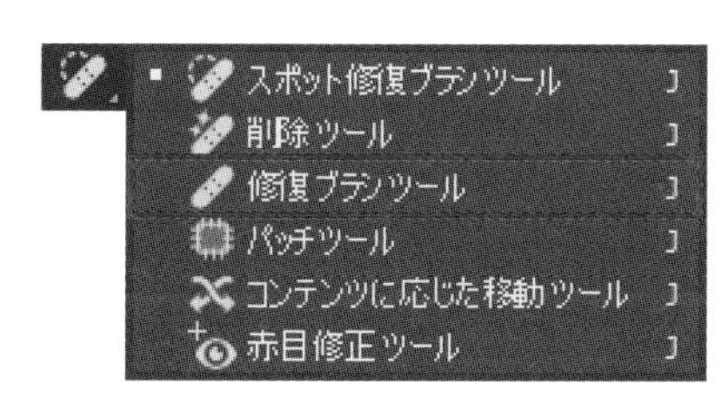

ツールパネルの［修復ブラシツール］をクリックします。

オプションバーでブラシのサイズなどを設定します。

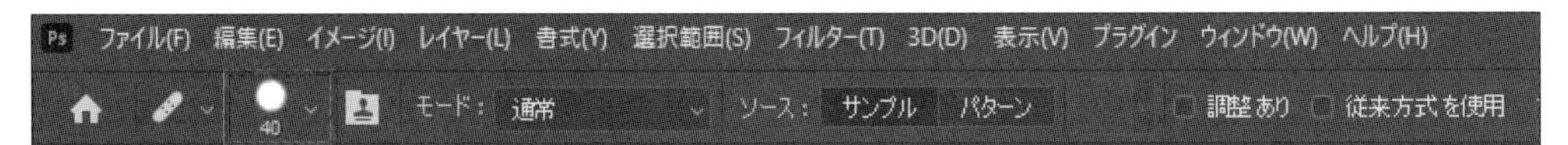

使用ファイル 修復ブラシツール.jpg

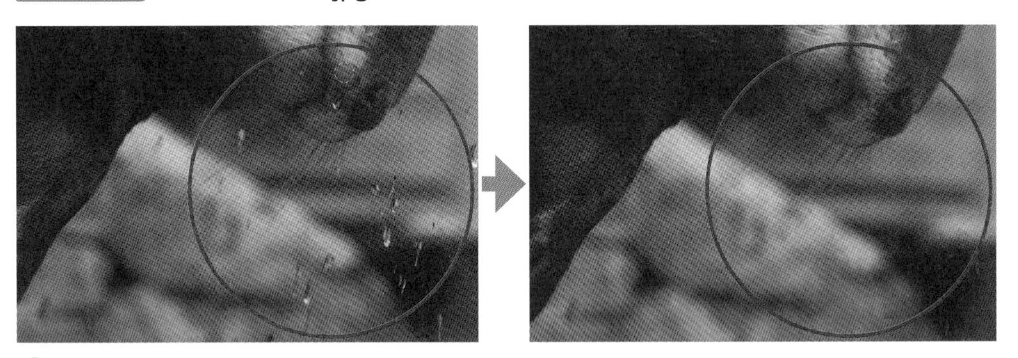

サンプリングする場所にマウスポインターを合わせ、**Alt**キーを押しながらクリックします。その後、貼り付けたい場所をクリックまたはドラッグすると、サンプリングポイント周辺の画像が周囲となじむようにペーストされます。この例では、コツメカワウソの背景をサンプリングして、口元より下のガラス面に付いている数カ所の水滴を消しました。

サンプリングポイントは、なるべく修復箇所の近くで修復箇所と明るさや色合いが似ているところを選びましょう。ブラシはあまり大きくしない方が比較的うまく修復できます。

スポット修復ブラシツール

修復ブラシツールと似ていますが、サンプリングポイントを自分で設定するのではなく、クリックした周囲の情報をもとに、周囲となじませながら自動的に修復します。

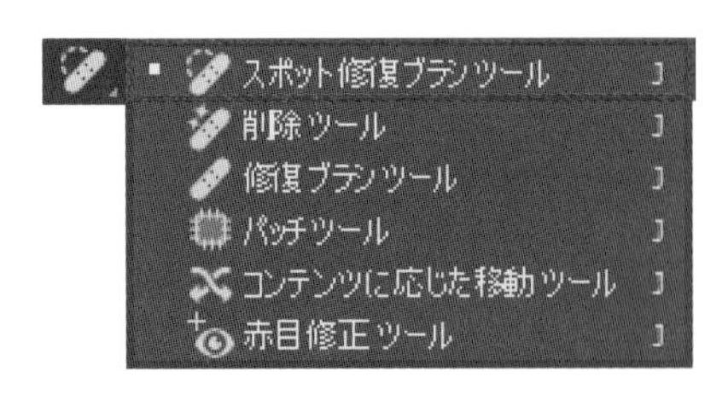

ツールパネルの［スポット修復ブラシツール］をクリックします。

オプションバーでブラシのサイズなどを設定します。

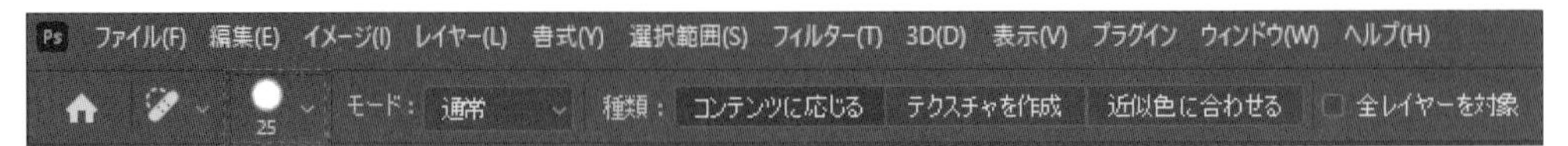

使用ファイル スポット修復ブラシツール.jpg

修復したい場所でクリックまたはドラッグすると、周囲となじむような画像に修復されます。この例では、ペンギンに付けられている腕輪を消しました。

削除ツール

不要な部分をクリックまたはドラッグして削除することができるツールです。大まかに対象を塗りつぶすことで簡単に削除できるため、不要なものが複数あるときなどに便利です。

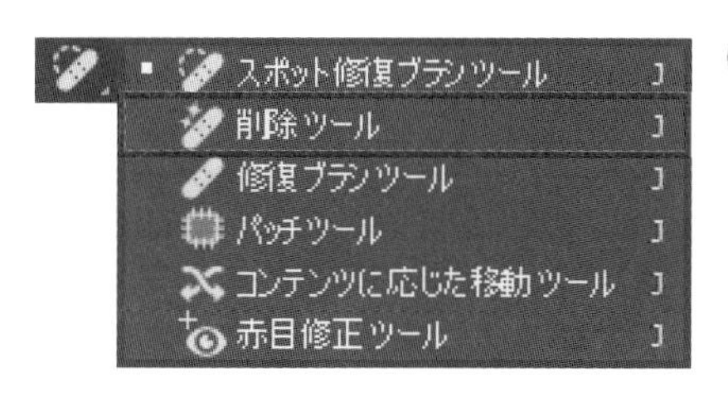

ツールパネルの［削除ツール］をクリックします。

オプションバーでブラシのサイズなどを設定し、背後にいるペンギンを塗りつぶして削除しました。削除するエリアが広いと、削除の進行状況を示すダイアログボックスが表示されます。

使用ファイル 削除ツール.jpg

メモ

ツールパネルにあるレタッチツールのアイコンのサブツールには、このほかに［赤目修正ツール］があります。カメラのストロボ撮影などで赤目になった画像を修正するツールです。瞳の大きさに合わせて自動的に色を調節します。

コピースタンプツール

指定した場所（サンプリングポイント）周辺の画像をコピーして、ブラシでペーストしていくツールです。周囲となじませる処理は行いません。

コピースタンプツール　S
パターンスタンプツール　S

ツールパネルの［コピースタンプツール］をクリックします。

オプションバーでブラシのサイズなどを設定します。

使用ファイル　コピースタンプツール.jpg

サンプリングする場所にマウスポインターを合わせ、**Alt**キーを押しながらクリックします。その後、貼り付けたい場所でクリックまたはドラッグすると、サンプリングポイント周辺の画像がペーストされます。この例では、数羽の鳥を別の場所に複製しました。

コンテンツに応じた塗りつぶし

画像の選択した部分を削除して周辺の色や画像となじむように塗りつぶす機能です。

ヤシの木の間にある白い花の低木を削除して、周囲の画像となじむように塗りつぶします。[なげなわツール] などの選択ツールで、画像から削除したい部分をドラッグして囲みます。選択範囲が作成されたら、[編集] メニュー→ [コンテンツに応じた塗りつぶし] をクリックします。

使用ファイル コンテンツに応じた塗りつぶし.jpg

画面表示が切り替わり、選択範囲の周囲に緑色のサンプリング範囲が表示されます。ツールパネルには、利用可能なツールだけが表示されます。オプションバーでは選択範囲の追加・削除、サンプリング範囲の調整ができます。さらに [プレビュー] パネルと [コンテンツに応じた塗りつぶし] パネルが表示されます。[コンテンツに応じた塗りつぶし] パネルでは、[カラー適用] や [回転適用] など、詳細な設定を行えます。[出力先] は既定で「新規レイヤー」が選択されていて、元の画像を保持することもできます。

6.2 変形ツール

画像に対して、拡大・縮小する、回転させる、ゆがみを持たせる、引き延ばすといったさまざまな変形を行います。

自由変形

バウンディングボックスに対して拡大・縮小、回転、ゆがみなどの変形を行います。

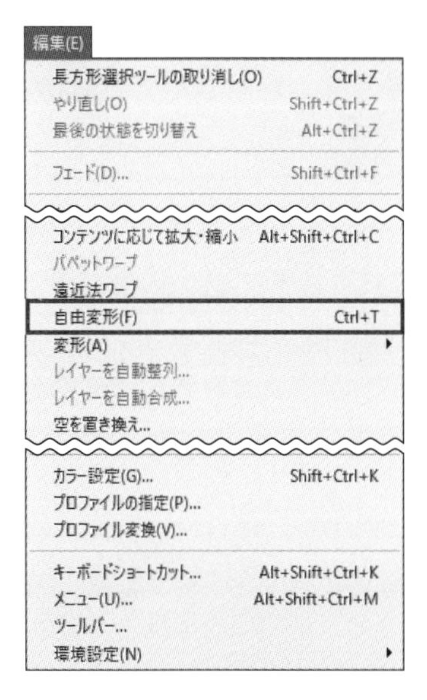

各種の選択ツールで選択範囲を作成し、[編集] メニュー→[自由変形] をクリックします。選択範囲の外側に接するように長方形のバウンディングボックスが表示されるので四隅または四辺のハンドルをドラッグして変形します。

オプションバーには次の項目があります。バウンディングボックスを操作すると数値が変わりますが、数値を直接入力することもできます。

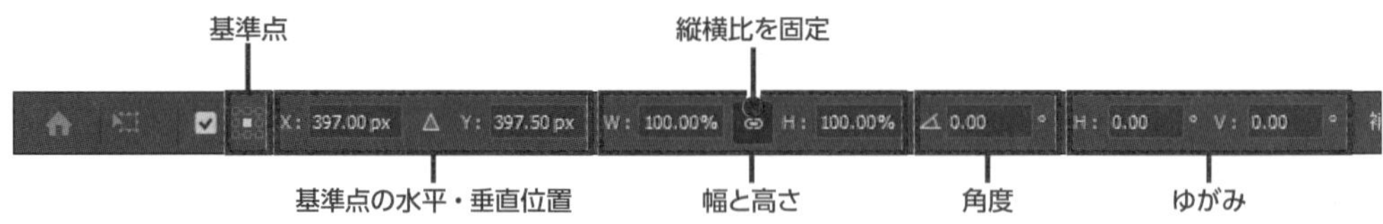

・基準点

回転させる際にどこを中心とするかを決めます。中央とその周囲の計9カ所から選択します。

・基準点の水平・垂直位置

基準点の位置をX座標、Y座標で示します。

・幅と高さ

バウンディングボックスの幅と高さをパーセンテージで示します。[縦横比を固定] がオンになっていると、縦横比が維持されて拡大・縮小されます。

・角度

回転する角度を示します。

・ゆがみ

水平・垂直のゆがみを示します。

変形

変形の種類を選んでバウンディングボックスを変形させます。機能や操作方法は「自由変形」とほぼ同じです。

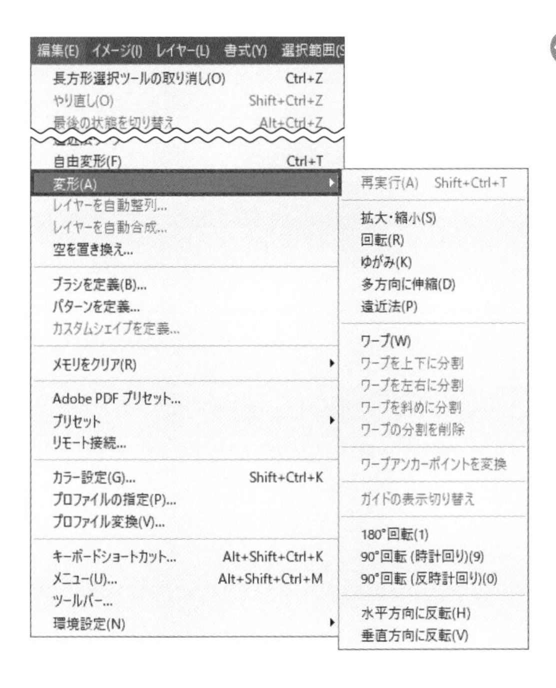

各種の選択ツールで選択範囲を作成し、[編集] メニュー→ [変形] をクリックすると、変形の種類が表示されます。項目を選択すると、選択範囲の外側に接するように長方形のバウンディングボックスが表示されます。オプションバーの内容は自由変形と同じです。

使用ファイル 変形.jpg

拡大・縮小

バウンディングボックスの四隅と四辺にあるハンドルをマウスで動かすと拡大・縮小できます。**Shift**キーを押しながらドラッグすると、縦横比の固定が解除されます。

回転

バウンディングボックスの外でマウスポインターをドラッグすると回転します。

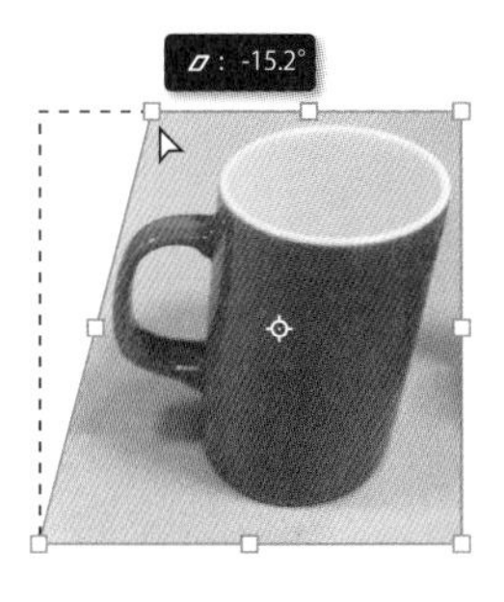

ゆがみ

ハンドルをドラッグすると、頂点や辺が辺の延長線上で移動します。四隅のハンドルを動かすと一つの頂点だけが移動します。四辺のハンドルを動かすとその辺全体が移動します。

多方向に伸縮

四隅および四辺のハンドルをドラッグして頂点や辺を自由な位置に移動できます。

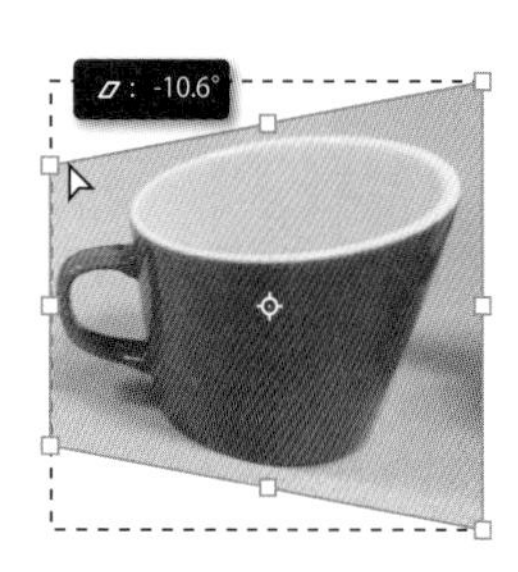

遠近法

画像に遠近感を出します。四隅のハンドルをドラッグすると、もう一つの頂点のハンドルが逆方向に動き、バウンディングボックスが台形になります。

ワープ

表示される格子をドラッグすると、その曲がり具合に応じて画像が変形します。オプションバーの［ワープ］でプリセットされた変形方法を選ぶこともできます。

180°回転
90°回転（時計回り）
90°回転（反時計回り）

角度に合わせて画像が回転します。

水平方向に反転
垂直方向に反転

画像が水平方向・垂直方向に反転します。

コンテンツに応じて拡大・縮小

画像の中でメインとなる被写体はなるべく変形させずに、背景を拡大または縮小します。変形させない領域は自動的に検出されますが、保護したい部分を指定することもできます。

画像全体を拡大するときには、カンバスサイズを変更しカンバスを広げておきます。［編集］メニュー→［コンテンツに応じて拡大・縮小］をクリックします。拡大または縮小したいところまでバウンディングボックスの四隅または四辺のハンドルをドラッグすると、メインとなる被写体をなるべく変形しないように画像が拡大または縮小します。

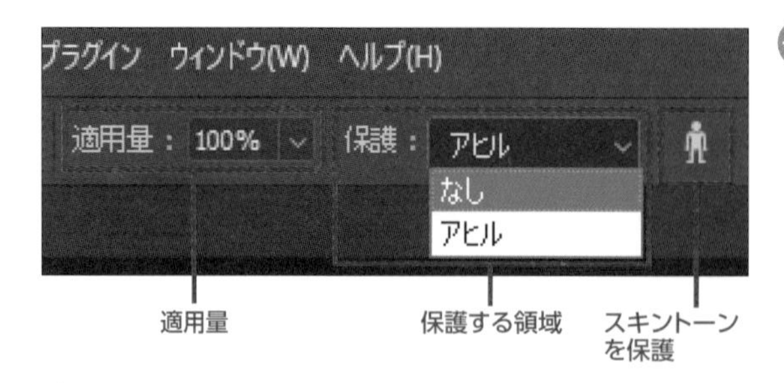

オプションバーの［適用量］は、メインとなる被写体を変形しないようにする度合いです。変形させたくない部分を選択範囲としてあらかじめ保存しておくと、［保護］で指定することができます。［スキントーンを保護］をクリックしてオンにすると、肌色の部分が保護されます。

使用ファイル コンテンツに応じて拡大・縮小.psd

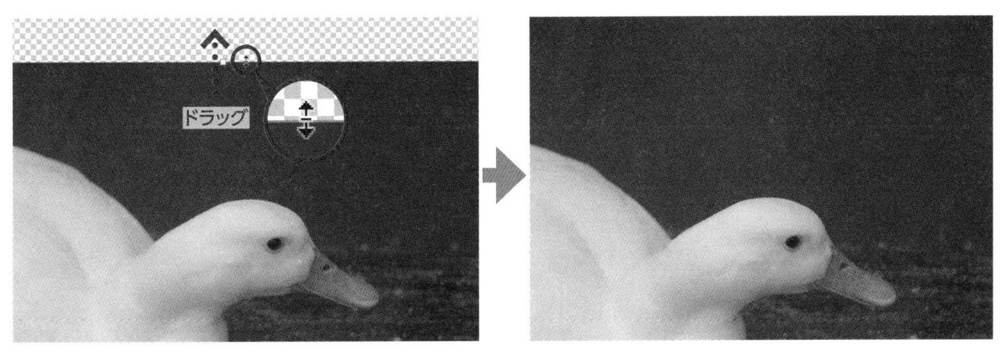

この例では、「アヒル」という名前の選択範囲が保存されています。アヒルのサイズを変更せずに、背景（水面）の領域を広げます。
[編集] メニュー→ [コンテンツに応じて拡大・縮小] をクリックし、[保護] に「アヒル」を指定します。バウンディングボックスの上をポイントするとマウスポインターが上下矢印の形に変わるので、**Shift**キーを押しながら上方向にドラッグして背景の領域を広げます。

パペットワープ

首や腕など被写体の一部を曲げるような変形を行います。支点を置いて操り人形（パペット）のように画像を変形させます。支点は自由に置くことができます。

あらかじめ変形させたい被写体を型抜きして周りを透明にしたものを、新しいレイヤーに置きます。レイヤーについては第7章で詳しく説明します。[編集] メニュー→ [パペットワープ] をクリックすると、被写体部分がメッシュ状の線で覆われ、マウスポインターがピンに+が付いた形になります。クリックした場所にピン（アンカー）が置かれ、この場所は固定されます。動かしたい場所でドラッグすると、メッシュの形が自動的に調整されながらアンカー以外の部分が移動します。

使用ファイル パペットワープ.psd

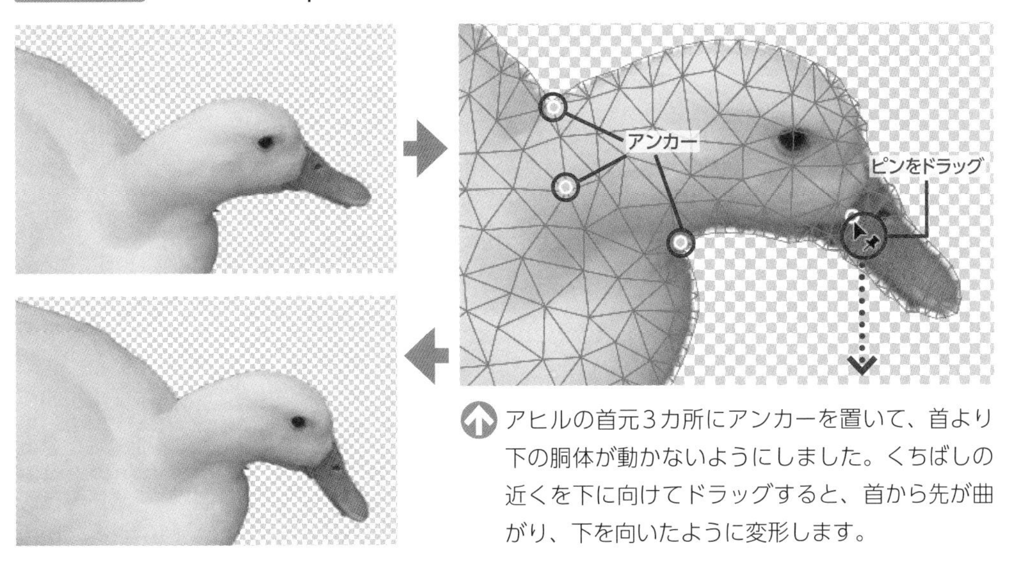

アヒルの首元3カ所にアンカーを置いて、首より下の胴体が動かないようにしました。くちばしの近くを下に向けてドラッグすると、首から先が曲がり、下を向いたように変形します。

遠近法ワープ

遠近感のある画像から、遠近感を取り除くツールです。

[編集] メニュー→ [遠近法ワープ] をクリックし、画像の上でドラッグすると格子状のバウンディングボックスが表示されるので、遠近感を消したい部分に四隅を合わせます。オプションバーの [ワープ] をクリックし、[縦や横に自動でワープ] をクリックすると、バウンディングボックスの遠近感が取り除かれ、長方形になるように画像全体が変形します。

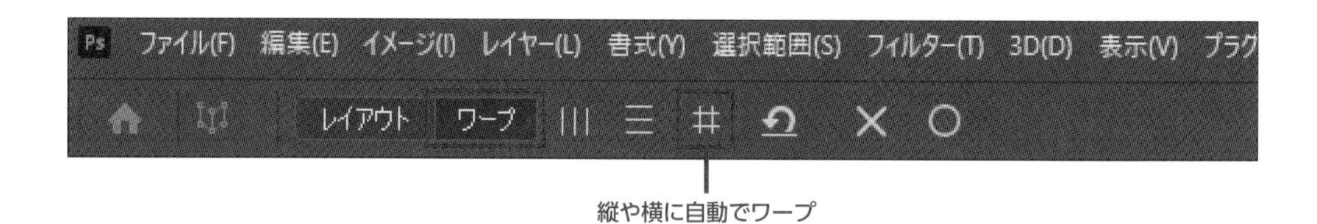

使用ファイル 遠近法ワープ.jpg

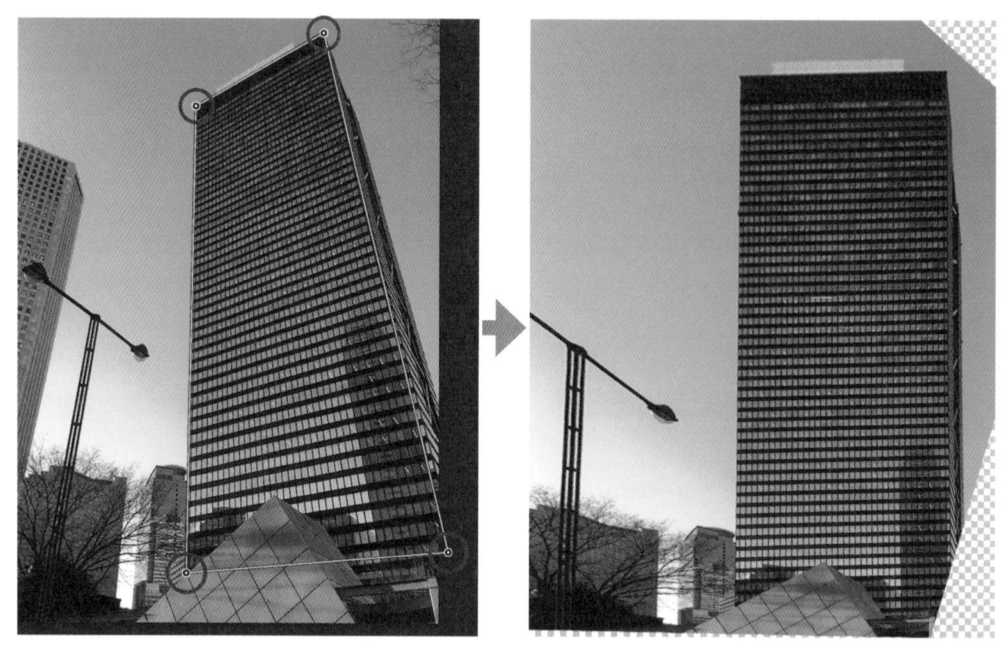

斜めから撮影されたビルの表面にバウンディングボックスの四隅を合わせ、遠近感を取り除いたものです。

空を置き換え

画像の空を、別の空に自由に置き換えることができます。

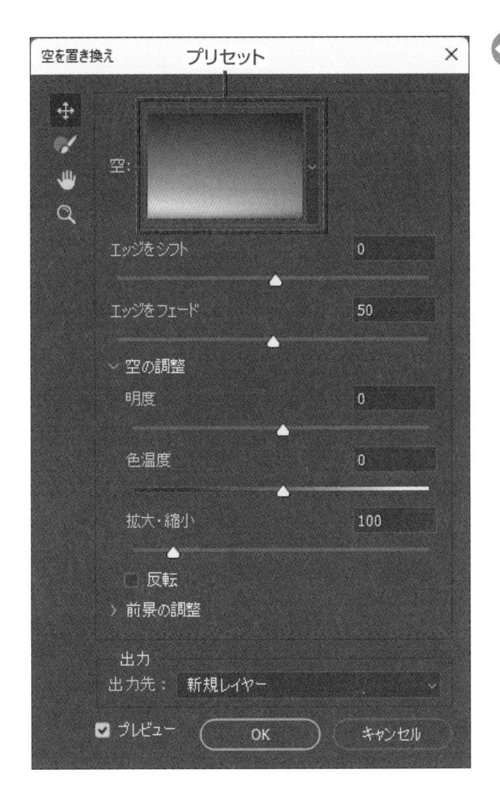

[編集] メニュー→ [空を置き換え] を選択すると、[空を置き換え] ダイアログボックスが表示され、空の領域が自動で置き換えられます。[空] の [V] をクリックして表示されるプリセットや、別の画像を読み込んで、元の画像の空と置き換えることができます。合成した空を前景になじませるには、空との境界の開始位置を調整する [エッジをシフト] や空と元の画像との境界のぼかしの度合いを設定する [エッジをフェード] を使用します。[空の調整] や [前景の調整] では、空の画像や元の画像の明るさや色合いなどを調整できます。

夕暮れのプリセットを適用し、前景の明暗とエッジの明暗をそれぞれ80に調整して、合成した空となじませました。

使用ファイル 空を置き換え.jpg

6.3 フィルター

フィルターは、画像にさまざまな効果を与える機能です。Photoshopには多種多様なフィルターが用意されています。

フィルターギャラリー

フィルターギャラリーには多数のフィルターがカテゴリごとに用意されています。画材で描画したような「アーティスティック」、タッチを加えて単色画にする「スケッチ」、紙以外の素材に描いたような「テクスチャ」、絵筆の風合いを持たせる「ブラシストローク」、境界を光らせる「表現手法」、光線を加工したような「変形」というカテゴリがあります。

[フィルター] メニュー→ [フィルターギャラリー] をクリックすると、[フィルターギャラリー] ダイアログボックスが表示されます。カテゴリを展開するとサムネール付きでフィルターの一覧が表示されるので、それをクリックするとプレビューが表示されます。サムネールをクリックして、画像にどのようなフィルターが設定できるのか、いろいろ試してみましょう。

これらのフィルターは、複数のものを重ねて適用できます。画像に2つ目のフィルターを適用するには、［新しいエフェクトレイヤー］をクリックし、フィルターカテゴリで新たなフィルターをクリックします。適用したフィルターはフィルターのオプションの下に表示され、上から順に適用されます。ドラッグするとフィルターの重ね順を入れ替えられます。フィルターを削除するときは、適用したフィルターのリストでフィルターを選択し、［エフェクトレイヤーを削除］をクリックします。

使用ファイル フィルターギャラリー.jpg

［アーティスティック］の［エッジのポスタリゼーション］フィルターを適用したあと、［アーティスティック］の［カットアウト］を適用したものです。

フィルターギャラリー一覧（抜粋）

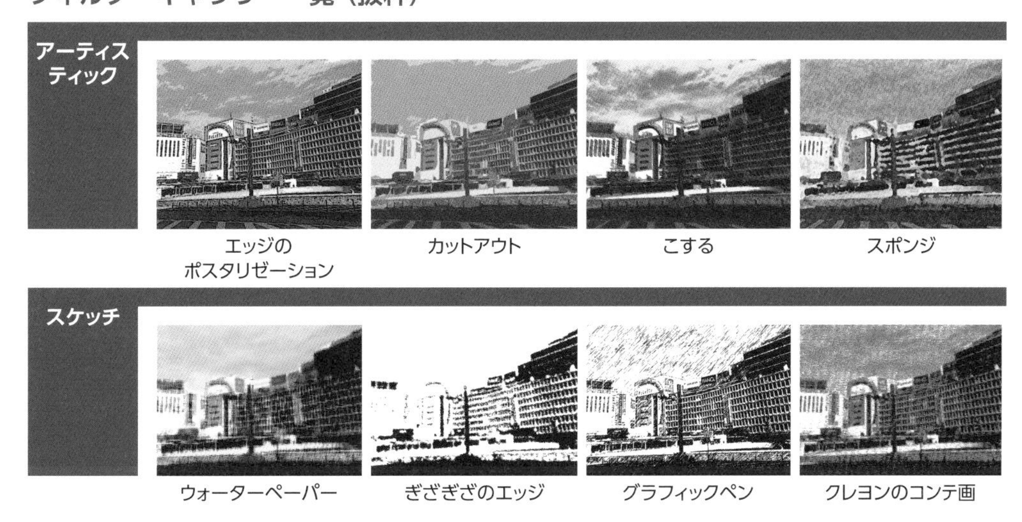

スマートフィルター用に変換

画像にフィルターを適用すると、画像のデータ自体が書き換えられるため、元に戻すことはできません。スマートオブジェクトに対して適用するフィルターを「スマートフィルター」といい、元の画像を書き換えることなくフィルターを適用できます。

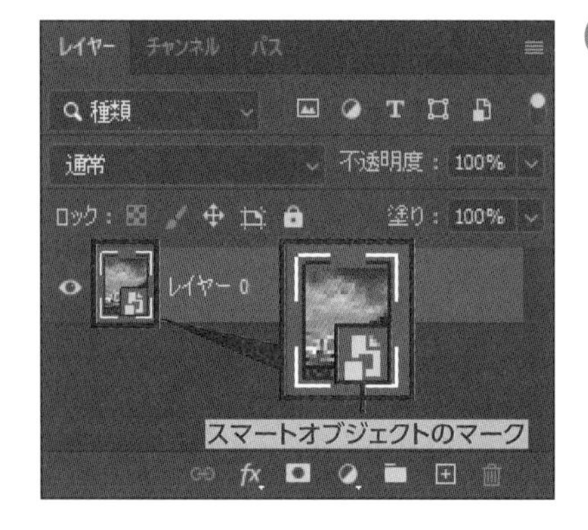

［フィルター］メニュー→［スマートフィルター用に変換］をクリックすると、レイヤーがスマートオブジェクトに変換されます。スマートオブジェクトは元の画像を保持したまま拡大・縮小などの編集を行えるもので、スマートオブジェクトレイヤーに配置されます。背景レイヤーの場合は通常のレイヤーに変換されます。スマートオブジェクトに変換されたレイヤーは、サムネールの右下にスマートオブジェクトのアイコンが表示されます。

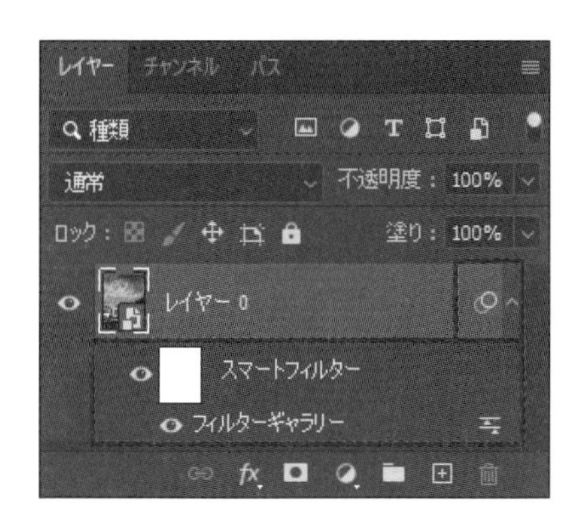

スマートオブジェクトに対してフィルター（フィルターギャラリーの［エッジのポスタリゼーション］）を適用すると、スマートフィルターの表示が加わり、レイヤーの右側にスマートフィルターのマークが付きます。

第6章

ニューラルフィルター

人工知能の技術を用いた画像処理機能で、人の顔や表情を自動で編集したり、風景画像を合成して季節や天候を変更したりするなど、画像にさまざまな効果を適用できます。

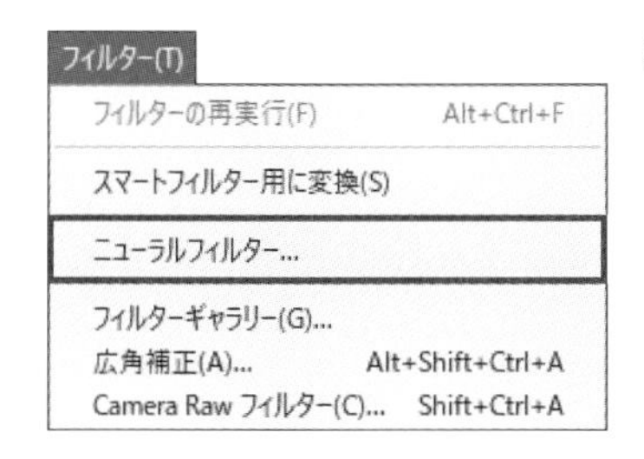

［フィルター］メニュー→［ニューラルフィルター］をクリックします。

画面表示が切り替わり、［ニューラルフィルター］パネルが表示されます。ツールパネルには、利用可能なツールのみが表示されます。フィルターにはさまざまな種類があり、クラウドからダウンロードして使用します。［肌をスムーズに］は、肌のしみやにきびなどを目立たないように修正します。［風景ミキサー］は、元の画像と参照画像を合成して風景画像を作成し、［スタイルの適用］は絵画の色彩やタッチを画像に適用します。フィルターをダウンロードすると、パネルの右側では詳細なオプションを設定できます。

使用ファイル ニューラルフィルター.jpg

[スマートポートレート] で、笑顔を+40に設定して、口角の上がった笑顔に変更しました。このほかにも、年齢、髪の量などを調整できます。出力を「現在のレイヤー」以外にすると、元の状態に戻すことができます。

ゆがみ

画像の一部を指で引っ張ったり、渦が巻いたように変形したりといった、画像にゆがみを与える加工を行います。

フィルター(T)
フィルターの再実行(F) Alt+Ctrl+F
スマートフィルター用に変換(S)
ニューラルフィルター...
フィルターギャラリー(G)...
広角補正(A)... Alt+Shift+Ctrl+A
Camera Raw フィルター(C)... Shift+Ctrl+A
レンズ補正(R)... Shift+Ctrl+R
ゆがみ(L)... Shift+Ctrl+X
消点(V)... Alt+Ctrl+V

[フィルター] メニュー→ [ゆがみ] をクリックすると、[ゆがみ] ダイアログボックスが開きます。

ダイアログボックスの左には、指先で引っ張るように変形する [前方ワープツール]、渦巻き状に変形する [渦ツール - 右回転] などが並んでいます。ダイアログボックスの右側はオプションなどを指定するところです。

使用ファイル ゆがみ.jpg

木々や空の部分に対して［前方ワープツール］を使ったものです。ブラシのサイズを100、筆圧を50に設定し、小さな円を描くようにマウスを動かしながら木々と空を数回なぞりました。

広角補正

広角レンズや魚眼レンズなどで撮影された写真を補正します。

フィルター(T)
フィルターの再実行(F) Alt+Ctrl+F
スマートフィルター用に変換(S)
ニューラルフィルター...
フィルターギャラリー(G)...
広角補正(A)... Alt+Shift+Ctrl+A
Camera Raw フィルター(C)... Shift+Ctrl+A

［フィルター］メニュー→［広角補正］をクリックすると、［広角補正］ダイアログボックスが開きます。

ダイアログボックスの左には、［コンストレイントツール］や［多角形コンストレイントツール］などが並んでいます。ダイアログボックスの右には、マウスポインターのあるエリアの拡大図やオプションが表示されています。コンストレイントツールで水平や垂直に補正したい部分に線を引き、ゆがみを調整します。

使用ファイル 広角補正.jpg

湾曲したビルの両サイドに沿って［コンストレイントツール］で補正線を引いたものです。

レンズ補正

カメラレンズの特性によって生じる写真の歪曲収差、色収差、周辺光量、角度などを補正します。

フィルター(T)
フィルターの再実行(F) Alt+Ctrl+F
スマートフィルター用に変換(S)
ニューラルフィルター...
フィルターギャラリー(G)...
広角補正(A)... Alt+Shift+Ctrl+A
Camera Raw フィルター(C)... Shift+Ctrl+A
レンズ補正(R)... Shift+Ctrl+R
ゆがみ(L)... Shift+Ctrl+X
消点(V)... Alt+Ctrl+V

［フィルター］メニュー→［レンズ補正］をクリックすると、［レンズ補正］ダイアログボックスが開きます。

メモ

歪曲収差は、画像が湾曲（膨張や収縮）することによる画像のゆがみです。
色収差は、色の屈折率が異なることで起きる、色がブレてにじんだように見える現象です。
周辺光量は、レンズ中心部の明るさ（中心光量）に対する、レンズの四隅の明るさのことです。

ダイアログボックスの左には、［ゆがみ補正ツール］や［角度補正ツール］などが並んでいます。ダイアログボックスの右には［自動補正］と［カスタム］タブがあります。［自動補正］タブでは撮影したカメラやレンズの詳細を選択することで、その機器に適した設定を行うことができます。［カスタム］では歪曲収差、色収差、周辺光量補正などの設定を手動で行います。

使用ファイル レンズ補正.jpg

［ゆがみ補正ツール］を使って、外側への湾曲を修正したものです。

第6章

消点

消点は透視図法などにおける消失点のことで、画像に遠近感を持たせて貼り付ける機能です。遠近感のある面に、文字、図形、画像などを変形して貼り付けるときなどに利用します。

フィルター(T)
フィルターの再実行(F) Alt+Ctrl+F
スマートフィルター用に変換(S)
ニューラルフィルター...
フィルターギャラリー(G)...
広角補正(A)... Alt+Shift+Ctrl+A
Camera Raw フィルター(C)... Shift+Ctrl+A
レンズ補正(R)... Shift+Ctrl+R
ゆがみ(L)... Shift+Ctrl+X
消点(V)... Alt+Ctrl+V

貼り付ける画像を開き、**Ctrl**＋**A**キーで選択してから**Ctrl**＋**C**キーでコピーします。次に貼り付け先の画像を開き、［フィルター］メニュー→［消点］をクリックします。［消点］ダイアログボックスが表示されるので、貼り付ける面の四隅をクリックしながら指定します。先にコピーした画像を**Ctrl**＋**V**キーでペーストし、指定した領域にドラッグすると、遠近感を持った画像に変形されて貼り付けられます。

使用ファイル 消点1.jpg 、消点2.png

貼り付け先として黒板の四隅を指定し、そこに文字を貼り付けたものです。文字が黒板の上に書かれたように見えます。

さまざまなフィルター

［フィルター］をクリックして表示したメニューの［3D］より下には、さまざまなフィルターがカテゴリ別に収められています。そのうちのいくつかをピックアップして紹介します。

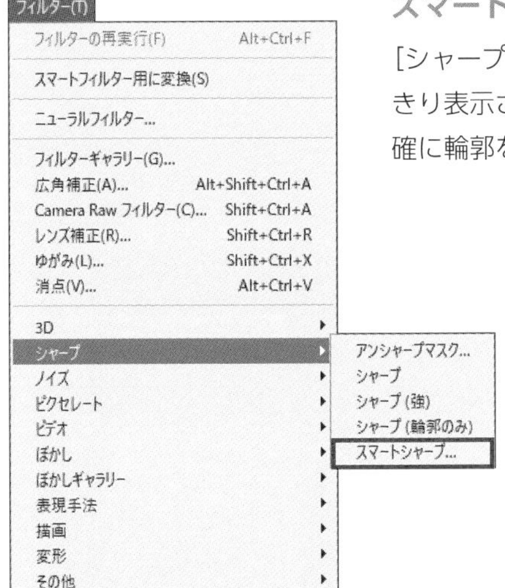

スマートシャープ

［シャープ］の項目にあるフィルターは、輪郭のぼやけた画像をくっきり表示させるものです。なかでも［スマートシャープ］はより正確に輪郭を検出できます。

［フィルター］メニュー→［シャープ］→［スマートシャープ］をクリックすると、［スマートシャープ］ダイアログボックスが開きます。

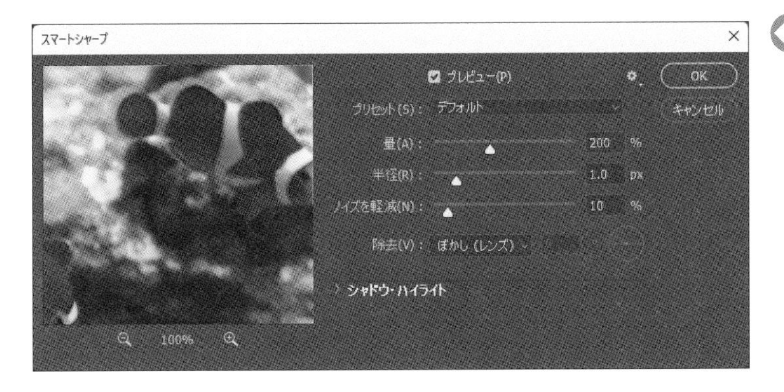

［量］、［半径］、［ノイズを軽減］の項目を設定します。［量］と［半径］は数値を大きくするほど強い効果がかかります。

使用ファイル スマートシャープ.jpg

左の画像は、ガラス越しに水中を撮影しているので、カクレクマノミの輪郭や背景の岩などがだいぶぼやけています。量を350%、半径を2.0pxにしてスマートシャープを適用しました。

ぼかし（放射状）

[ぼかし] にはさまざまな方法のぼかしフィルターが並んでいます。[ぼかし（放射状）] は中心点から外へ向かうほどぼかし方が大きくなります。中心点の位置は [ぼかしの中心] でドラッグして動かすことができます。

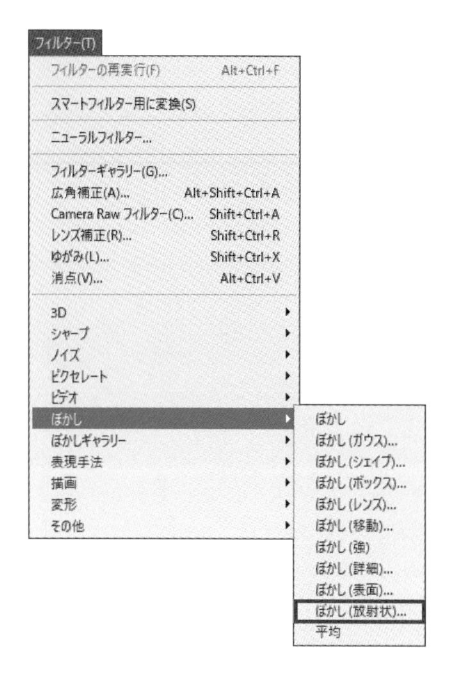

[フィルター] メニュー→ [ぼかし] → [ぼかし（放射状）] をクリックすると、[ぼかし（放射状）] ダイアログボックスが開きます。

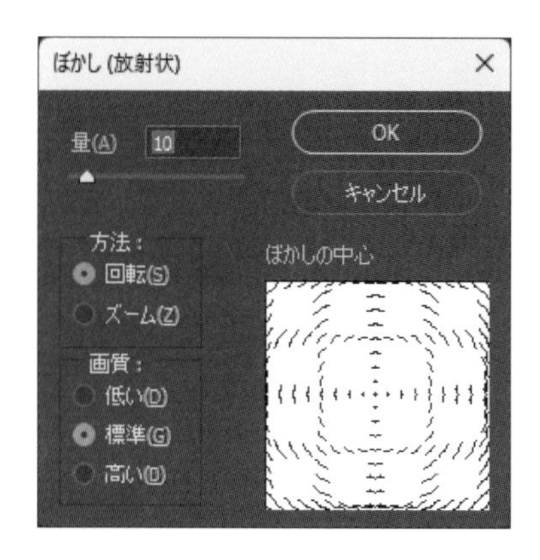

使用ファイル ぼかし（放射状）.jpg

量を15、方法を [ズーム]、画質を [標準] に設定し、ぼかしの中心点を建物の左側に動かしたものです。中心点から遠い右側の部分が大きくぼけています。

虹彩絞りぼかし

[ぼかし] の項目にあるフィルターは画像全体をぼかしますが、[ぼかしギャラリー] の項目にあるフィルターはより細かいぼかしの指定が可能です。[虹彩絞りぼかし] は、ぼかす幅を緩やかに変化させながら鮮明な部分とぼかす部分のバランスを調整することができます。

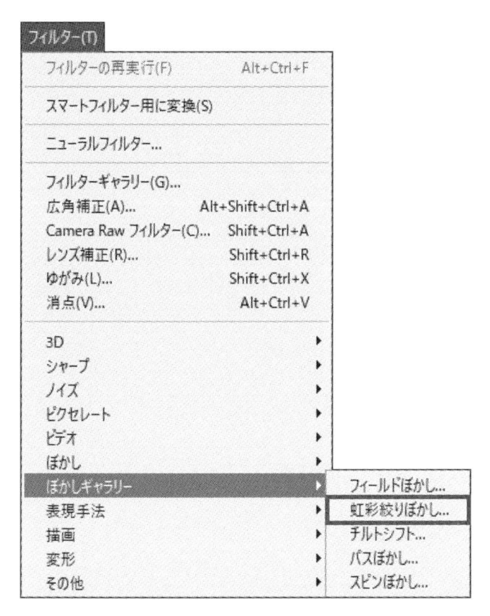

[フィルター] メニュー→ [ぼかしギャラリー] → [虹彩絞りぼかし] をクリックすると、画面表示が切り替わり、[ぼかしツール] パネルが表示されます。

[編集ピン] はピントが当たる（ぼかしの適用がない）部分の中心を示します。複数の編集ピンを設定することもできます。編集ピンのリング状の白い部分をドラッグで調節することでぼかしの適用量を調節します。ぼかし量スライダーでも調節できます。
[最大ぼかし境界線] はぼかす範囲を指定するもので、この境界線より外側がぼかされます。楕円上にある5つのハンドルを動かすことで変形や拡大・縮小を行います。
[中間点] はぼかしの適用量が中間になる場所を指定します。

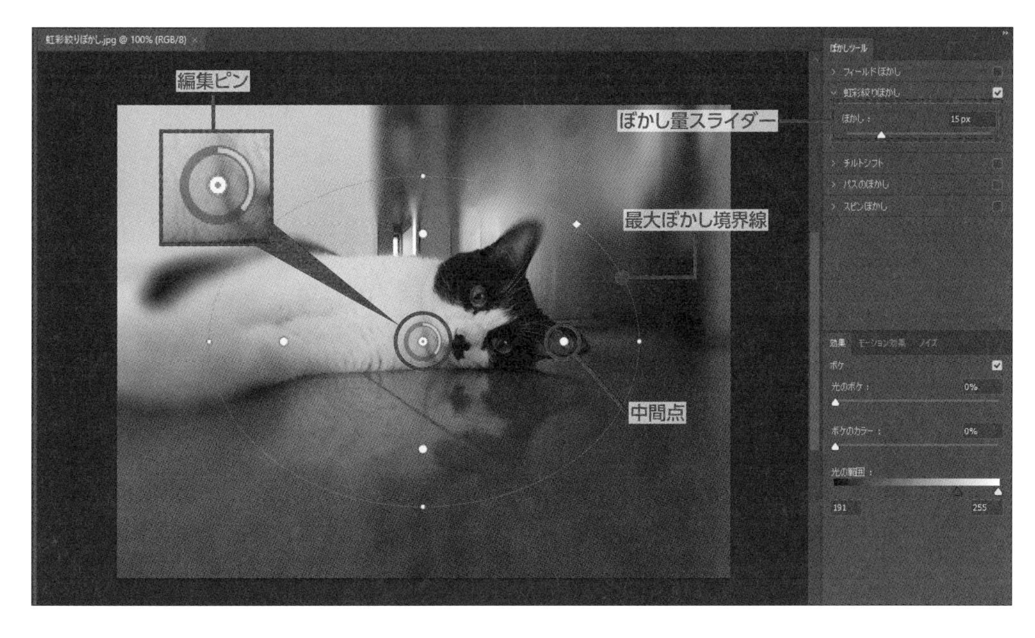

使用ファイル 虹彩絞りぼかし.jpg

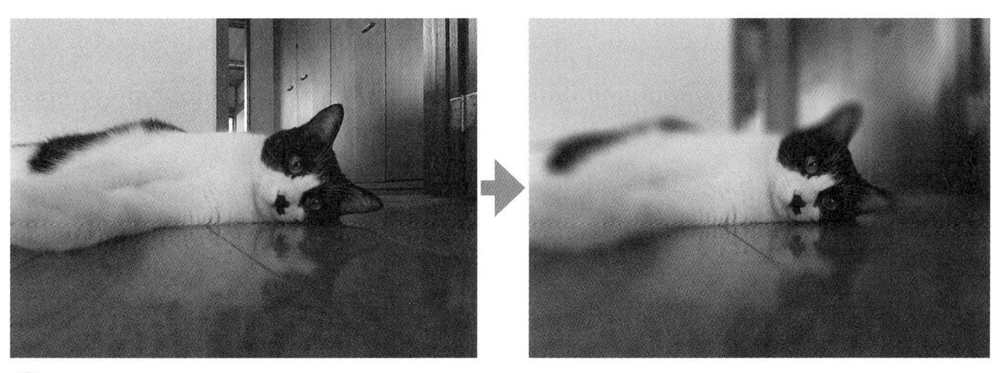

猫の口元に編集ピンを置き、最大ぼかし境界線を床から上の耳に向けて楕円形に広げたものです。

ダスト&スクラッチ

スキャンした画像に入った細かい傷やほこりなどを消す際には［ダスト&スクラッチ］がよく使われます。［半径］を大きくするとディテールがぼかされますが輪郭は残るので、絵画のようなイメージになります。

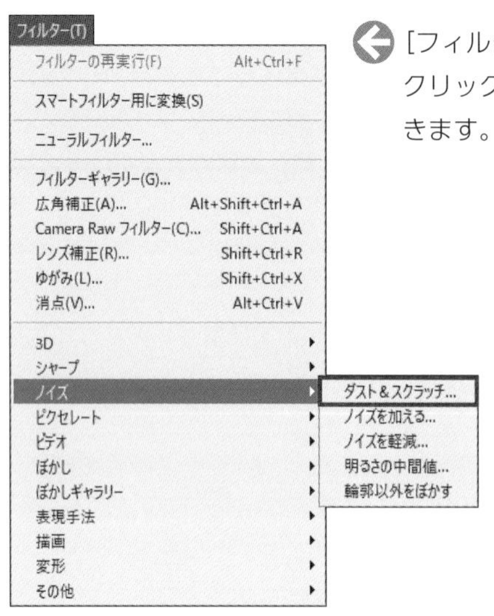

［フィルター］メニュー→［ノイズ］→［ダスト&スクラッチ］をクリックすると、［ダスト&スクラッチ］ダイアログボックスが開きます。

通常は、消したいゴミや傷の大きさから［半径］を決めます。ディテールを守りたいときは［しきい値］を大きくします。

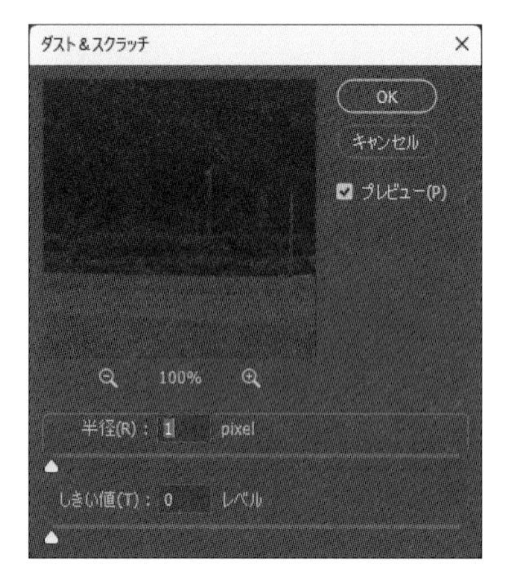

使用ファイル ダスト&スクラッチ.jpg

あえてディテールをつぶすためにしきい値を初期値の0のままにし、半径を15pixelにしたものです。

風

[風] は、風に吹かれて左右に動いているような画像加工ができます。

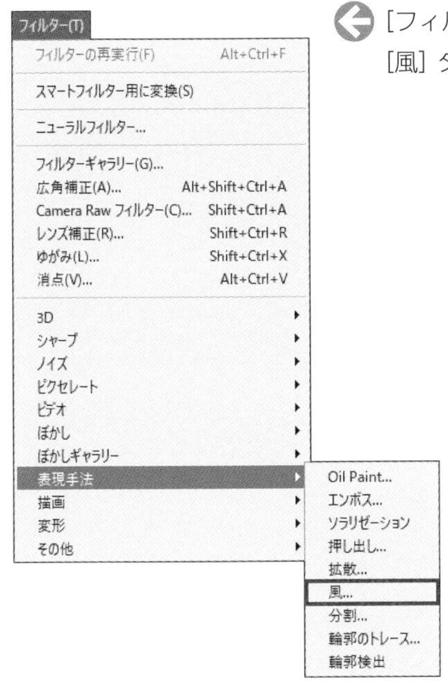

[フィルター] メニュー→ [表現手法] → [風] をクリックすると、[風] ダイアログボックスが開きます。

種類は [標準] [強く] [激しく揺らす] の3種類、方向は [右から] [左から] の2種類から選択します。

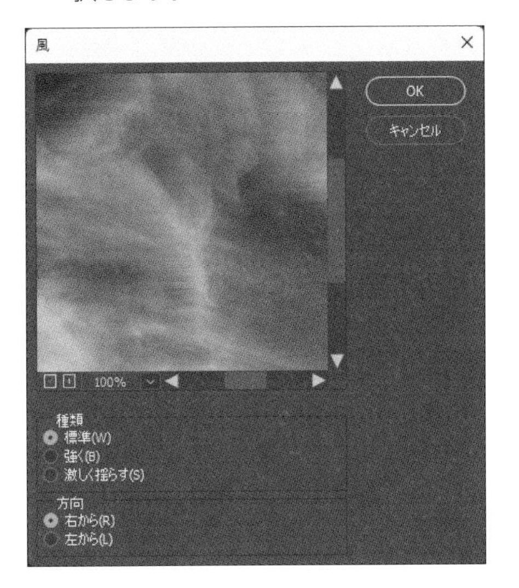

使用ファイル 風.jpg

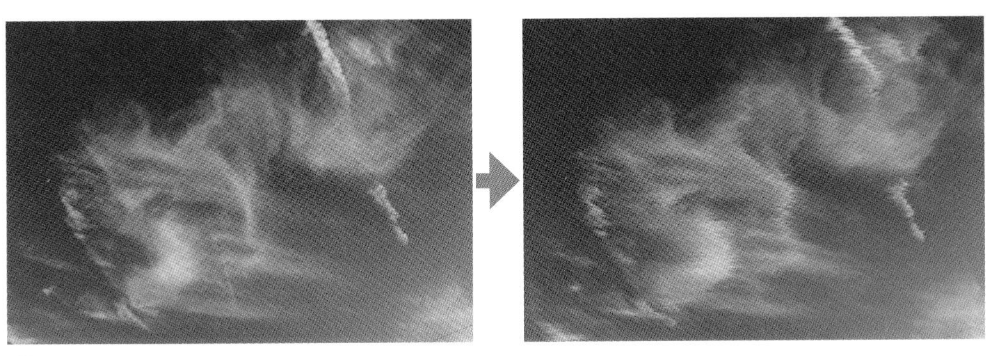

種類を [激しく揺らす]、方向を [左から] にしたものです。

第6章

波紋

輪郭を波立たせて、波立った水面を通して見ているような印象を与えるフィルターです。

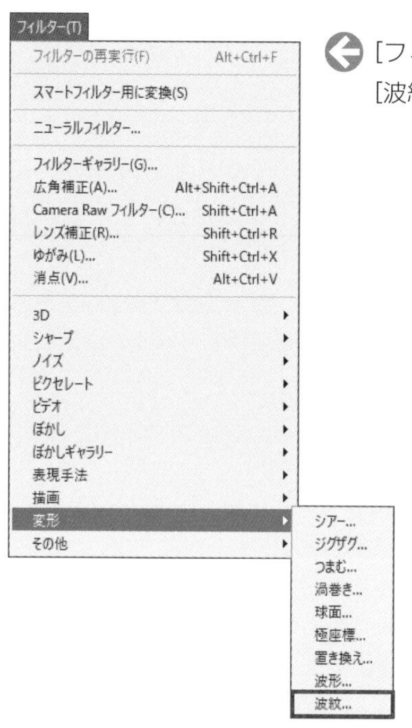

[フィルター] メニュー→ [変形] → [波紋] をクリックすると、[波紋] ダイアログボックスが開きます。

量を大きくするほど波紋が大きくなります。振幅数は波紋の幅で、[大] [中] [小] から選びます。

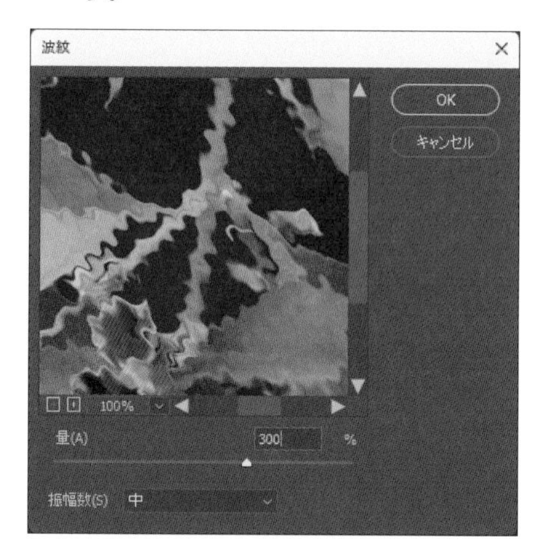

使用ファイル 波紋.jpg

量を400%、振幅数を [大] にしたものです。

逆光

[逆光] は名前の通り、太陽の光がレンズに入り込んでいるように加工するフィルターです。

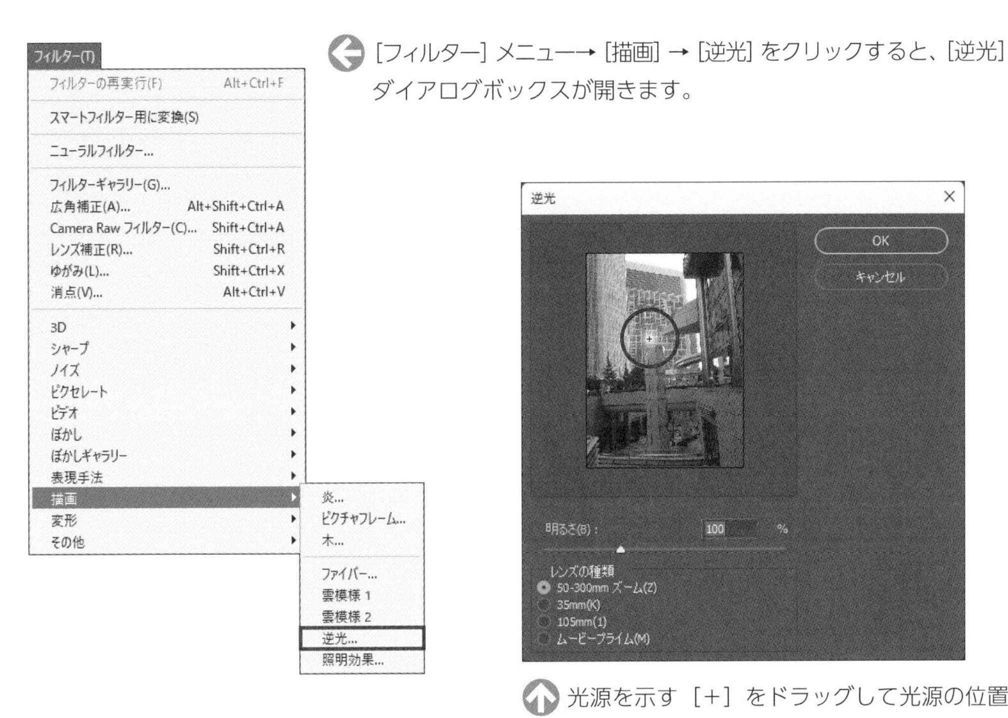

[フィルター] メニュー→ [描画] → [逆光] をクリックすると、[逆光] ダイアログボックスが開きます。

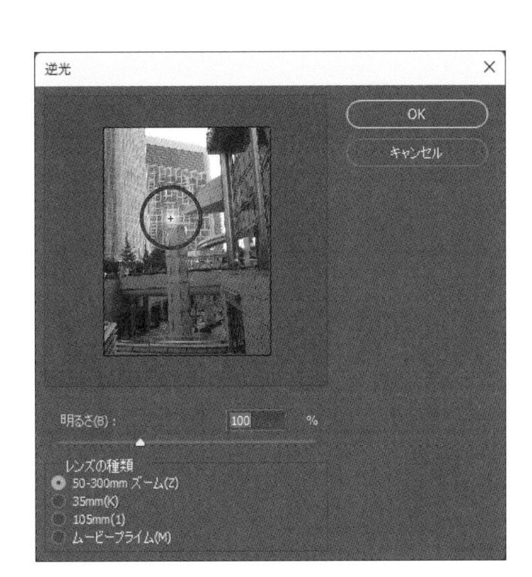

光源を示す [+] をドラッグして光源の位置を変更します。[明るさ] は光源をどのくらい明るくするかです。[レンズの種類] を変更すると反射する光の形が変わります。

使用ファイル 逆光.jpg

光源を右上に移動し、明るさを150%、レンズの種類を [35mm] にしたものです。

フィルター一覧（抜粋）

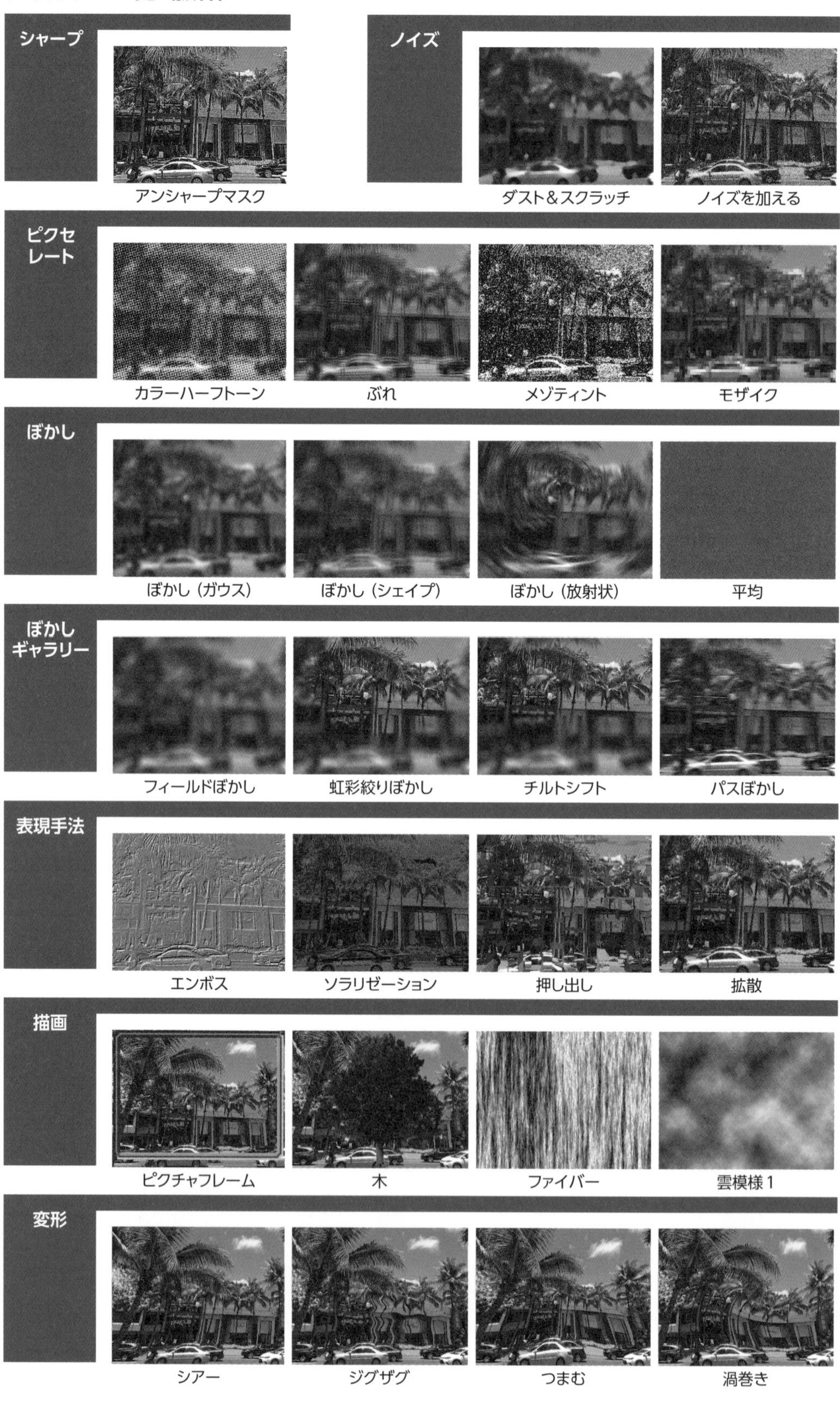
シャープ
アンシャープマスク
ノイズ
ダスト＆スクラッチ
ノイズを加える
ピクセレート
カラーハーフトーン
ぶれ
メゾティント
モザイク
ぼかし
ぼかし（ガウス）
ぼかし（シェイプ）
ぼかし（放射状）
平均
ぼかしギャラリー
フィールドぼかし
虹彩絞りぼかし
チルトシフト
パスぼかし
表現手法
エンボス
ソラリゼーション
押し出し
拡散
描画
ピクチャフレーム
木
ファイバー
雲模様1
変形
シアー
ジグザグ
つまむ
渦巻き

練習問題

問題1 レタッチツールについて間違った説明を選びなさい。

A. コンテンツに応じた移動ツールは、画像を移動するだけで複製することはできない。
B. スポット修復ブラシツールは、クリックした周囲の情報を自動的に取得して補正する。
C. コピースタンプツールは、周囲になじませる処理を行わない。
D. パッチツールは、オプションバーで［コンテンツに応じる］を指定できる。

問題2 フィルターギャラリーについて正しい説明を選びなさい。

A. フィルターギャラリーのフィルターを2つ重ねた場合、どちらが上に配置されても効果は同じである。
B. ［ダスト＆スクラッチ］はフィルターギャラリーから選択する。
C. フィルターギャラリーのフィルターはスマートフィルターとしてだけ使用できる。
D. フィルターギャラリーのフィルターは複数を同時に適用できる。

問題3 虹彩絞りぼかしについて正しい説明を選びなさい。

A. ［虹彩絞りぼかし］ダイアログボックスには、［量］、［半径］、［ノイズを軽減］の項目がある。
B. 虹彩絞りぼかしは、編集ピンを取り巻くリング状の白い部分でぼかしの適用量を調節できる。
C. 虹彩絞りぼかしは、最大ぼかし境界線の8つのポイントをドラッグすることで、どの部分をぼかしの境界とするかを設定する。
D. 虹彩絞りぼかしは、画像の中心を支点として画像全体をぼかす機能である。

問題4 ［練習問題］フォルダーの6.1.jpgを開き、フィルターギャラリーの［アーティスティック］→［こする］を適用しなさい。

6.1.jpg

問題5 ［練習問題］フォルダーの6.2.jpgを開き、赤く囲んだ人物を一度の操作で左下に移動させなさい。その際、移動した跡が不自然にならない方法を選びなさい。

6.2.jpg

問題6 ［練習問題］フォルダーの6.3.jpgを開き、赤い点線で囲んだ2カ所の白い部分を修復しなさい。ただし、それぞれ1クリックで修正するツールを使用しなさい。

6.3.jpg

7

レイヤー

7.1 レイヤーの基本

Photoshopは複数のレイヤー（層）を使って画像を加工することができます。レイヤーは透明なシートに画像の一部が描かれているようなもので、何枚かのシートを重ね合わせたものが画面に表示されている画像となっています。このようにすると、レイヤーごとに編集や加工ができるので、画像の一部（構成要素）を他の部分に影響を与えずに処理できます。

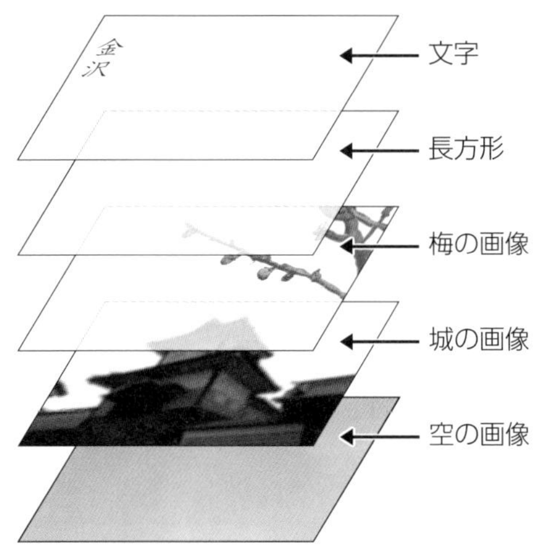

背景となる空、城、梅、色を付けた長方形、文字をそれぞれ別のレイヤーに置いた例です。色調補正、変形、装飾、文字の書式設定などが、ほかのレイヤーに影響を与えずに行えます。

すべてのレイヤーを重ねて表示した状態です（上の図では一部のレイヤーを省略しています）。レイヤーの状態は［レイヤー］パネルで確認できます。

使用ファイル レイヤーの基本.psd

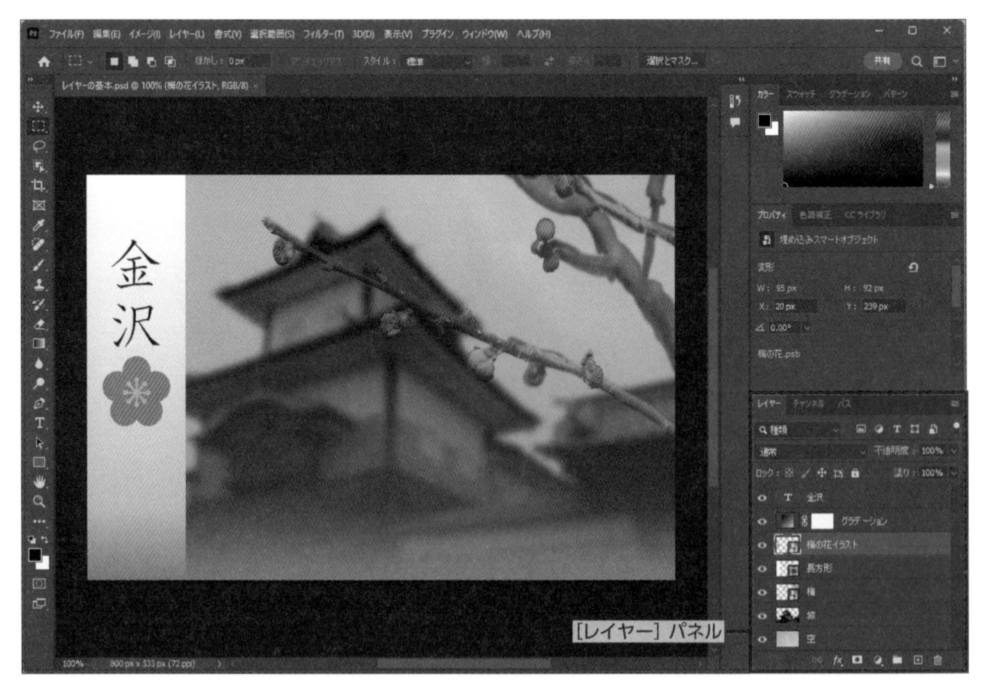

レイヤーの種類

背景レイヤー、通常のレイヤー、調整レイヤー、塗りつぶしレイヤー、テキストレイヤー、シェイプレイヤー、スマートオブジェクトなどがあります。
背景レイヤーと通常のレイヤーには主に画像を配置します。テキストレイヤーとシェイプレイヤーはそれぞれ文字とシェイプを配置するもので、別の章で説明します。
調整レイヤーと塗りつぶしレイヤーは画像そのものではなく、画像に対する処理を一つのレイヤーに記述するものです。画像そのものに色調補正や変形などの加工を行うと、画像データそのものが変更されるので、あとで元に戻すことができません。これを「破壊的操作」といいます。調整レイヤーや塗りつぶしレイヤーを元の画像のレイヤーに重ねると同様の処理ができますが、元の画像データに対して直接変更を加えないため、元に戻したり別の加工をやり直したりすることが簡単にできます。これを「非破壊的操作」といいます。

スマートオブジェクト

スマートオブジェクトは、元の画像のデータを保持したまま、拡大・縮小などの変形、ぼかしやシャープなどのフィルターを使用した編集が行えるものです。例えば、Illustratorで作成した複雑な図形をPhotoshop上で使う場合、画質を保持したまま加工したり、Illustratorに戻って編集したりできます。
スマートオブジェクトを使用する方法には次のものがあります。

- [ファイル] メニュー→ [スマートオブジェクトとして開く]
- [ファイル] メニュー→ [埋め込みを配置]
- [ファイル] メニュー→ [リンクを配置]
- [レイヤー] メニュー→ [スマートオブジェクト] → [スマートオブジェクトに変換]
- 目的のレイヤーを右クリック→ [スマートオブジェクトに変換] を選択

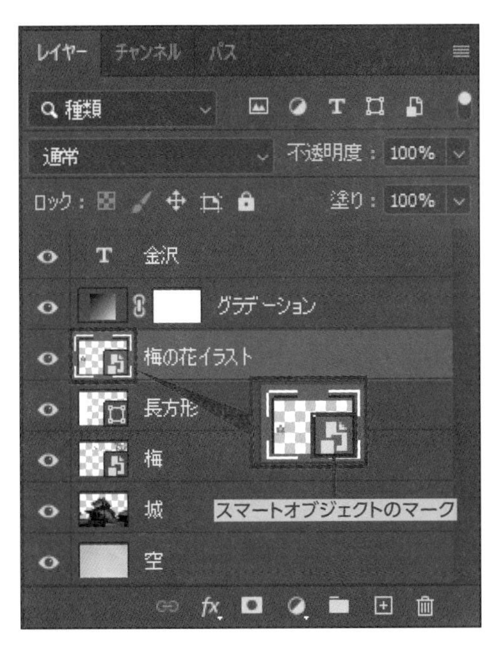

スマートオブジェクトはサムネールにマークが付いて [レイヤー] パネルに表示されます。

メモ

Photoshopで主に使用されるPSD形式のファイルは、IllustratorやInDesignでも各種類のレイヤーやレイヤーマスクの透明度を保持した状態で編集できます。またInDesign上でPSDファイルを配置（リンク）する場合、レイヤーごとに表示/非表示を設定できます。

7.2 レイヤーの操作

レイヤーに関する操作は［レイヤー］パネルで行います。レイヤーの作成・複製・削除、レイヤー名の変更、ロック、表示/非表示の切り替え、重ね順の変更、複数レイヤーのリンク・グループ化・結合などの操作を行います。ここではレイヤー操作の基本を学びます。

［レイヤー］パネル

［レイヤー］パネルは次のような要素で構成されています。使用ファイルで確認してみましょう。

使用ファイル レイヤーパネル.psd

パネル下部の操作アイコンは左から、レイヤーをリンク、レイヤースタイルを追加、レイヤーマスクを追加、塗りつぶしまたは調整レイヤーを新規作成、新規グループを作成、新規レイヤーを作成、レイヤーを削除、です。［レイヤー］メニューや［レイヤー］パネルのパネルメニューからの操作とほぼ同じことが行えます。

「梅の花イラスト」レイヤーの右側に付いているマークは左から、［別のレイヤーへのリンク］、［スマートフィルター］、［レイヤー効果］（レイヤースタイルを適用）です。

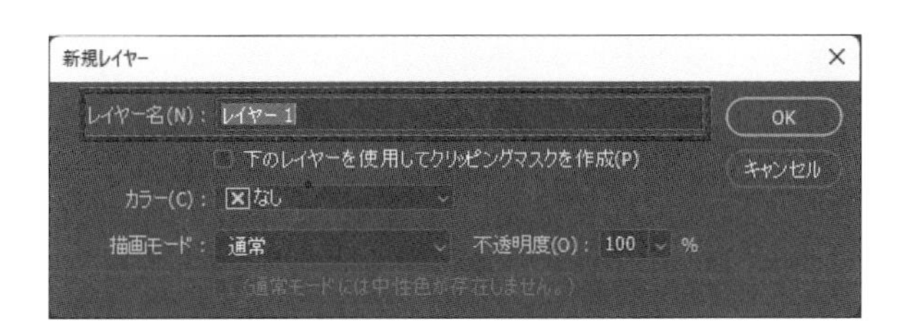

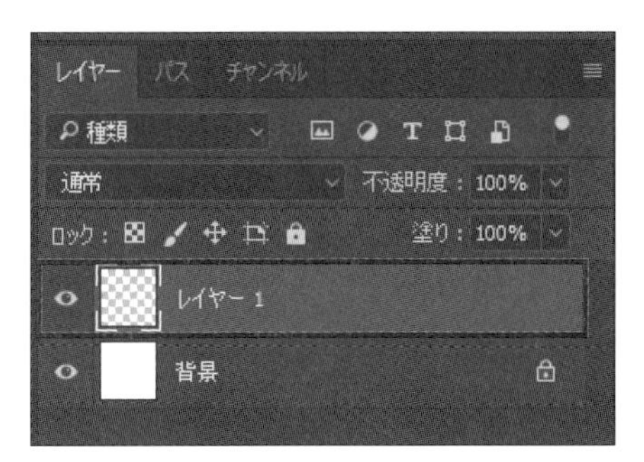

新規レイヤーの作成

新規ドキュメントを作成した初期状態では、背景レイヤーが一つだけあります。[レイヤー] メニュー→ [新規] → [レイヤー] をクリックすると [新規レイヤー] ダイアログボックスが開きます。適切な名前を付けて [OK] をクリックすると、その名前の付いたレイヤーが新たに作成されます。

レイヤー名の変更

レイヤーを新規に作成すると自動的に名前が付きますが、わかりやすい名前に変更しておいた方が整理しやすいでしょう。作成後にレイヤー名を変更するときは、[レイヤー] パネルのレイヤー名の部分をダブルクリックし、編集状態になったら、名前を変更します。

背景レイヤーと通常のレイヤー

jpgなどレイヤーの機能のない画像ファイルを開くと背景レイヤーが作られて、そこに画像が配置されます。背景レイヤーは文字通りカンバス全体の背景となるもので、一部の機能（移動、拡大・縮小、レイヤーの重ね順の変更、不透明度の設定、描画モードの変更、レイヤースタイルの設定、レイヤーの削除）が使用できません。画像に対して、これらの操作を行うには通常のレイヤーに変更する必要があります。

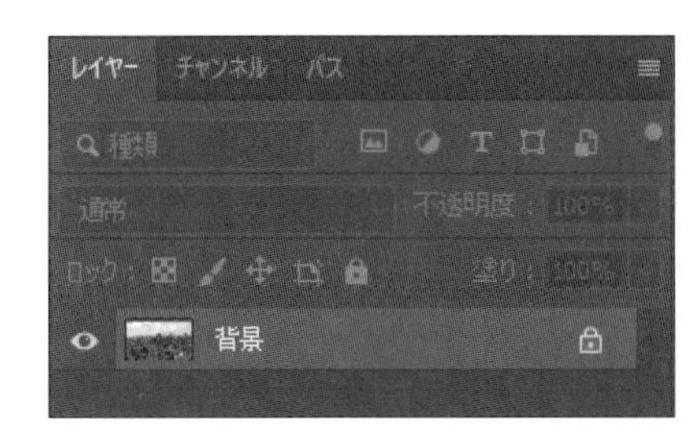

背景レイヤーを通常のレイヤーにするには、[レイヤー] パネルのレイヤー名（「背景」）の部分をダブルクリックするか、[レイヤー] メニュー→ [新規] → [背景からレイヤーへ] をクリックします。

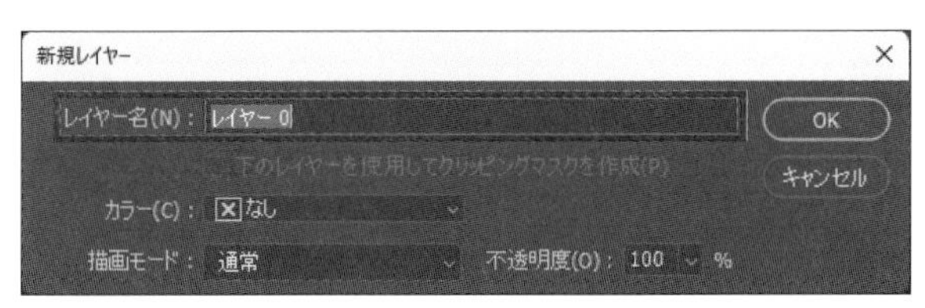

[新規レイヤー] ダイアログボックスが開くので、レイヤー名を指定して [OK] をクリックします。

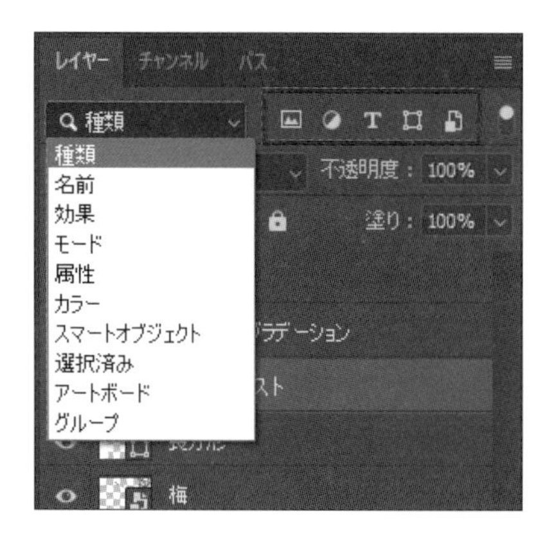

レイヤーの種類をフィルター

レイヤー数が多くなるとレイヤー名だけでは判別がしにくくなります。特定の種類のレイヤーだけを表示するには、［レイヤー］パネルの［種類］をクリックして種類を選びます。

種類の右側には調整レイヤーやテキストレイヤーなどのアイコンが並んでいて、クリックすると表示するレイヤーをフィルターできます。

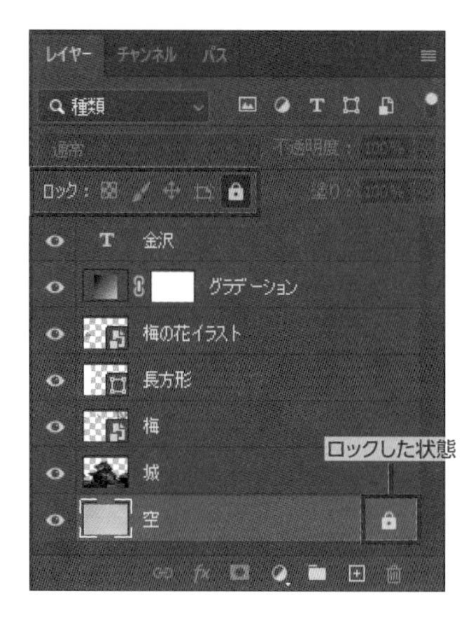

ロック

レイヤーを間違って編集したり削除したりしないよう、レイヤーにはロックをかけられます。［レイヤー］パネルの［ロック］の右隣のアイコンでは保護の対象を選択できます。保護の対象には、透明ピクセル、画像ピクセル、位置などがあります。**Ctrl**キーや**Shift**キーを押しながら複数のレイヤーを選択して、まとめてロックをかけることができます。

ロックしたレイヤーはレイヤー名の右側に鍵のマークが表示されます。この鍵のマークをクリックするとロックが解除されます。

表示/非表示

カンバスには、通常すべてのレイヤーが表示されますが、レイヤーごとに非表示にすることもできます。表示と非表示は各レイヤーの左側にある目の形をした［レイヤーの表示/非表示］をクリックして切り替えます。表示しているレイヤーを「アクティブレイヤー」、非表示にしているレイヤーを「非アクティブレイヤー」といいます。

使用ファイル レイヤーの操作.psd

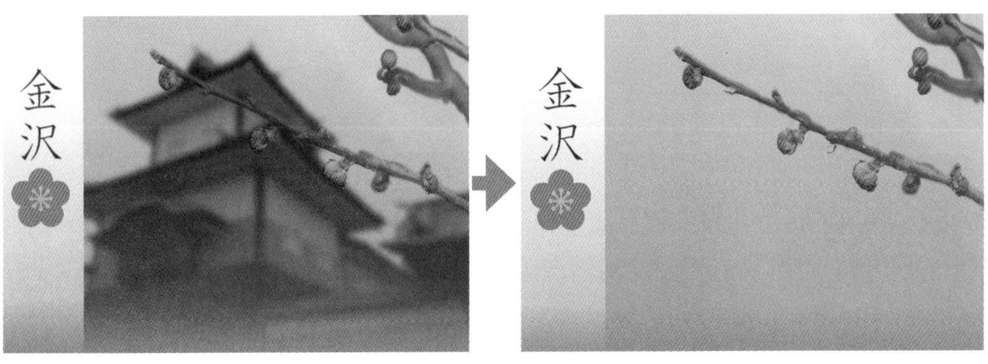

「城」レイヤーを非表示にすると、城の画像だけ表示されなくなります。

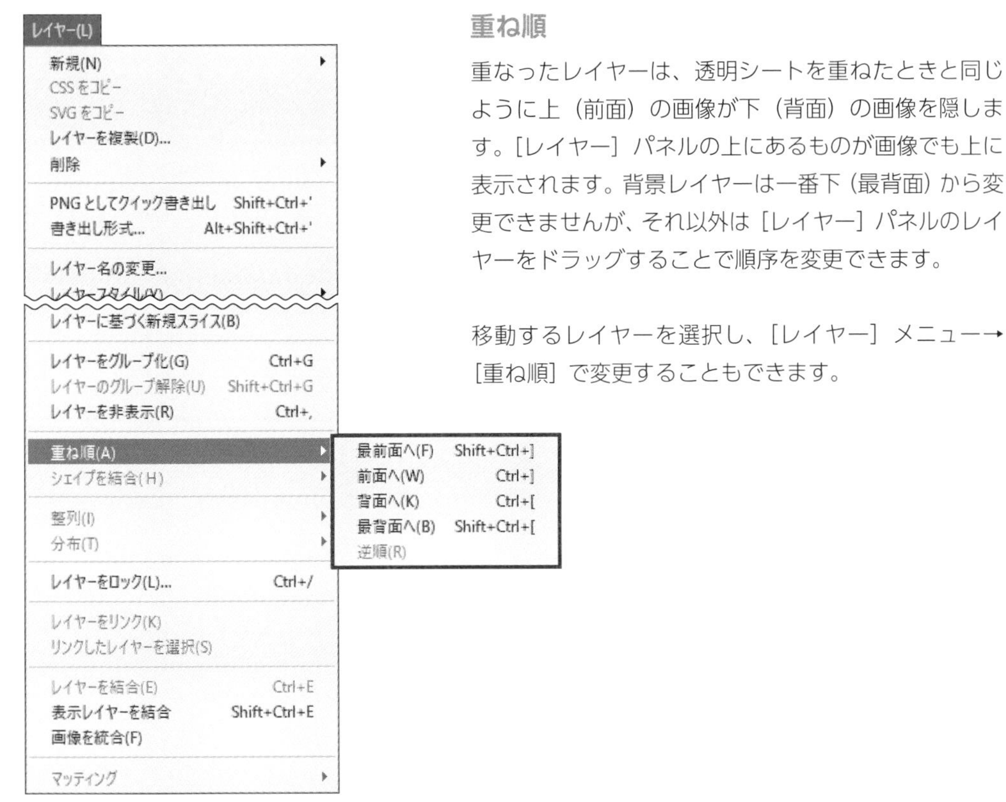

重ね順

重なったレイヤーは、透明シートを重ねたときと同じように上（前面）の画像が下（背面）の画像を隠します。[レイヤー] パネルの上にあるものが画像でも上に表示されます。背景レイヤーは一番下（最背面）から変更できませんが、それ以外は［レイヤー］パネルのレイヤーをドラッグすることで順序を変更できます。

移動するレイヤーを選択し、[レイヤー] メニュー→［重ね順］で変更することもできます。

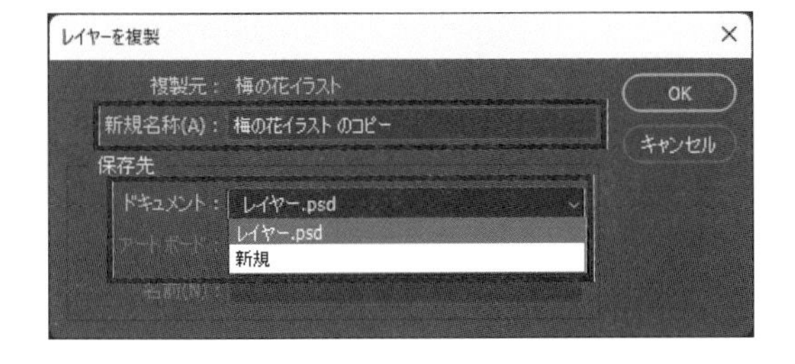

複製

[レイヤー] メニュー→［レイヤーを複製］、またはパネルメニューの［レイヤーを複製］をクリックすると、[レイヤーを複製] ダイアログボックスが開きます。ここではレイヤー名や複製先のドキュメントを指定できます。[ドキュメント] で ［新規］ を選択すると、選択したレイヤーだけの新しいドキュメントが作成されます。

使用ファイル 複製・削除.psd、レイヤー.psd

別のドキュメントにもレイヤーを複製できます。複製したいドキュメントのウィンドウまでドラッグすると、選択されていたレイヤーの上にレイヤーが複製されます。

削除

レイヤーを選択し、[レイヤー] メニュー→ [削除] → [レイヤー]、またはパネルメニューの [レイヤーを削除] をクリックするとレイヤーが削除されます。

リンク

複数のレイヤーをリンクさせ、一つのレイヤーに対して画像の移動や変形の操作を行うと、リンクした他のレイヤーの画像も同じ結果になります。

Ctrlキーや**Shift**キーを押しながら対象とする複数のレイヤーを選択し、[レイヤー] メニュー→ [レイヤーをリンク]、またはパネルメニューの [レイヤーをリンク] をクリックすると、レイヤー名の右側にリンクのマークが表示されます。[レイヤー] メニュー→ [レイヤーのリンク解除]、またはパネルメニューの [レイヤーのリンク解除] をクリックすると、リンクが解除されます。

グループ化

複数のレイヤーをグループ化すると、不透明度や塗りの設定、ロック、表示/非表示、重ね順の変更、複製、削除など、レイヤーに対する操作を一括で行うことができます。

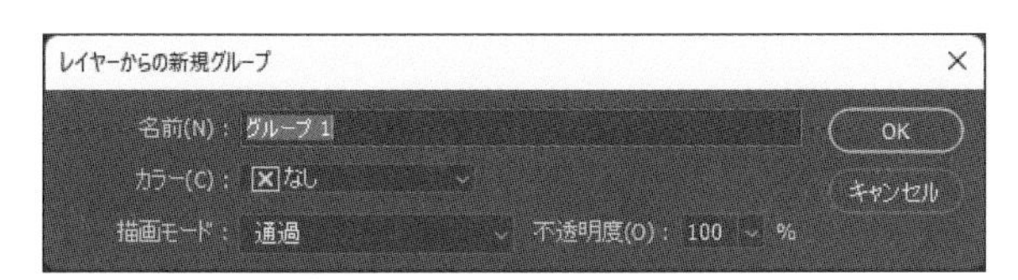

対象とする複数のレイヤーを選択し、[レイヤー] メニュー→ [新規] → [レイヤーからのグループ]、またはパネルメニューの [レイヤーからの新規グループ] をクリックすると、[レイヤーからの新規グループ] ダイアログボックスが開きます。

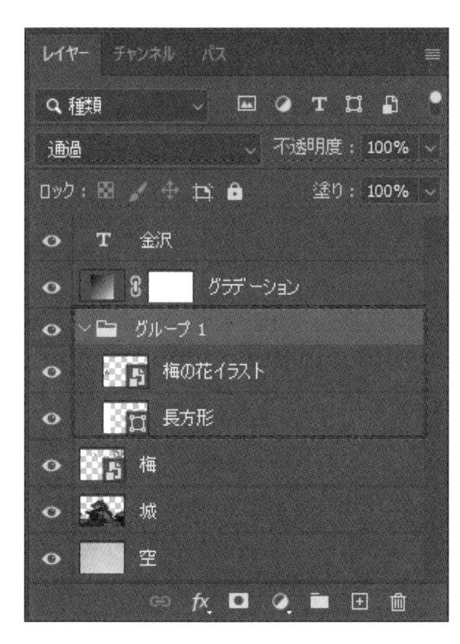

グループ名を設定して [OK] をクリックすると、選択したレイヤーを含んだグループが作成されます。

[レイヤー] メニュー→ [レイヤーをグループ化] をクリックするとダイアログボックスは省略され、すぐに選択したレイヤーを含んだグループが作成されます。

すでにあるグループにレイヤーをドラッグすると、そのレイヤーがグループの中に移動します。グループを選択して操作を行うと、グループ内のすべてのレイヤーに対して処理が行われます。

結合

複数のレイヤーは結合して一つのレイヤーにすることができます。複数のレイヤーで構成されたファイルは、編集の際にPCのメモリーを多く使用するため、一つの操作をするたびに時間がかかってしまうことがあります。レイヤーを結合するとファイルサイズが小さくなり、メモリー使用量も削減することができます。

[レイヤー] メニューまたはパネルメニューで3種類の結合方法を選べます。

・レイヤーを結合

選択した複数のレイヤーが一つにまとまります。背景レイヤーが含まれている場合は、結合後に背景レイヤーになります。

・表示レイヤーを結合

現在表示状態のレイヤー（目のマークにチェックが入っているレイヤー）がすべて結合されます。

・画像を統合

現在表示状態のレイヤーがすべて結合され、非表示状態のレイヤーがすべて削除されます。

メモ

レイヤーを結合すると、レイヤー個別の編集はできなくなります。テキスト（文字）やシェイプはビットマップ画像に変換され、テキストやシェイプとしての操作はできなくなります。このため画像を結合する前のファイルを別名で保存しておきましょう。

7.3 調整レイヤー

調整レイヤーは、画像に対する色調補正を設定するレイヤーです。メニューの［イメージ］→［色調補正］で行う色調補正は画像データそのものを加工しますが、調整レイヤーの場合は画像自体には変更を加えない、非破壊的操作です。このため、画像編集の取り消しや設定変更をあとから自由にできます。［イメージ］→［色調補正］で表示される項目のうち、［明るさ・コントラスト］から［特定色域の選択］まで同じものが用意されています。色調補正を行うときはなるべく調整レイヤーを使うようにしましょう。

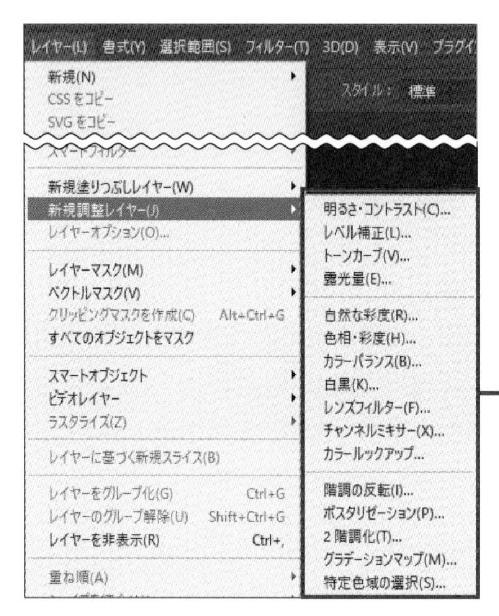

対象の画像があるレイヤーを選択し、［レイヤー］メニュー→［新規調整レイヤー］をクリックすると、色調補正の項目メニューが表示されます。

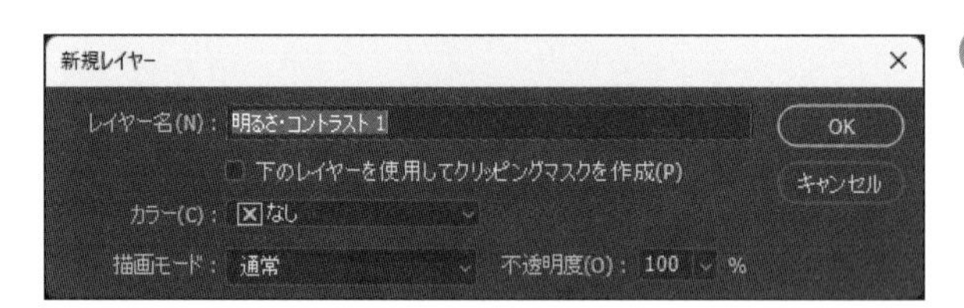

いずれかの項目を選択すると、［新規レイヤー］ダイアログボックスが開くので、レイヤー名を指定して［OK］をクリックします。

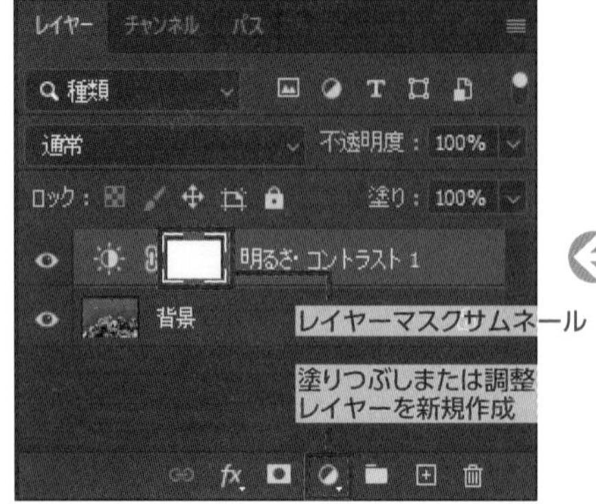

［レイヤー］パネルで選択していたレイヤーの上に調整レイヤーが新たに作成され、［レイヤーマスクサムネール］が表示されます。
パネル下部の［塗りつぶしまたは調整レイヤーを新規作成］からも調整レイヤーを作成できます。

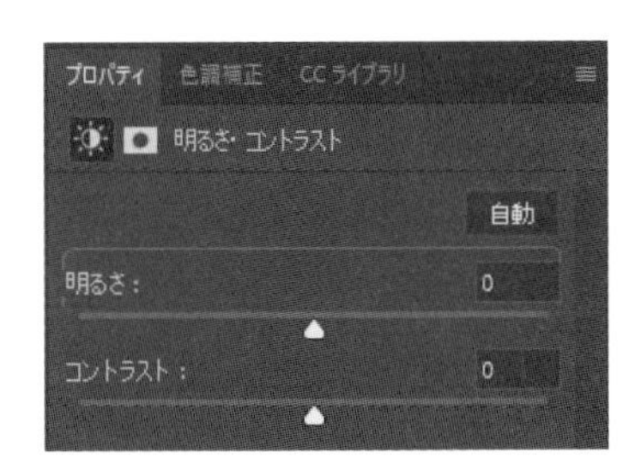

同時に［プロパティ］パネルが表示されるので、ここで色調補正の設定を行います。基本的に色調補正ツールのダイアログボックスと同じ内容です。

調整レイヤー一覧（抜粋）

元の画像

使用ファイル 調整レイヤー.jpg

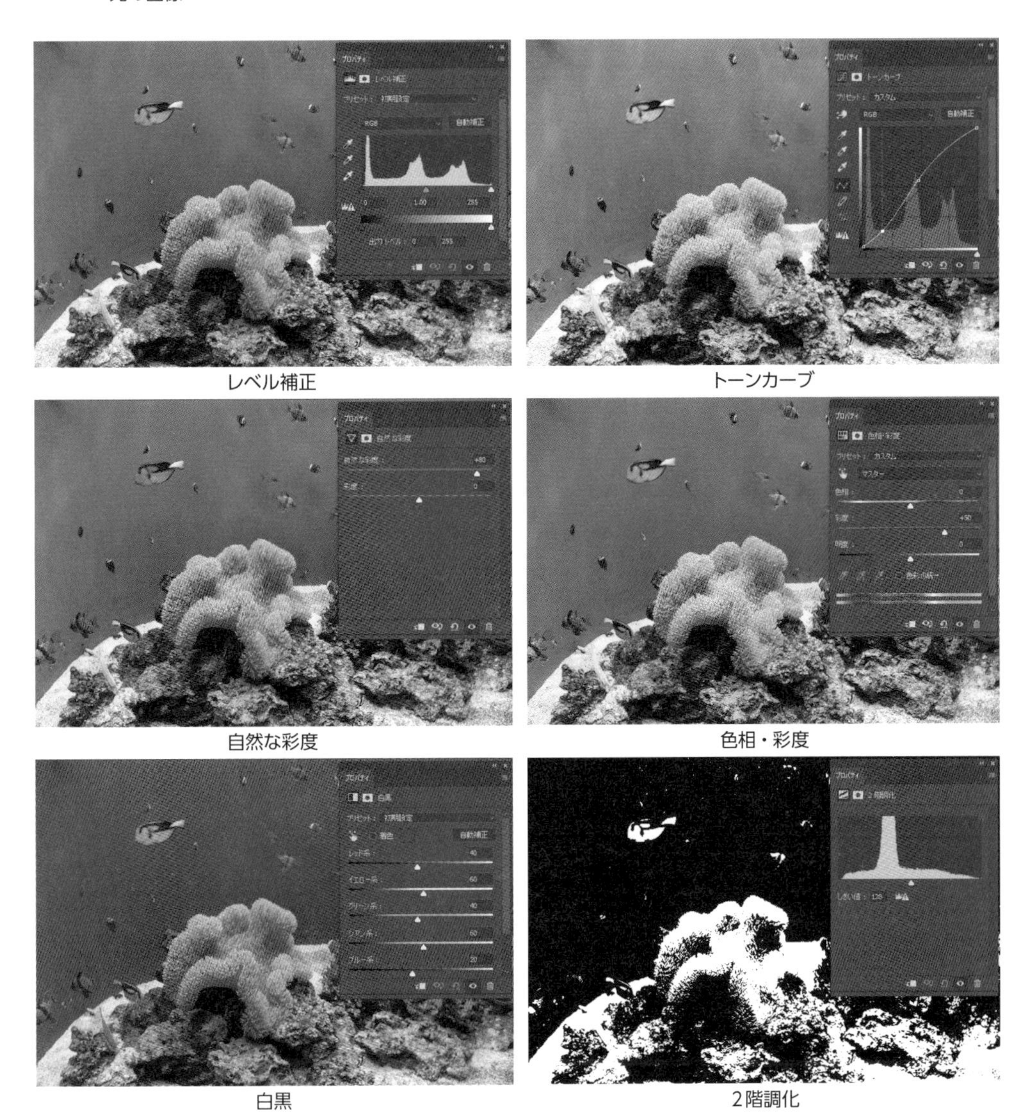

レベル補正

トーンカーブ

自然な彩度

色相・彩度

白黒

2階調化

7.4 マスク

マスクは、レイヤーマスク、ベクトルマスク、クリッピングマスクの総称で、選択範囲の外（または中）を透明（非表示）に設定するものです。調整レイヤーと同様、画像自体には変更を加えない非破壊的操作です。このため、画像編集の取り消しや設定変更をあとから自由に行えます。

レイヤーマスク

レイヤーマスクは選択範囲内の画像を残し、選択範囲外を透明にする効果を持たせます。

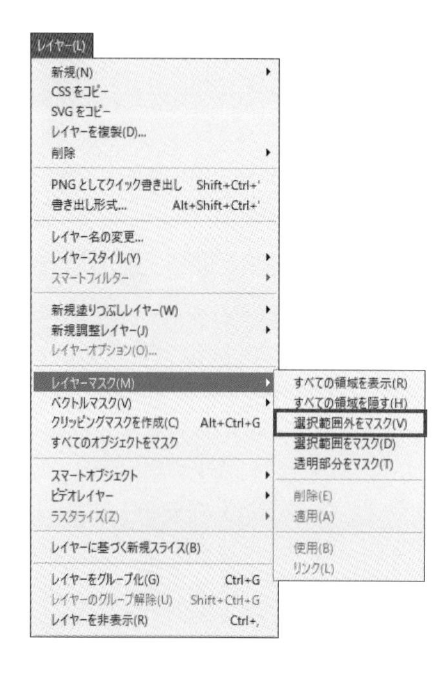

まず画像が配置された通常のレイヤーで、残したい部分の範囲を選択します。［レイヤー］メニュー→［レイヤーマスク］をクリックし、［選択範囲外をマスク］をクリックすると、選択範囲外が透明になります。逆に選択範囲内を透明にしたいときは［選択範囲をマスク］をクリックします。

レイヤーマスクを設定したレイヤーには、レイヤーマスクサムネールが表示されます。レイヤーマスクを作成した状態で、［レイヤー］メニュー→［レイヤーマスク］→［適用］をクリックすると、マスクが実際に適用され、選択範囲であるペリカンが残り、それ以外の部分は透明になります。レイヤーマスクを作成した状態で、レイヤーマスクを削除すると元の状態に戻ります。

使用ファイル レイヤーマスク.psd

紫色の背景レイヤーと、ペリカンの写真のレイヤーがある画像に対してレイヤーマスクを適用します。クイック選択ツールを使ってペリカンを選択したあと、［選択範囲外をマスク］でレイヤーマスクを適用します。選択範囲であるペリカンが残り、それ以外の部分が透明になるため、背景レイヤーの紫色が見えるようになります。

ベクトルマスク

ベクトルマスクはレイヤーマスクと同様の機能ですが、選択範囲ではなくパス（ベクトル画像）の形でマスクします。輪郭のはっきりした図形をマスクとして使用するので、マスクは明確な境界線を作成します。また、解像度に依存しないので簡単に拡大・縮小ができ、マスクされた画像を変更することなくマスクの形をあとから編集できます。

ツールパネルの［長方形ツール］や［楕円形ツール］などのシェイプツールを選択します。オプションバーでツールモードを［パス］に変更し、画像が配置されたレイヤーでパスを作成します。［レイヤー］メニュー→［ベクトルマスク］をクリックし、［現在のパス］をクリックすると、ベクトルマスクが作成されパスの外が透明になります。

パスの作成後に、オプションバーの［マスク］をクリックしても同様にベクトルマスクが作成されます。なお、背景レイヤー（jpgファイルなど）に対して、直接ベクトルマスクを作成すると、背景レイヤーが通常のレイヤーに変換されます。

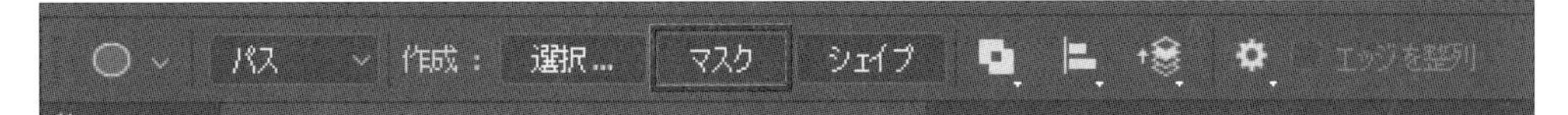

使用ファイル ベクトルマスク.jpg

背景レイヤーにある画像に対して楕円形ツールでベクトルマスクを作成したものです。楕円形の外側が透明になっています。
ベクトルマスクを作成した状態で、[レイヤー] メニュー→ [ベクトルマスク] → [削除] をクリックすると、マスクを適用せずにベクトルマスクが削除されます。

ベクトルマスクの形は
あとから変更できます。

クリッピングマスク

クリッピングマスクは、前面のレイヤー（画像レイヤー、塗りつぶしレイヤー、調整レイヤーなど）を直下のレイヤーにある文字やシェイプ、画像の形に合わせて切り抜いたように見せるマスクです。

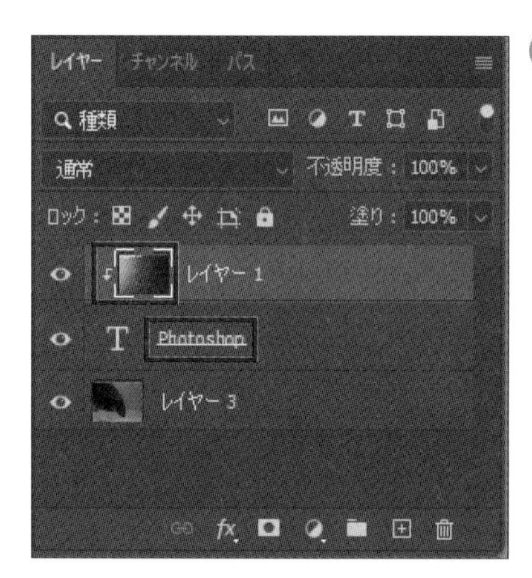

切り抜かれる画像などのレイヤーを上（前面）、切り抜く形を指定するレイヤーを下（背面）にします。下のレイヤーのうち、画像のある部分が切り抜かれ、透明部分が削除されます。
切り抜かれる画像（上）のレイヤーを選択し、[レイヤー] メニュー→ [クリッピングマスクを作成] をクリックします。上のレイヤーにはクリッピングマスクを表す下向き矢印のマークが付き、下のレイヤー名には下線が付きます。

使用ファイル クリッピングマスク.psd

切り抜かれる画像（金色と黒のグラデーション）のレイヤー（レイヤー1）の下に、「Photoshop」という文字が配置されたテキストレイヤーを置き、クリッピングマスクを適用した場合の画像です。「レイヤー 1」のグラデーションが、テキストレイヤーの文字の形で切り抜かれています。文字の外側は透明なので、その下にある「レイヤー3」の画像が見えています。レイヤー1を選択し、[レイヤー] メニュー→ [クリッピングマスクを解除] をクリックすると、クリッピングマスクが解除されます。

7.5 不透明度と描画モード

複数のレイヤーを重ねると、既定では下（背面）の画像が上（前面）の画像に隠れますが、上のレイヤーを半透明にしたり、2つのレイヤーを合成したりすることもできます。これらは［レイヤー］パネルの「不透明度」や「描画モード」で設定します。

第7章

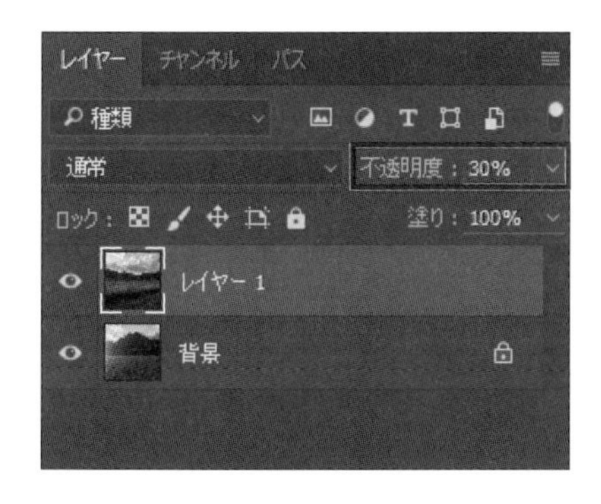

不透明度

レイヤーの不透明度は［レイヤー］パネルで指定します。初期値は100%で、不透明度を徐々に下げると下にあるレイヤーの画像が次第に見えてきます。
「レイヤー1」は山と空の画像、背景レイヤーは左方向から日が差し、後ろに高い山がある画像です。レイヤー1の不透明度を30%に下げると、背景レイヤーが透けて左方向から日が差したようになり、高い山が見えるようになります。

使用ファイル 不透明度.psd

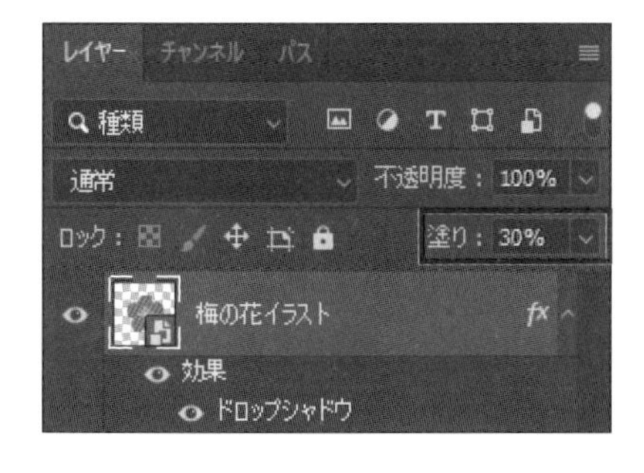

塗りの不透明度

［不透明度］ボックスの下にある［塗り］ボックスは、レイヤーの「塗り」の部分にだけ不透明度を設定するものです。レイヤースタイルが適用されている画像に対して、レイヤースタイル以外の部分の不透明度を調節します。

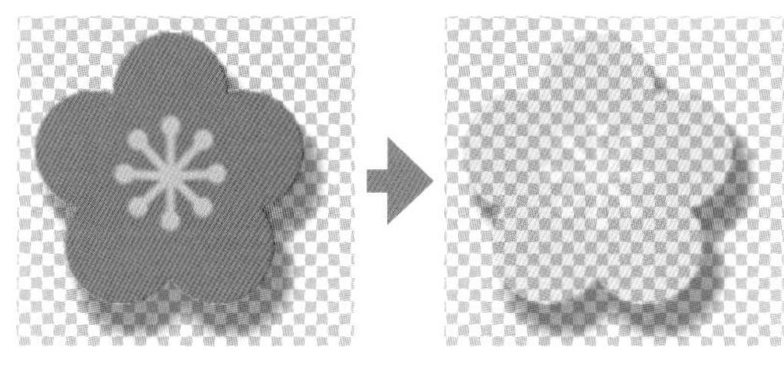

使用ファイル 塗りの不透明度.psd

「梅の花イラスト」レイヤーには「ドロップシャドウ」のレイヤースタイルが適用されています。［塗り］を30%に下げると梅のイラストは不透明度が下がりますが、ドロップシャドウの不透明度は変わりません。

描画モード

不透明度は上（前面）のレイヤーの見え方を決めるもので、下（背面）のレイヤーの見え方には影響を与えません。一方描画モードを指定すると、上のレイヤーを使って下のレイヤーと合成して新しい画像を作ります。描画モードの初期設定は［通常］で、合成しないことを示します。描画モードの［V］をクリックして表示される。合成方法にはさまざまなものがあります。2つのレイヤーの同じ位置にあるピクセルのデータを比較し、値を合成したり補正したりします。合成方法の名前では判断が付かないので、実際に適用して確認しましょう。

例として3つのモードを紹介します。左の2つの画像を合成しました。

使用ファイル 描画モード.psd

描画モードの種類

通常
ディザ合成

比較(暗)
乗算
焼き込みカラー
焼き込み(リニア)
カラー比較(暗)

比較(明)
スクリーン
覆い焼きカラー
覆い焼き(リニア) - 加算
カラー比較(明)

オーバーレイ
ソフトライト
ハードライト
ビビッドライト
リニアライト
ピンライト
ハードミックス

差の絶対値
除外
減算
除算

色相
彩度
カラー
輝度

スクリーン

ハードライト

除算

7.6 塗りつぶしレイヤー

塗りつぶしレイヤーは、画像全体に対して色やパターン（模様）を付ける機能です。調整レイヤーと同様、画像自体には変更を加えません。

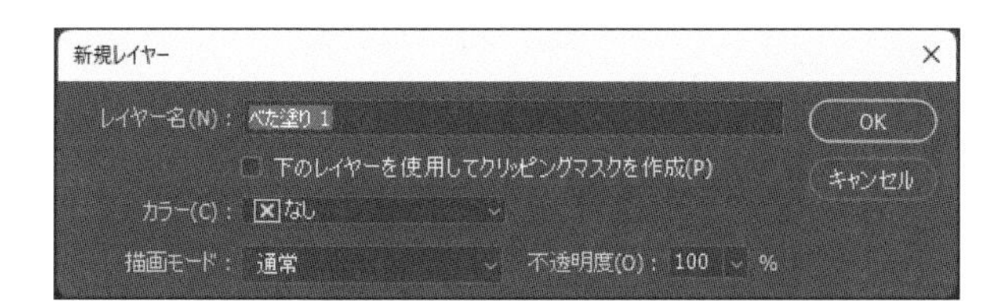

[レイヤー] メニュー→ [新規塗りつぶしレイヤー] をクリックすると [べた塗り] [グラデーション] [パターン] の3項目が表示されます。項目を選択すると、[新規レイヤー] ダイアログボックスが開くので、レイヤー名を指定して [OK] をクリックします。
[レイヤー] パネル下部の [塗りつぶしまたは調整レイヤーを新規作成] をクリックしても同じ操作ができますが、その場合は、このダイアログボックスは表示されません。

べた塗り

設定した色で塗りつぶします。[カラーピッカー] ダイアログボックスが開くので色を設定します。不透明度が100%未満だと、色を付けるフィルターとして働きます。

使用ファイル 塗りつぶしレイヤー.jpg

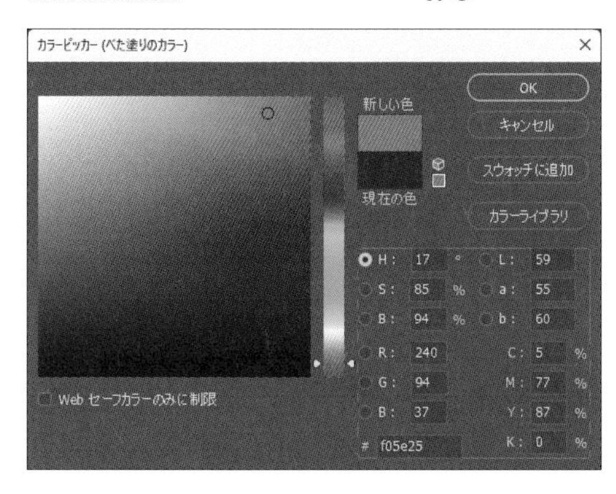

不透明度を50%にしたものです。

グラデーション

グラデーションで塗りつぶします。[グラデーションで塗りつぶし] ダイアログボックスが開くので、グラデーションの色、スタイル、角度などの詳細を設定します。

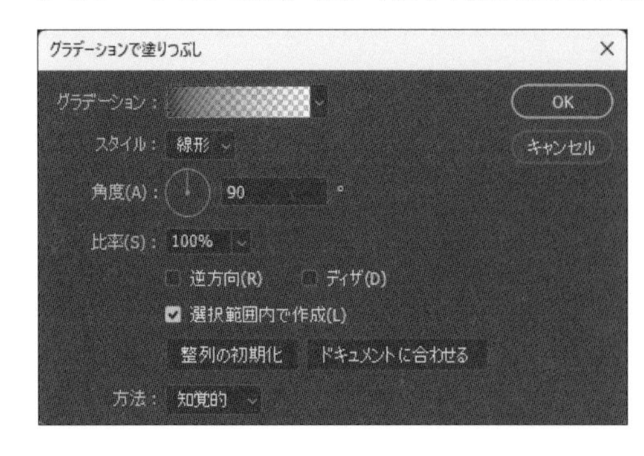

線形のグラデーションを選択したものです。

パターン

パターンで塗りつぶします。[パターンで塗りつぶし] ダイアログボックスが開くので、パターンの右にある [V] をクリックして、「パターンピッカー」からプリセットを表示します。

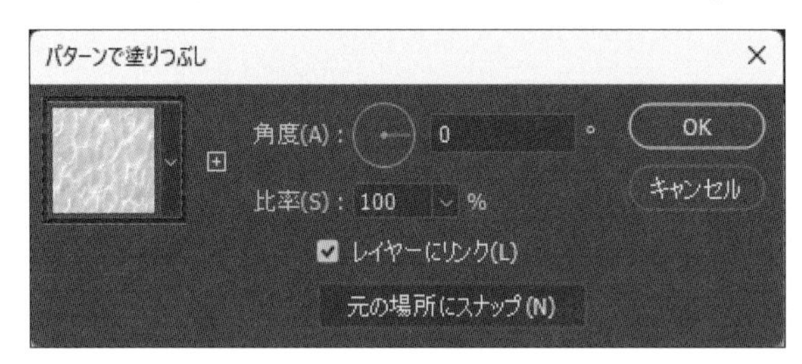

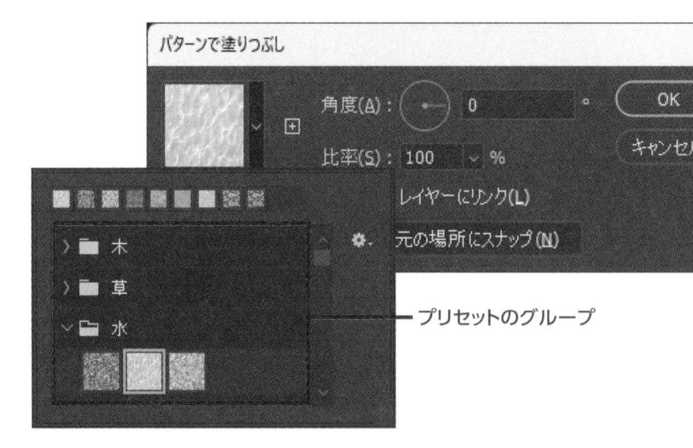

パターンピッカーには、登録されているパターンのプリセットがグループごとに表示されます。

[水] の中にある [水 - 砂 (946×946ピクセル、インデックスカラー モード)] を選択し、不透明度を50%にしたものです。

7.7 レイヤースタイル

レイヤースタイルは、レイヤーの画像にさまざまなデザイン効果を付けるものです。シェイプや文字に対して適用することが多い機能です。

レイヤースタイルの設定

レイヤーにレイヤースタイルを設定するには、「レイヤースタイルのプリセットから選択する」、「個別にレイヤースタイルを設定する」という2つの方法があります。

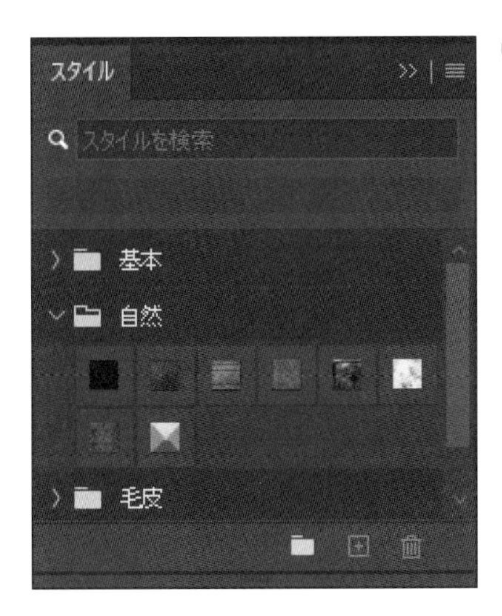

レイヤースタイルのプリセットから選択するには、[スタイル] パネルを使用します。対象となるレイヤーを選択し、[スタイル] パネルのプリセットグループを展開して、スタイルのアイコンをクリックします。

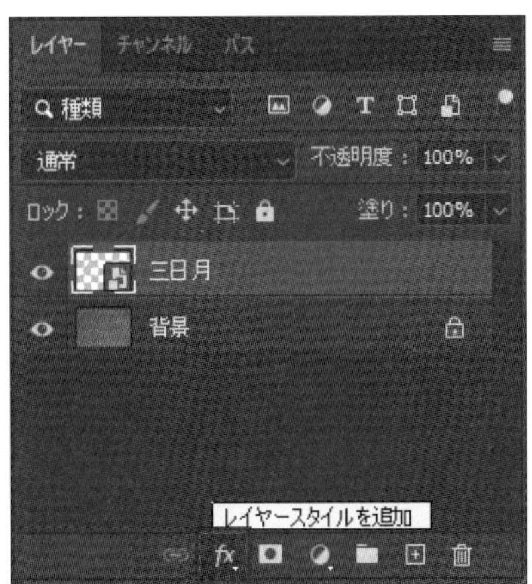

[レイヤー] パネル下部の [レイヤースタイルを追加] をクリックしても同じ操作ができます。

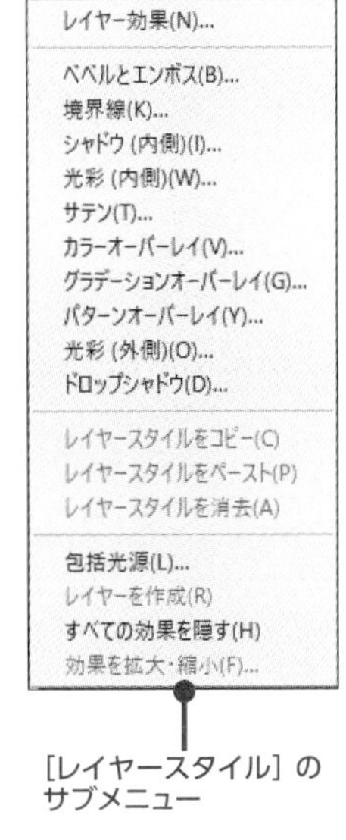

[レイヤースタイル] のサブメニュー

個別にレイヤースタイルを設定するには、[レイヤースタイル] ダイアログボックスを使用します。対象となるレイヤーを選択し、[レイヤー] メニュー→ [レイヤースタイル] をクリックすると、レイヤースタイルの一覧が表示されます。
それぞれのレイヤースタイルのことを「レイヤー効果」と呼ぶこともあります。

いずれかの項目をクリックすると［レイヤースタイル］ダイアログボックスが開きます。左側にレイヤースタイルの種類が表示されます。

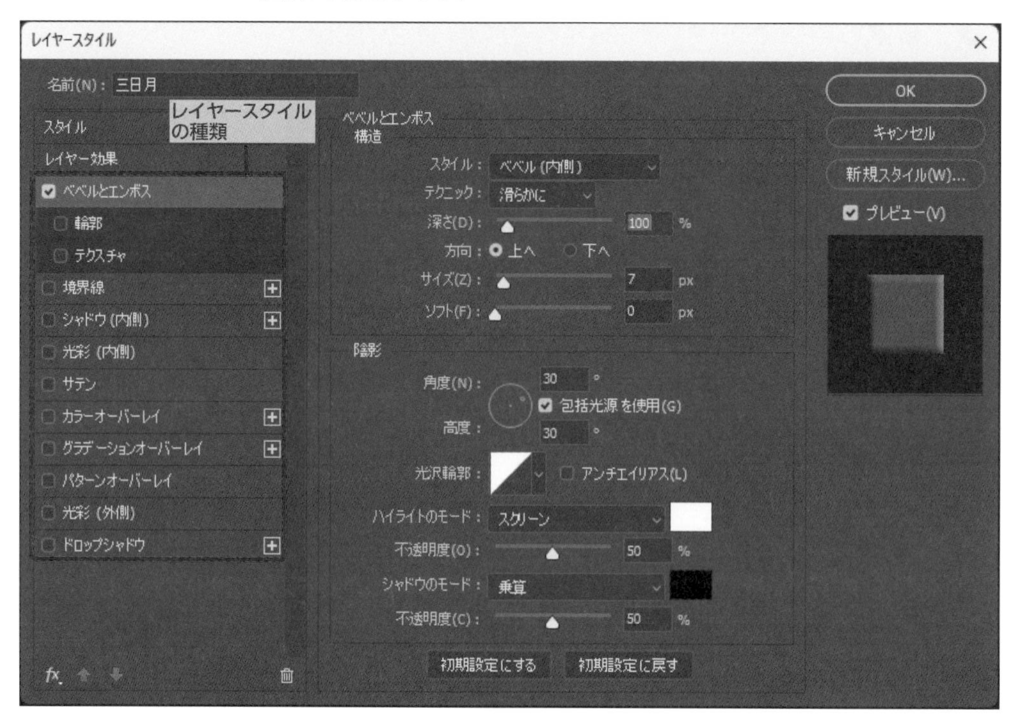

レイヤースタイル名の左にあるチェックボックスをオンにすると、そのレイヤースタイルが適用されます。複数のチェックボックスをオンにすれば、複数のレイヤースタイルをまとめて適用することもできます。スタイルの横にある ボタンをクリックすると同じ種類のレイヤースタイルを追加できます。ダイアログボックスの中央は詳細な設定を行う領域で、レイヤースタイルの種類を選択して設定を変更します。

使用ファイル **レイヤースタイル.psd**

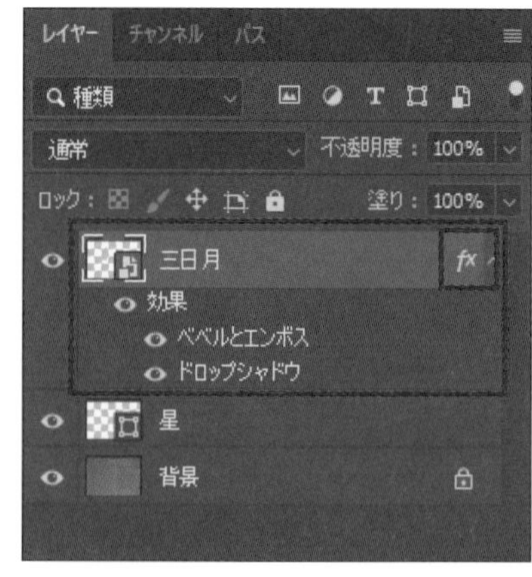

三日月型のシェイプを描いた「三日月」レイヤーに対して、ベベルとエンボスおよびドロップシャドウの2つのスタイルを適用したものです。適用したレイヤースタイルは［レイヤー］パネルに表示され、右側に fx のマークが表示されます。レイヤースタイルを削除するには、［レイヤー］メニュー→［レイヤースタイル］→［レイヤースタイルを消去］をクリックします。

レイヤースタイルのコピー

レイヤースタイルは、コピーして別のレイヤーに適用できます。

[レイヤー] パネルで、レイヤースタイルが適用されたレイヤーを選択して右クリックし、[レイヤースタイルをコピー] をクリックします。次に、レイヤースタイルを適用するレイヤーを選択し、右クリックメニューから [レイヤースタイルをペースト] をクリックします。この例では三日月に適用されたレイヤースタイルをコピーして、星レイヤーにペーストしました。

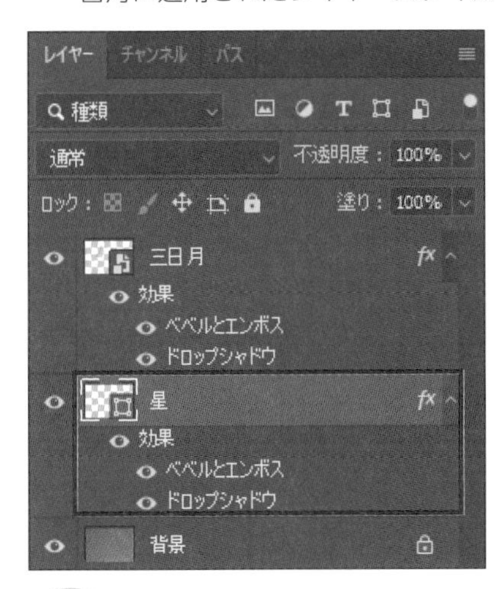

メモ

レイヤースタイルが設定されたレイヤーに、別のレイヤーからレイヤースタイルをペーストすると、すでに設定されていたレイヤースタイルがペーストしたレイヤースタイルに置き換わります。

レイヤースタイルの保存

設定したレイヤースタイルは、プリセットとして保存することもできます。

[レイヤー] メニュー→ [レイヤースタイル] → [レイヤー効果] をクリックして [レイヤースタイル] ダイアログボックスを開き、右側にある [新規スタイル] をクリックします。[新規スタイル] ダイアログボックスが表示されるので、名前を付けて [OK] をクリックします。または、スタイルを設定したレイヤーを選択して、[スタイル] パネルを開き、[スタイル] パネル下部の [スタイルを新規作成] をクリックしても、同じ操作ができます。

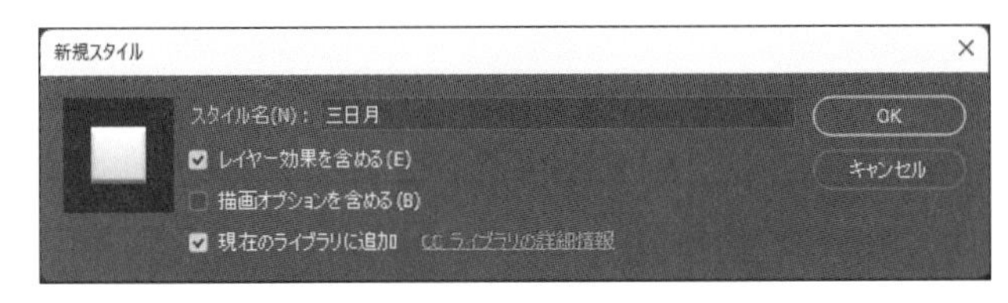

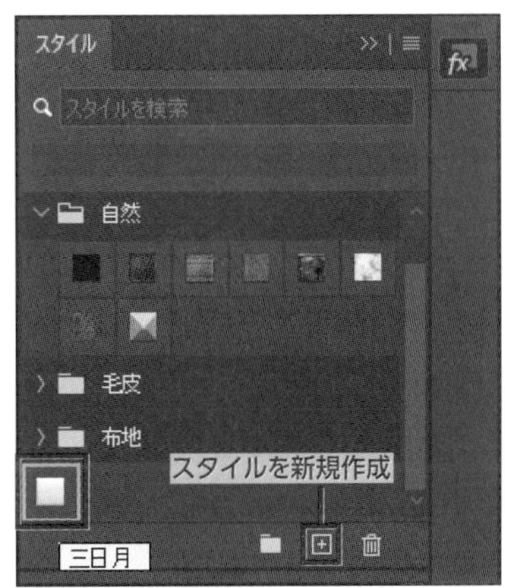

保存したレイヤースタイルは [スタイル] パネルの最後に追加されます。

練習問題

問題1 レイヤーについて正しい説明を選びなさい。

A. レイヤーは同じドキュメント内でしか複製できない。
B. 背景レイヤーは一切の編集ができない。
C. JPGファイルを開くと必ず背景レイヤーが作成される。
D. すべての属性がロックされているレイヤーは削除できない。

問題2 スマートオブジェクトに関する説明として、間違っているものを選びなさい。

A. スマートオブジェクトには塗りつぶしツールを使うことができない。
B. スマートオブジェクトは元の画像に影響を与えない非破壊的操作である。
C. スマートオブジェクトは［ファイル］メニュー→［スマートオブジェクトとして開く］で作成できる。
D. スマートオブジェクトは［レイヤー］メニュー→［リンクを配置］で作成できる。

問題3 マスクについて正しい説明を選びなさい。

A. ベクトルマスクはベクトルデータで描かれた図形を使って画像をマスクする。
B. レイヤーマスクは選択範囲内の画像を残し、選択範囲外を透明にする。
C. クリッピングマスクを解除するときは、［レイヤー］メニューの［クリッピングマスクを解除］をクリックする。
D. クリッピングマスクは上（前面）の画像で、下（背面）のレイヤーを切り抜く。

問題4 ［練習問題］フォルダーの7.1.psdを開き、［スクリーン］の描画モードを選んで合成し、レイヤーの不透明度を70%にしなさい。

7.1.psd

問題5 ［練習問題］フォルダーの7.2.psdを開き、「金沢」レイヤー、「梅の花イラスト」レイヤー、「長方形」レイヤーの3つをリンクさせ、カンバスの左端に移動しなさい。

7.2.psd

問題6 ［練習問題］フォルダーの7.3.jpgを開き、赤く囲んだ部分を正円でベクトルマスクにしなさい。サイズ、位置はおおよそで構いません。

7.3.jpg

8

塗りつぶし、ブラシ、シェイプ

8.1 塗りつぶし

色やグラデーションなどで領域を塗りつぶす、ブラシで色を塗ったり消したりする、ベクトル図形を作成するなど、Photoshopには自分で画像を作る機能もあります。まず、色やパターンで塗りつぶす、色の境界をぼかす、輪郭をはっきりさせるといった塗りつぶし操作の方法について学びます。

塗りつぶしツールとぼかしツール

色やパターンで塗りつぶすには塗りつぶしツール、色の境界を処理するにはぼかしツール、シャープツール、指先ツールを使います。

塗りつぶしツール

塗りつぶしツールは、ビットマップ画像の特定の色の領域を描画色またはパターンで塗りつぶします。カンバス全体を対象とすると、塗りつぶしレイヤーの「べた塗り」や「パターン」と同様の効果を得られますが、塗りつぶしツールは画像データを直接加工する点が異なります。

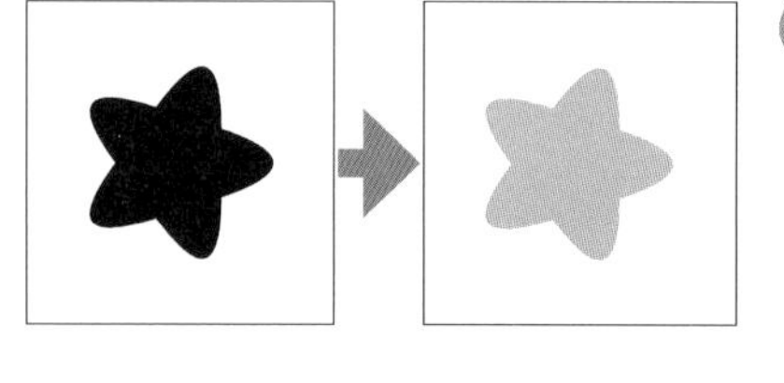

特定のレイヤーだけを対象とする場合は先にレイヤーを選択しておきます。ツールパネルで［塗りつぶしツール］を選択し、塗りつぶしを行いたい箇所でクリックします。その場所のピクセルと類似した色の領域が、描画色またはパターンで塗りつぶされます。範囲選択を行っている場合はその範囲内だけが塗りつぶしの対象になります。

シェイプレイヤーやテキストレイヤーのように、ビットマップ画像でないレイヤーでクリックすると、ラスタライズする（ビットマップに変換する）かどうかを尋ねるダイアログボックスが開きます。

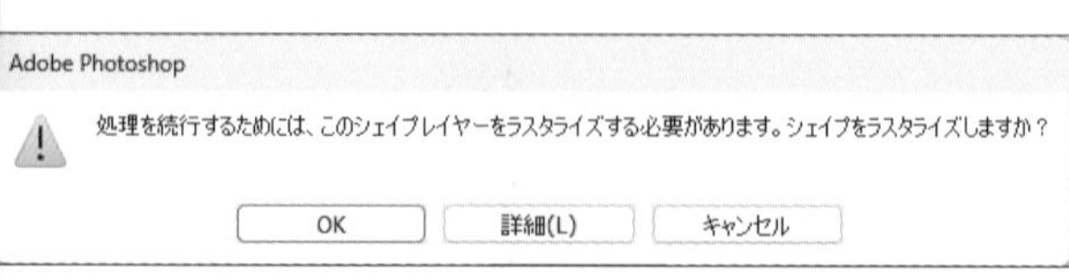

オプションバーでは次の設定ができます。

• **塗りつぶし領域のソースを設定**

[描画色] で塗りつぶすか [パターン] で塗りつぶすかを選択します。パターンの種類は、[ウィンドウ] メニューから表示できる [パターン] パネルのプリセットと同じものです。

• **モード**

下に塗られている色と、これから塗りつぶす色を合成して新たな色を作ります。レイヤーにおける描画モードと同じものです。

• **不透明度**

塗りつぶす色の不透明度を設定します。

• **許容値**

どの程度近い色までを塗りつぶす対象とするかを決めます。数字を大きくすると対象となる色の範囲が広がり、最大値の255ですべての色が対象となりカンバス全体が塗りつぶされます。

• **アンチエイリアス**

チェックをオンにすると色の境界の周囲を滑らかにします。

• **隣接**

チェックをオンにすると隣接している領域だけを塗りつぶしの対象とします。オフにすると画像全体を塗りつぶしの対象とします。

• **すべてのレイヤー**

チェックをオンにすると、すべてのレイヤーを識別の対象として類似色の領域を塗りつぶします。オフにすると選択しているレイヤーだけを対象とします。

ぼかしツール

色の境界領域をぼかして和らげるツールです。

ツールパネルの [ぼかしツール] をクリックし、オプションバーの [クリックでブラシプリセットピッカーを開く] でブラシの形状を指定したあと、ぼかしを入れたい付近をドラッグします。ブラシについては、本章の後半で詳しく説明します。

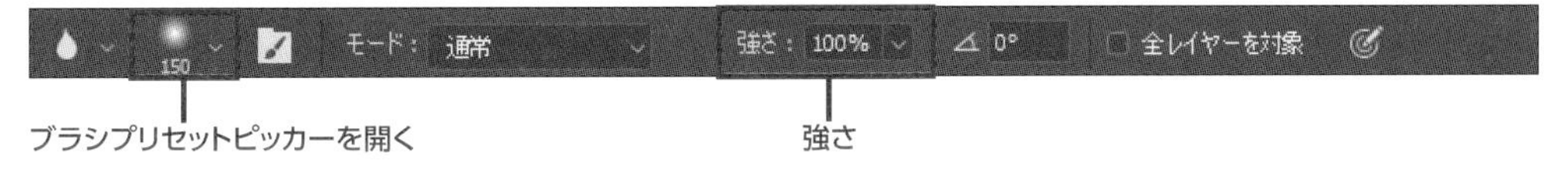

[強さ] とは一度のドラッグで適用される量を表します。

使用ファイル ぼかしツール.jpg

ブラシの直径を150px、強さを100%に指定して、水平線のあたりを何度かドラッグしたものです。

シャープツール

色の境界領域をはっきりさせるツールです。
ツールパネルの［シャープツール］をクリックし、オプションバーの［クリックでブラシプリセットピッカーを開く］でブラシの形状を指定したあと、はっきりさせたいところをドラッグします。

使用ファイル シャープツール.jpg

ブラシの直径を150px、強さを100%に指定して、道路から右側の建物のエリアを何度かドラッグしたものです。

指先ツール

乾いていない絵の具を指でこすったようにぼかすツールです。
ツールパネルの［指先ツール］をクリックし、オプションバーの［クリックでブラシプリセットピッカーを開く］でブラシの形状を指定したあと、ぼかしたいところをドラッグします。

使用ファイル 指先ツール.jpg

ブラシの直径を80px、強さを30%に指定して、画像の左、水平線のあたりで円を描くように何度かドラッグしたものです。

パターンスタンプツール

パターンスタンプツールは、ブラシを使ってパターンを塗るツールです。パターンは新しく作成することもできます。

ツールパネルの［パターンスタンプツール］をクリックし、オプションバーの［クリックでブラシプリセットピッカーを開く］でブラシの形状を指定します。

オプションバーの［クリックでパターンピッカーを開く］をクリックし、「パターンピッカー」を表示します。パターンピッカーには、登録されているパターンのプリセットがグループごとに表示されます。右上にある歯車のアイコンをクリックすると、新規パターンを登録したり、パターンをリストで表示したり、サムネールの大きさを変更したりできます。

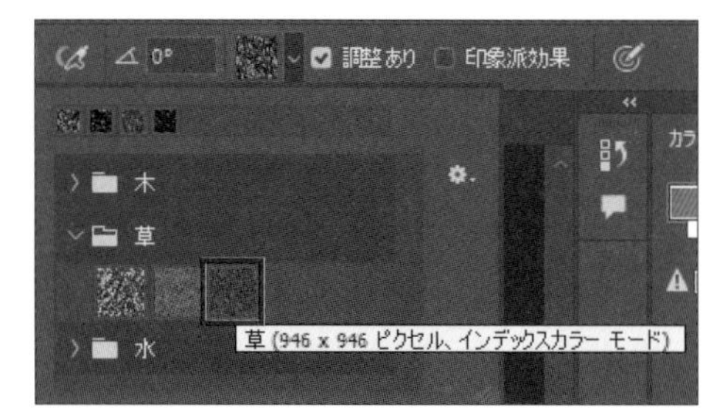

次の例は、パターンのプリセット［草］の中にある［草（946×946ピクセル、インデックスカラーモード）］を選択し、横断歩道以外の車道部分をドラッグしたものです。

使用ファイル パターンスタンプツール.jpg

画像から新たなパターンを作成し、パターンピッカーに登録することもできます。
パターンにしたい領域を長方形選択ツールで範囲選択し、［編集］メニュー→［パターンを定義］をクリックすると、［パターン名］ダイアログボックスが表示されます。名前を付けて保存するとパターンとして登録され、パターンピッカーで選択できるようになります。「パターンピッカー」のパターン上で右クリックすると削除や名前の変更ができます。

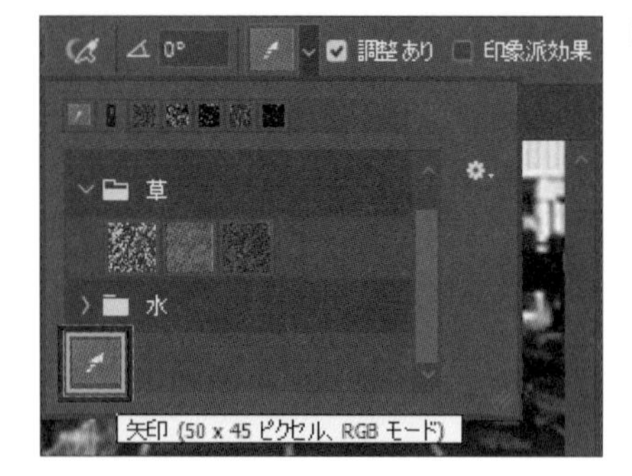

道路上の矢印を範囲選択し、「矢印」という名前で保存しました。

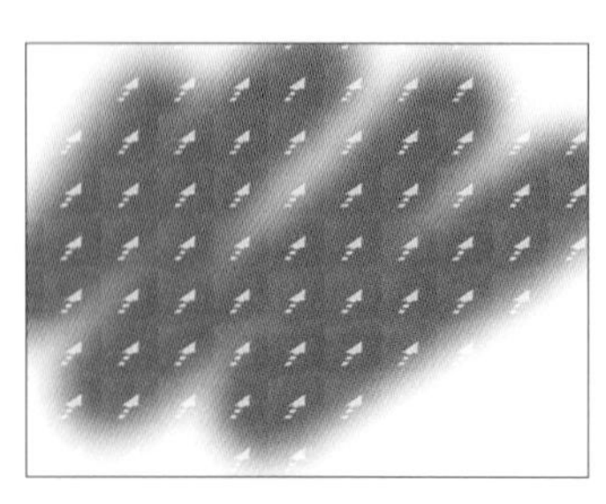

白い背景に、パターンスタンプツールで［矢印］パターンをドラッグしたところです。

8.2 グラデーション

グラデーションツールを使うと、画像をグラデーションで塗りつぶすことができます。グラデーションの色や形は詳細に設定できます。

グラデーションツール

グラデーションツールは、画像やオブジェクトをグラデーションで塗りつぶします。塗りつぶしレイヤーの「グラデーション」と同様に画像自体に変更を加えない操作と、画像データそのものを変更する操作があります。

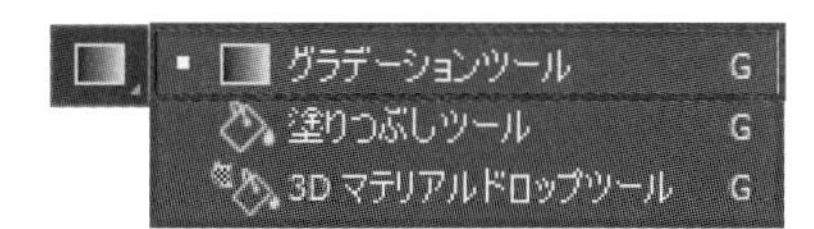

ツールパネルの［グラデーションツール］をクリックします。

オプションバーでは［グラデーション］と［クラシックグラデーション］のモードを選択できます。［グラデーション］は、画像自体に変更を加えない非破壊的操作で、塗りつぶしレイヤーが作成されます。［クラシックグラデーション］は、画像そのものを変更する破壊的な操作です。

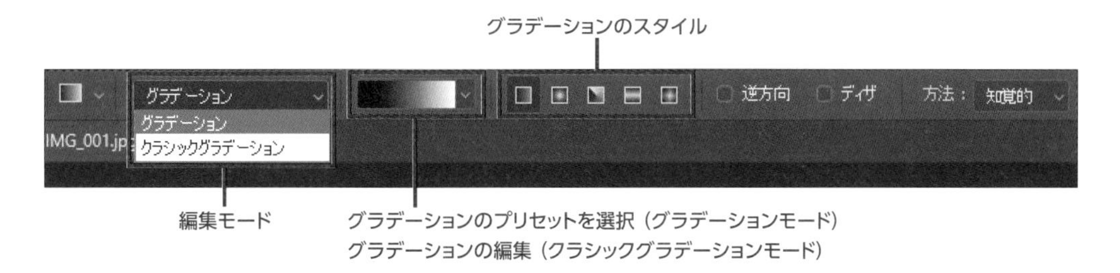

グラデーションモード

画像そのものに変更を加えないグラデーションモードでは、[グラデーションプリセットを選択および管理] をクリックすると、登録されているグラデーションのプリセットがグループごとに表示されます。

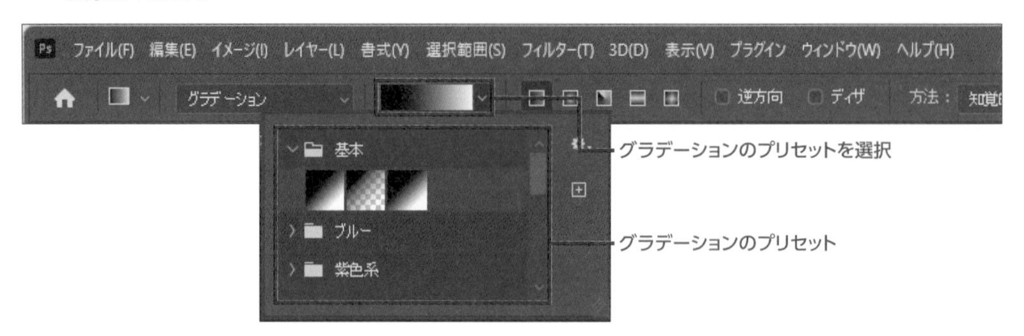

プリセットやグラデーションのスタイルを選択し、カンバス上をドラッグするとグラデーションウィジェットが表示され、ドラッグしながら、グラデーションの角度と長さを調整します。[プロパティ] パネルでは、グラデーションのスタイル、色、分岐点などをカスタマイズすることができます。

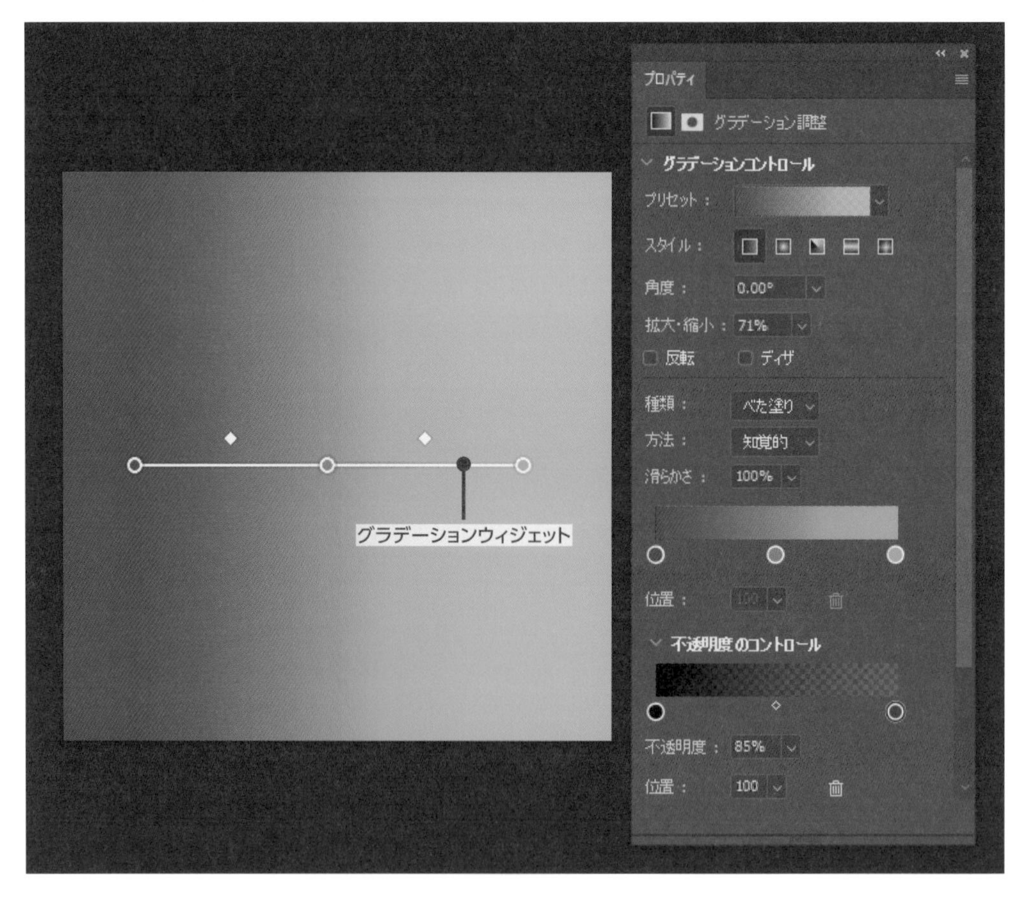

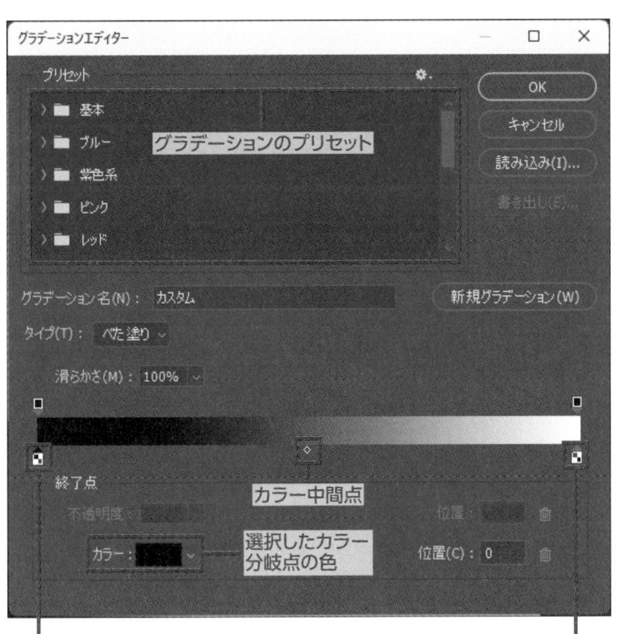

クラシックグラデーションモード

画像そのものを変更するクラシックグラデーションモードでは、[クリックでグラデーションを編集]をクリックすると[グラデーションエディター]ダイアログボックスが開きます。
グラデーションはグループごとに表示されるプリセットから選ぶか、個別の設定を行います。[新規グラデーション] をクリックすると、現在の設定をプリセットとして保存できます。

第8章

カラー分岐点は、グラデーションの色が変わり始める場所を指定するもので、クリックすると［カラー］に現在選択している色が表示されます。この状態で画像の上にマウスポインターを移動するとスポイトの形状になり、クリックするとその位置の色をサンプリングします。[カラー］をクリックするかカラー分岐点をダブルクリックすると、［カラーピッカー］ダイアログボックスが開き、色を選ぶことができます。カラー中間点は２つの色の中間点の位置を表します。
カラー分岐点が２つ（２色のグラデーション）の場合は、バーの下をクリックすると３色目以降を追加できます。カラー分岐点をバーの外方向（上か下）にドラッグすると選択した分岐点の色を削除できます。

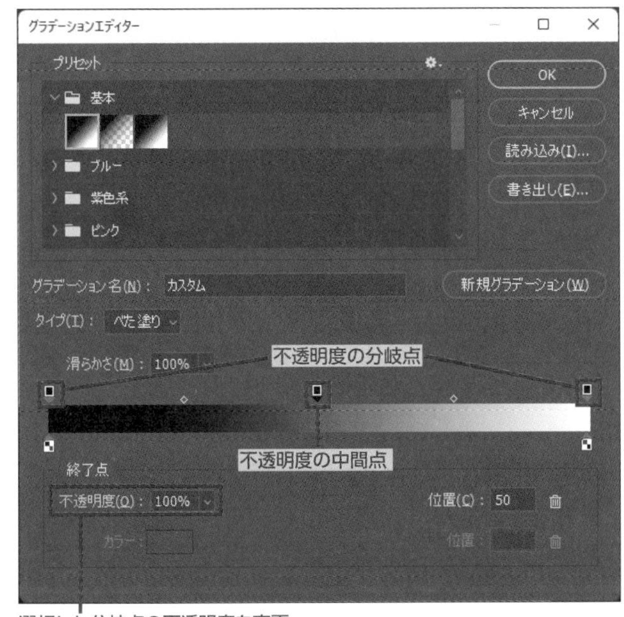

不透明度の分岐点は、不透明度が変わり始める場所を指定するものです。分岐点をクリックして［不透明度］に数値を入力して不透明度を設定します。分岐点の追加や削除の方法はカラー分岐点と同じです。

設定が終わったらカンバス上をドラッグしてグラデーションを描画します。

グラデーションのスタイル

オプションバーに5種類のボタンが用意されています。次の図の矢印はマウスをドラッグする方向の例です。グラデーションの種類によって、上または下からも方向を示すことができます。オプションバーの［逆方向］のチェックをオンにすると、グラデーションが逆になります。

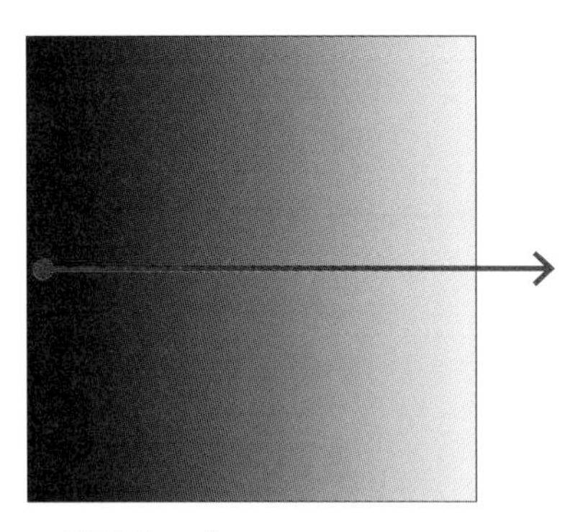

・線形グラデーション

開始点から終了点に向かって直線的に変化するグラデーション

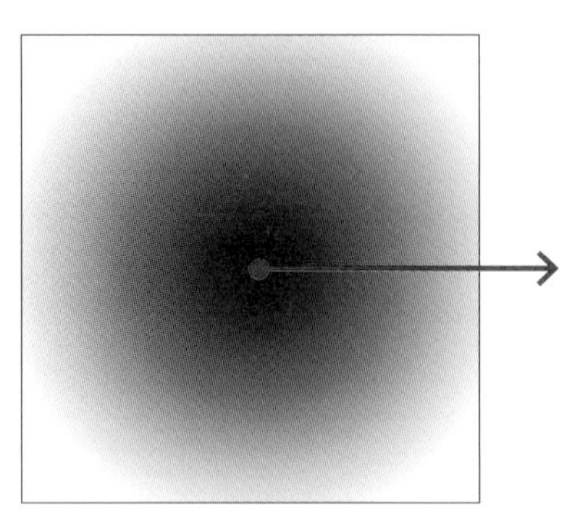

・円形グラデーション

開始点を中心として終了点（外側）に向かって円形に変化するグラデーション

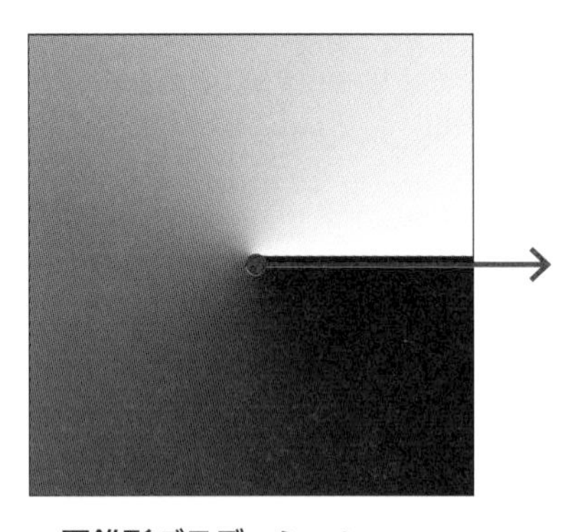

・円錐形グラデーション

ドラッグした軌跡を開始点および終了点として周囲が時計回りに変化するグラデーション

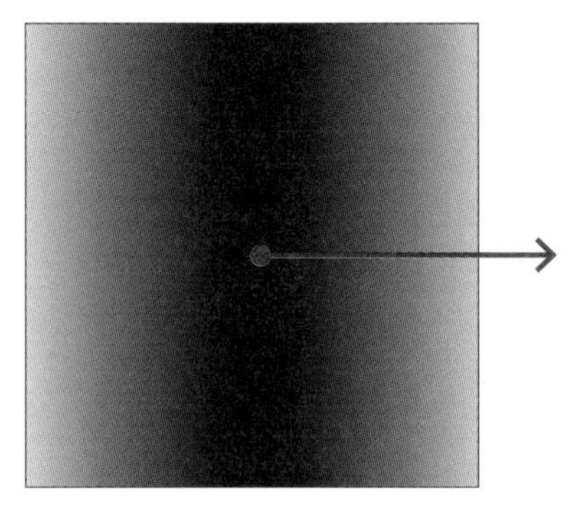

・反射形グラデーション

開始点から両方向に同じ線形グラデーションを反転させながら変化するグラデーション

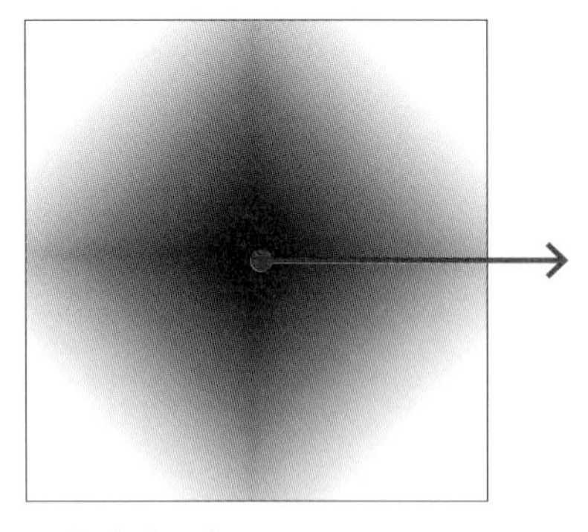

・菱形グラデーション

開始点を中心として終了点（外側）に向かって菱形に変化するグラデーション

すでに適用されているグラデーションを逆方向に変更する場合、クラシックグラデーションモードでは、［逆方向］のチェックをオンにしたあと、カンバス上を再度ドラックして塗りつぶします。

8.3 ブラシ

ブラシは設定した色、形、大きさ、硬さなどで線を描く機能です。修復ブラシツール、ぼかしツール、パターンスタンプツール、ヒストリーブラシツールなど、さまざまなツールで利用する重要な機能ですが、ここではブラシツールを使ってブラシの基本的な設定方法について学びます。

ブラシツール

ブラシツールは、ブラシを使って画像に線を描くツールです。

ツールパネルで［ブラシツール］をクリックします。

ブラシの色は描画色が設定されます。ブラシの大きさや形状はオプションバーで設定します。オプションバーには、［クリックでブラシプリセットピッカーを開く］と［ブラシ設定パネルの表示を切り替え］というボタンがあります。［モード］や［不透明度］などは塗りつぶしツールなどと共通の項目です。

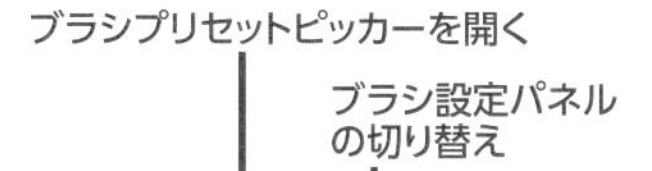

ブラシプリセットピッカー

［ブラシプリセットピッカー］では、ブラシの大きさや硬さ（周囲のぼかし具合）の設定をします。ブラシプリセットには、さまざまな種類のブラシがグループごとに表示されます。

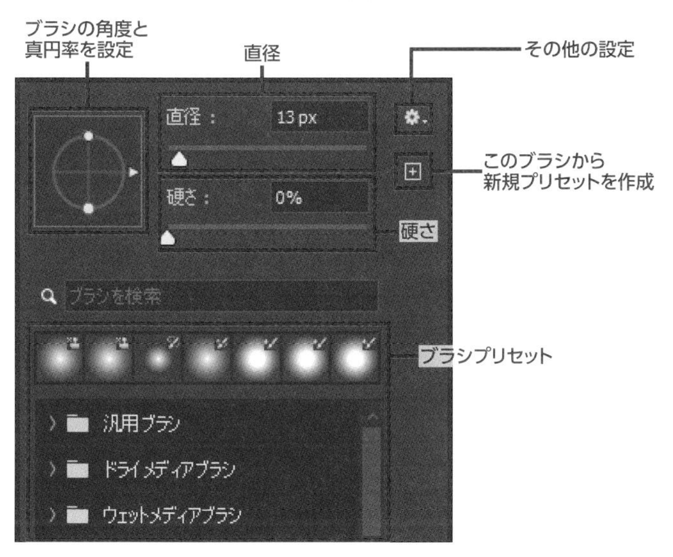

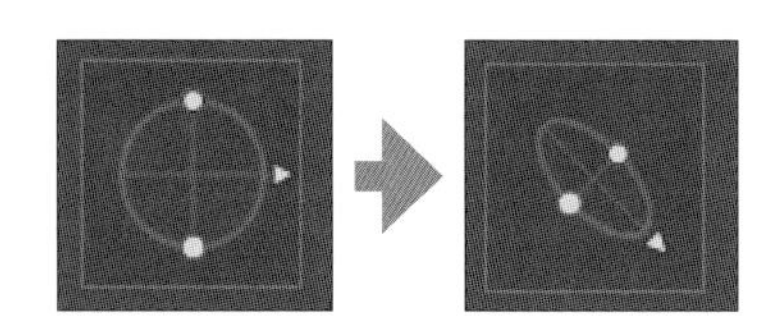

・ブラシの角度と真円率を設定

2つのポイントと三角形の向きでブラシの形状を指定します。初期設定は真円（正円）ですが、ポイントを動かし三角形で方向を決めることでつぶれた形状にできます。

・直径

ピクセル数で指定します。円形ブラシでは円の直径、それ以外のブラシでは縦横の最大値を示します。

・硬さ

ブラシの境界の「ぼかし」をパーセンテージで指定します。数値が小さいほどブラシの周囲がぼかされ、数値が大きいほどくっきりとした輪郭になります。

・ブラシプリセット

登録されているブラシがグループごとに表示され、最上段には最近使用したブラシが表示されています。クリックでブラシを選択し、真円率、直径、硬さなどを変更します。[このブラシから新規プリセットを作成] のアイコンをクリックすると [新規ブラシ] ダイアログボックスが開くので、名前を付けて保存するとブラシプリセットの最後に追加されます。

・その他の設定

右上にある歯車のアイコンをクリックすると、ほかのブラシを読み込んだり、以前のバージョンで使用していたレガシーブラシを追加したりできます。

[ブラシ設定] パネル

オプションバーの [ブラシ設定パネルの表示を切り替え] をクリックすると [ブラシ設定] パネルと [ブラシ] パネルが開きます。

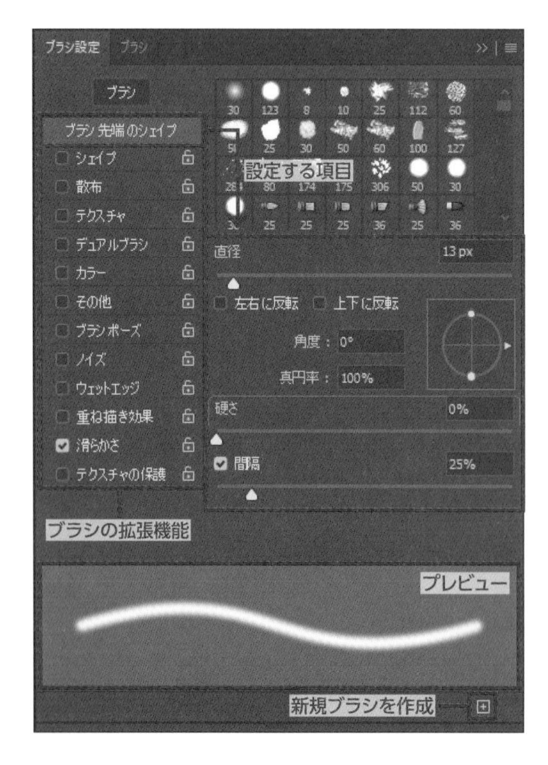

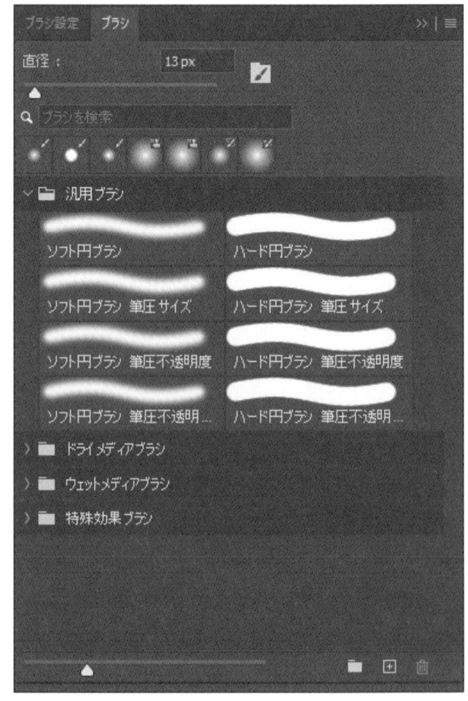

［ブラシ設定］パネルは、現在選択しているブラシの詳細設定を行います。パネルの左側には、ブラシの拡張機能の一覧が表示され、右側は選択した拡張機能の詳細を設定する領域です。選択したブラシの種類によって設定する項目が異なります。パネルを開くと［ブラシ先端のシェイプ］が選択されていて、選択中のブラシの詳細が表示されます。パネル下部の［新規ブラシを作成］アイコンをクリックすると［新規ブラシ］ダイアログボックスが開き、名前を付けて保存するとブラシプリセットの最後に追加されます。

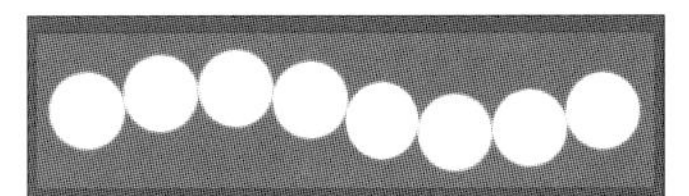

［ブラシ先端のシェイプ］の［間隔］は、ブラシを動かしたときにどのぐらいの間隔で塗りを行うかを、直径に対するパーセンテージで指定するものです。［半径50］の円ブラシを選択した場合、間隔を100％にすると、それぞれの円が接するように描かれます。

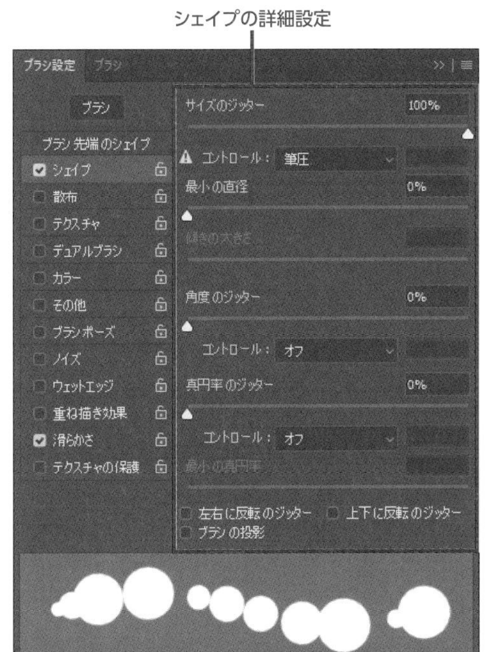

［シェイプ］から下がブラシの拡張機能です。初期設定では［滑らかさ］のチェックだけがオンになっています。複数のチェックボックスをオンにすれば複数の拡張機能をまとめて適用することができます。
例えば［シェイプ］は、ブラシの形状をゆがませて不規則な形状を作り出します。［サイズのジッター］を大きい数値にすると、ドラッグして描くブラシの輪郭がより不ぞろいになります。

［サイズのジッター］［角度のジッター］［真円率のジッター］という項目にある「ジッター」とは、「揺らぎ」または「変化率」という意味です。

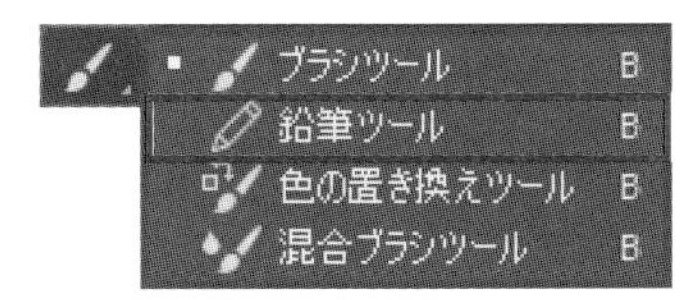

鉛筆ツール

鉛筆ツールはブラシツールとほぼ同じものですが、硬さは100％に固定され、輪郭のくっきりしたブラシだけが選択できます。

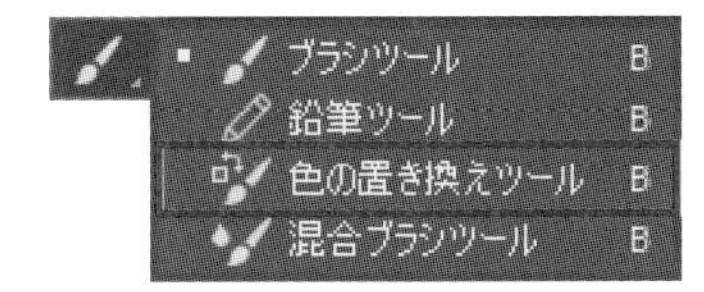

色の置き換えツール

色の置き換えツールは、描画色の色相、彩度、カラー、輝度のいずれかの情報を基に色を置き替えます。

使用ファイル 色の置き換えツール.jpg

色の置き換えツールのオプションバーで、ブラシの直径を126px、モードを色相、サンプルを継続、制限を隣接、許容値を30%に設定して、アジサイの中心部分を何度かドラッグしたものです。描画色で色が置き換えられます。この例ではアジサイの花びらが緑色に置き換わりました。

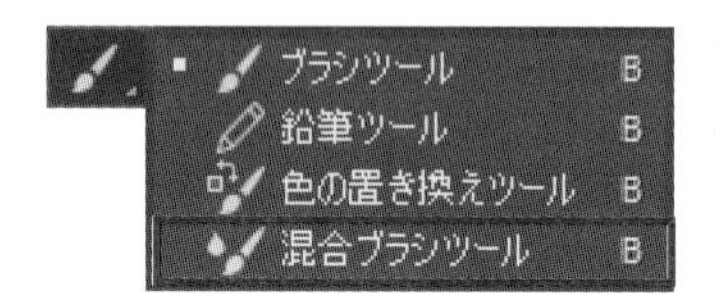

混合ブラシツール

混合ブラシツールは、画像のドラッグした部分の色やテクスチャと描画色を油絵のように混ぜ合わせるブラシです。

オプションバーにはブラシの設定のほか［現在のブラシにカラーを補充］［各ストローク後にブラシにカラーを補充］［各ストローク後にブラシを洗う］［にじみ］［補充量］［ミックス］［流量］などの設定項目があります。［混合ブラシの便利な組み合わせ］には、にじみ、補充量、ミックス、流量を組み合わせたプリセットが用意されています。

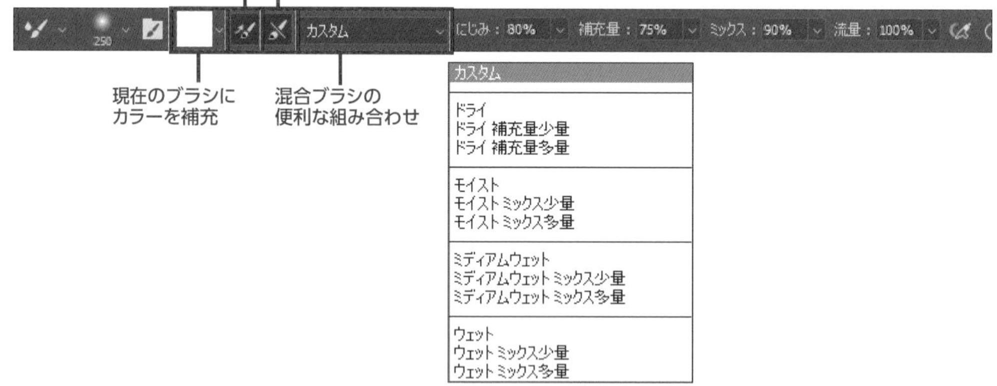

使用ファイル 混合ブラシツール.psd

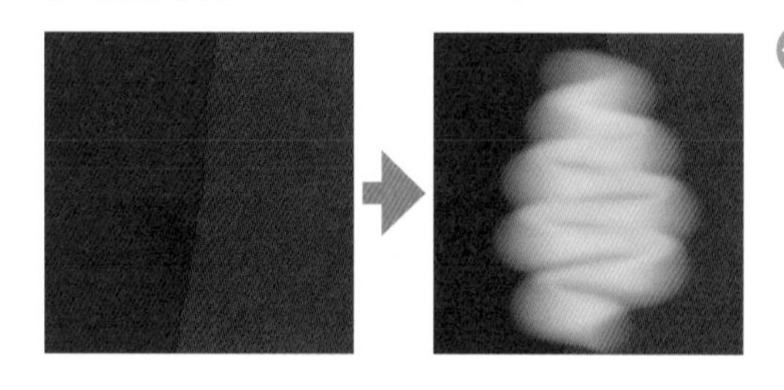

オプションバーで任意のブラシを選び、［現在のブラシにカラーを補充］を白色、［混合ブラシの便利な組み合わせ］を［モイスト］に指定し、青と赤の画像の境目を左右にドラッグしました。

消しゴムツール

ブラシツールの逆で、ブラシでなぞったところの画像を消すツールとして、消しゴムツール、背景消しゴムツール、マジック消しゴムツールの３種類があります。

消しゴムツール

消しゴムツールはドラッグした部分を透明にします。背景レイヤーまたは透明ピクセルがロックされたレイヤーの場合は、ドラッグした部分が背景色になります。

ツールパネルの［消しゴムツール］を選択します。オプションバーの［モード］には［ブラシ］［鉛筆］［ブロック］の３つがあります。［ブラシ］はブラシツール、［鉛筆］は鉛筆ツールと同じもので、設定項目も同じです。［ブロック］は正方形の形状で、大きさ、硬さ、不透明度などの設定変更はできません。

背景消しゴムツール

背景消しゴムツールは、ドラッグを始めた場所と類似の色の領域だけを消去の対象にします。どの程度似ている色までを含めるかは、オプションバーの［許容値］で設定します。

使用ファイル 背景消しゴムツール.psd

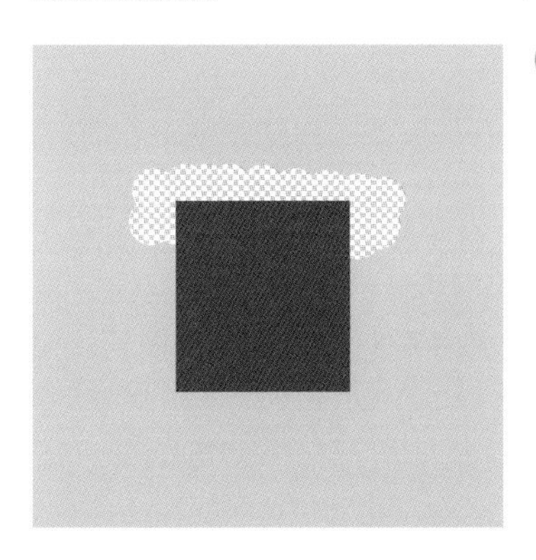

ツールパネルの［背景消しゴムツール］を選択し、水色の背景部分からドラッグを始めると、水色の部分だけが消去されます。

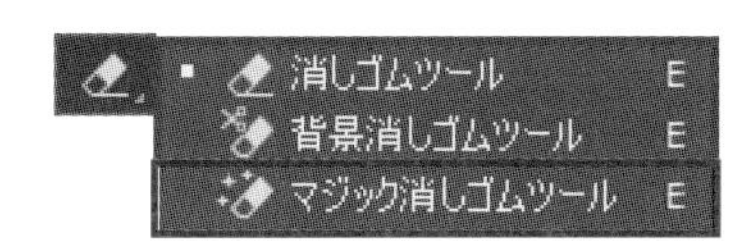

マジック消しゴムツール

マジック消しゴムツールは、クリックした場所と類似の色の領域だけを消去します。どの程度似ている色までを含めるかは、オプションバーの［許容値］で設定します。

オプションバーの［隣接］のチェックをオンにすると隣接している領域だけを塗りつぶしの対象とします。［全レイヤーを対象］のチェックをオンにするとすべてのレイヤーを対象とします。そのほかに［アンチエイリアス］［不透明度］の項目があります。

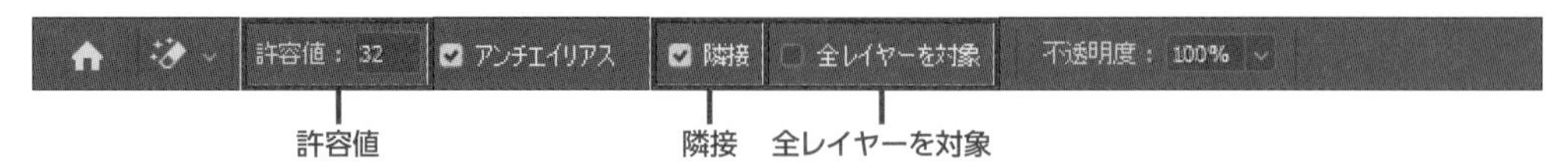

使用ファイル マジック消しゴムツール.jpg

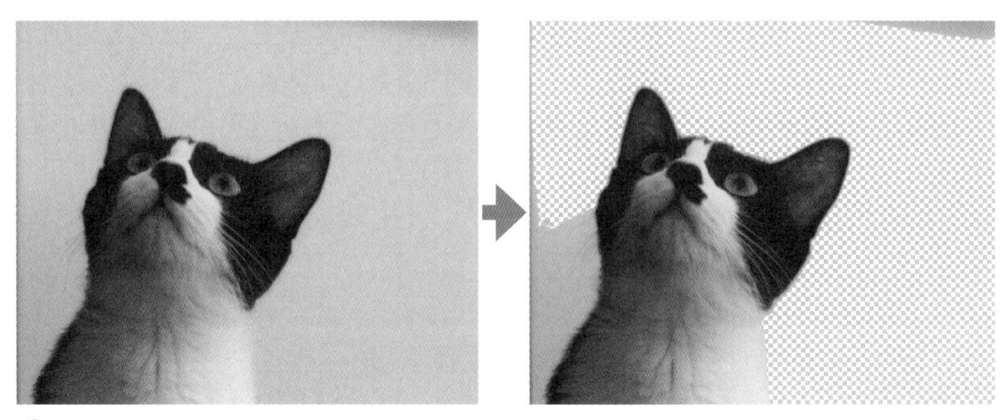

許容値を16にして背景を一度だけクリックしたものです。

ヒストリーブラシツール／アートヒストリーブラシツール

ヒストリーブラシツールとアートヒストリーブラシツールは、画像の一部分だけを以前の状態に戻すツールです。

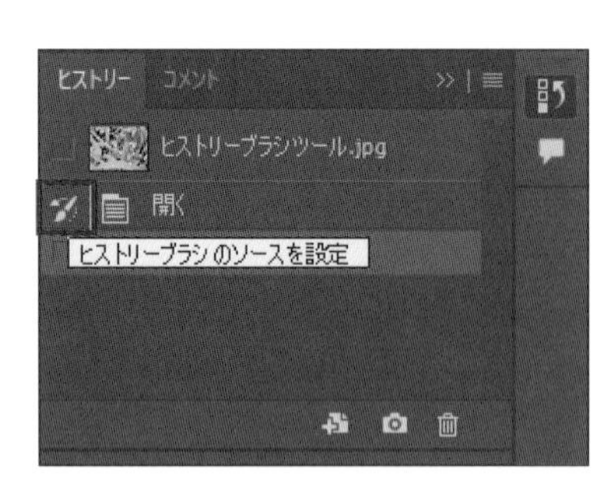

［ヒストリー］パネルで、戻したい状態のヒストリーの左にある［ヒストリーブラシのソースを設定］をクリックすると、ヒストリーブラシツールのアイコンが表示されます。ツールパネルの［ヒストリーブラシツール］を選択し、必要に応じてオプションバーでブラシの設定を行ったあと、戻したい場所をドラッグします。するとブラシでなぞった部分だけが設定したヒストリーの状態に戻ります。

使用ファイル ヒストリーブラシツール.jpg

色調補正の［彩度を下げる］で写真をモノクロにしたあと、それ以前の状態をヒストリーのソースとして設定し、花の部分だけをヒストリーブラシツールでなぞったところです。花だけが以前のカラフルな状態に戻ります。

アートヒストリーブラシツールは、ヒストリーブラシツールとほぼ同様の機能ですが、絵画風の効果が加えられます。

使用ファイル アートヒストリーブラシツール.jpg

彩度を下げて写真をモノクロにしたあと、それ以前の状態をヒストリーのソースとして設定し、画像全体をアートヒストリーブラシツールでなぞったところです。

8.4 シェイプ

シェイプはベクトル画像（図形）のことで、長方形ツールや楕円形ツールなどの「シェイプツール」で作成します。ベクトル画像は拡大・縮小などの変形を行っても画質が保たれるという特徴があります。シェイプを作成すると、作成したシェイプに対応したレイヤー（シェイプレイヤー）が作られます。

シェイプは塗りと線（ストローク）の情報を持っており、あとから自由に変更できます。具体的には塗りの種類（べた塗り、グラデーション、パターン）と色、線の種類と色、線の幅、線のオプション（実線、破線、点線など）、角丸の半径などです。このため、塗りつぶしツールなどビットマップ画像に対して処理を行うツールを使うためには、ラスタライズ（ビットマップ画像への変換）が必要です。
シェイプツールには、長方形ツール、楕円形ツール、三角形ツール、多角形ツール、ラインツール、カスタムシェイプツールがあります。操作方法などはどれもほぼ同じなので、以下では代表的な長方形ツールとカスタムシェイプツールを紹介します。

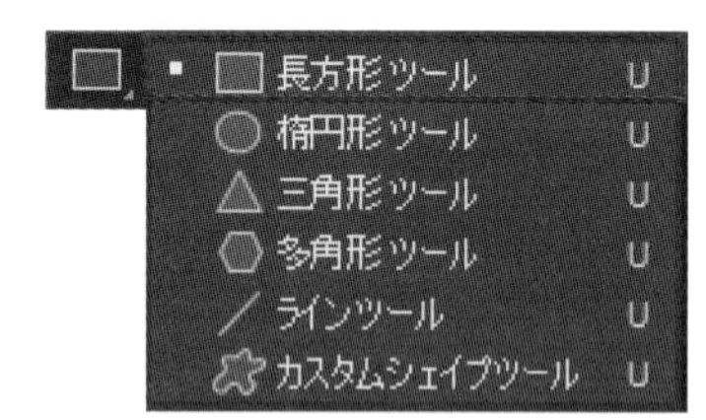

長方形ツール

長方形ツールは、長方形のシェイプを作成するためのツールです。ツールパネルの［長方形ツール］をクリックします。

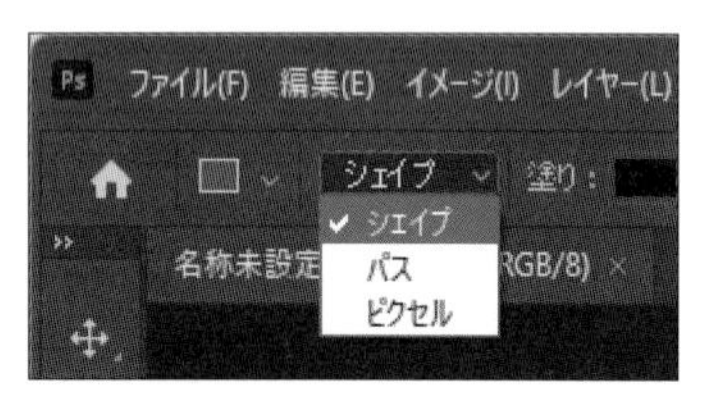

オプションバーの［ツールモードを選択］には、［シェイプ］［パス］［ピクセル］の3つのモードがあります。シェイプを描く場合は［シェイプ］を選択します。パスを描く場合は［パス］、ビットマップ画像を描く場合は［ピクセル］を選択します。

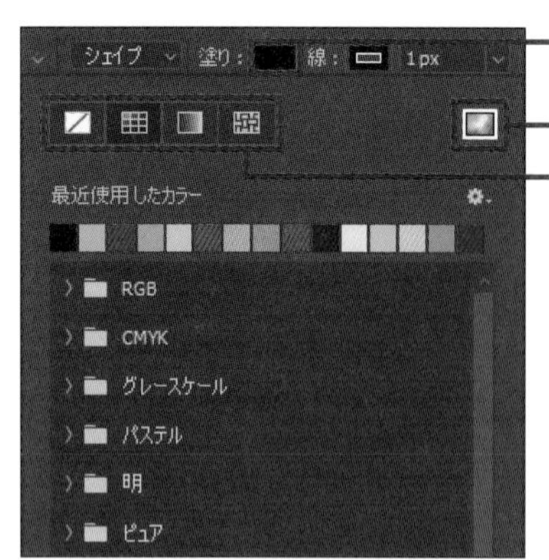

シェイプの「塗り」を設定するにはオプションバーの［シェイプの塗りを設定］をクリックします。塗りは［カラーなし］［べた塗り］［グラデーション］［パターン］の4種類です。スウォッチやカラーピッカーで色を指定します。

シェイプの「線」を設定するには［シェイプの線の種類を設定］や［シェイプの線の幅を設定］をクリックします。実線、破線、点線などの形状（線のオプション）も選べます。シェイプの角に丸みを設定する場合は［角の丸みの半径を設定］を使用します。

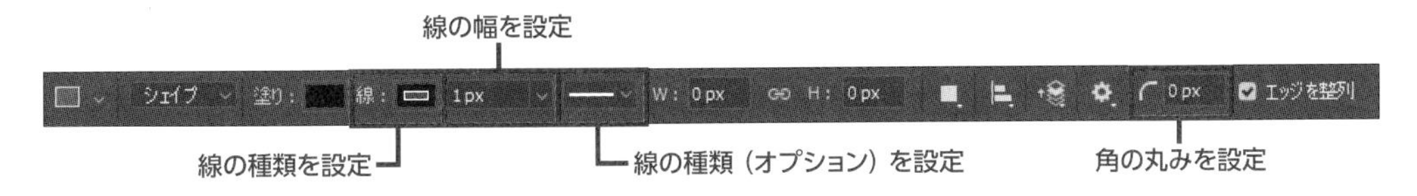

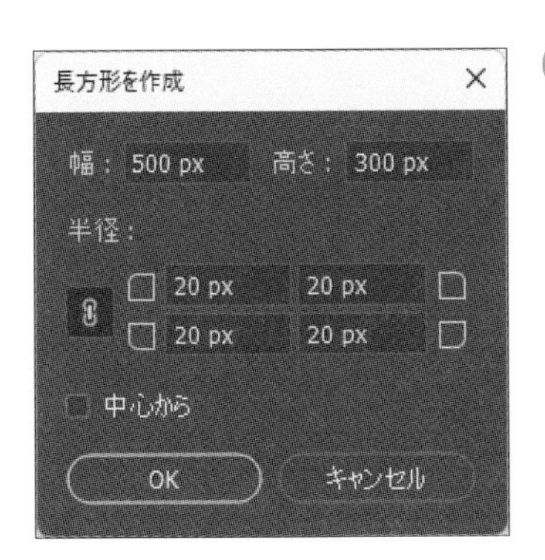

設定が終わったら、マウスをドラッグして長方形を作成します。カンバス上をクリックすると［長方形を作成］ダイアログボックスが表示されます。幅と高さ、クリックした位置が左上か中心か、を指定して［OK］をクリックすると長方形のシェイプが作成されます。

［半径］では、角ごとに角丸の半径を指定して角丸長方形を作成できます。

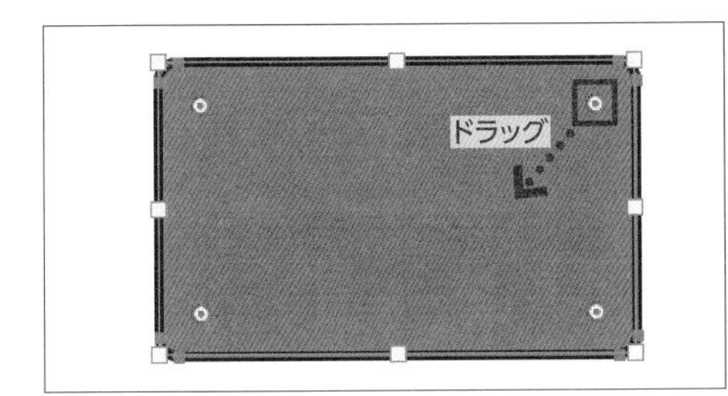

左の例は、塗りの種類をべた塗り、塗りの色をオレンジ、線の種類をべた塗り、線の色を黒、線の幅を10px、線のオプションを実線、角丸の半径を20pxに指定して作成した角丸長方形のシェイプです。

作成したシェイプの内側の円をドラッグすると、角丸の半径を変更できます。

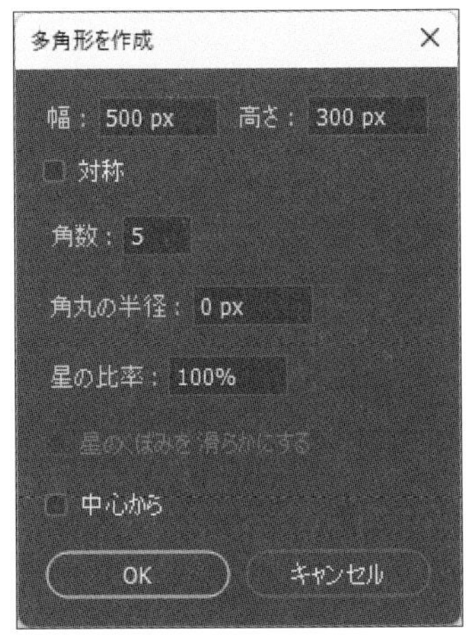

そのほかのシェイプツールもほぼ同様です。［多角形ツール］でドラッグすると初期状態では五角形が作成されます。五角形以外の多角形を作成したいときは、カンバス上をクリックして表示される［多角形を作成］ダイアログボックスを使います。［角数］を5のまま、［星の比率］を50%に設定すると星形を作成できます。オプションバーで［角数］と［星の比率］を設定してからドラッグしても任意のサイズで星を作成できます。

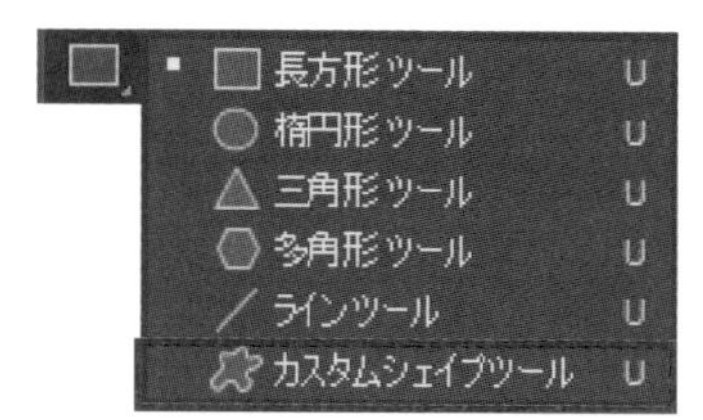

カスタムシェイプツール

カスタムシェイプツールは、長方形、楕円、三角形などを組み合わせたより複雑なベクトル図形を作成するツールです。Photoshopには、多彩な形状のカスタムシェイプが用意されており、ほかのシェイプと同様に塗りや線を指定して描画したり、拡大・縮小したりできます。また、カスタムシェイプをパスとして描画すると、パスコンポーネント選択ツールを使用して変形なども行えます。
ツールパネルの［カスタムシェイプツール］をクリックします。

オプションバーで塗りや線を指定し、［クリックでカスタムシェイプピッカーを開く］をクリックします。

シェイプ 塗り： 線： 1 px W： 0 px H： 0 px シェイプ： エッジを整列

カスタムシェイプピッカーを開く

カスタムシェイプピッカーにはカスタムシェイプのプリセットがグループごとに表示されています。

使用ファイル カスタムシェイプツール.psd

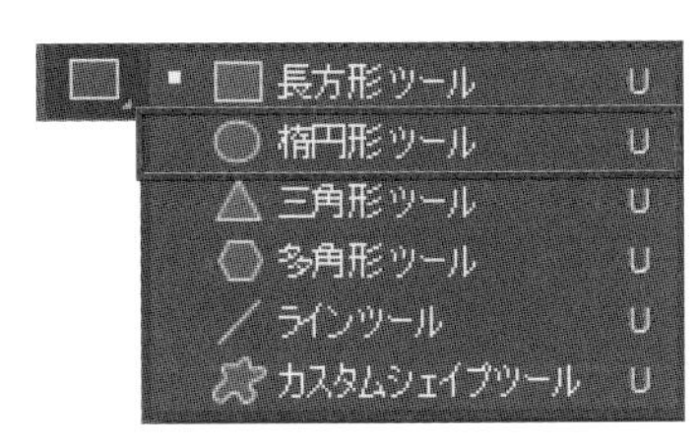

ゾウのカスタムシェイプに、楕円形のシェイプを組み合わせた画像を作成します。[レイヤー] メニュー→ [新規] → [レイヤー] で新しいレイヤーを追加し、ツールパネルの [楕円形ツール] をクリックします。

オプションバーで塗りの色を薄いグレー、線をなしにします。

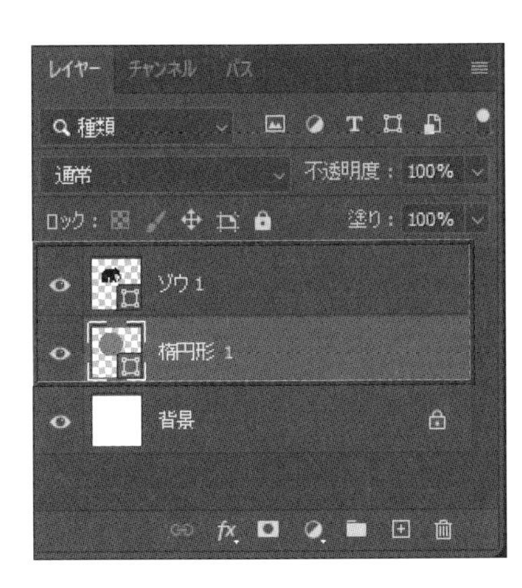

ゾウ全体が隠れるように**Shift**キーを押しながら正円を描きます。
続いてゾウのシェイプレイヤーが上（前面）に来るように、レイヤーの順序を入れ替えると、円の中にゾウが配置された画像になります。

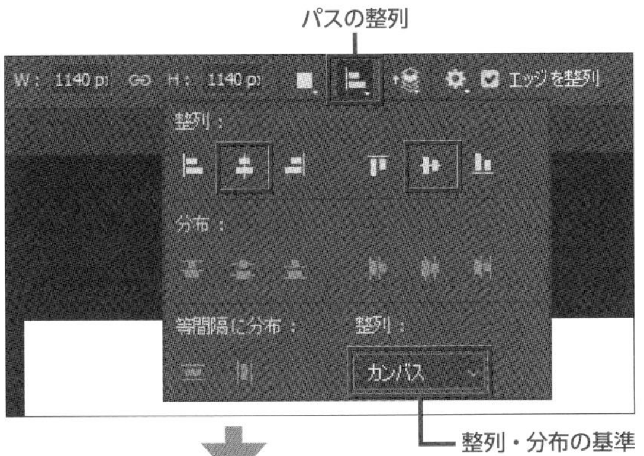

ゾウが円の中央に配置されるように設定します。
「楕円形 1」レイヤーを選択し、オプションバーの [パスの整列] から、「カンバス」を基準に、整列グループの [水平方向中央揃え] と [垂直方向中央揃え] をクリックします。

練習問題

問題1 シェイプツールの説明として間違っているものを選びなさい。

A. 長方形ツールで描いた図形を塗りつぶしツールで塗りつぶすには、ラスタライズする必要がある。
B. 一度描いてしまったパスはあとでシェイプに変換することができない。
C. カスタムシェイプツールで描くシェイプは縦横比率を変更することができない。
D. 多角形ツールはダイアログボックスでチェックを入れることで星形を描くことができる。

問題2 各ツールの説明として間違っているものを選びなさい。

A. 消しゴムツールはドラッグを始めた場所と類似の色の領域を消去する。
B. 色の置き換えツールは描画色の彩度の情報を基に色を置き換える。
C. アートヒストリーブラシツールはドラッグした部分の色やテクスチャを油絵のように混ぜ合わせる。
D. 鉛筆ツールは輪郭のくっきりしたブラシを使用してフリーハンドの線を描く。

問題3 ブラシについて正しい説明を選びなさい。

A. ブラシプリセットピッカーでは直径、硬さ、真円率の設定などができる。
B. ブラシの拡張機能は複数同時に適用することができない。
C. ブラシはファイルを読み込んで追加することができる。
D. ブラシの色は描画色が自動的に設定される。

問題4 新規ドキュメント（Photoshop初期設定）を開いて、長方形ツールで幅500px高さ500pxの正方形を描きなさい。塗りの色を白、線の色を黒、線の太さは20pxにしなさい。

問題5 ［練習問題］フォルダーの8.1.psdを開き、円の中心から外側に向けて濃くなる円形グラデーションを破壊的操作で設定しなさい（中心の位置は大まかで構わない。描画色は白、背景色は黒とする）。

8.1.psd

問題6 新規ドキュメント（Photoshop初期設定）を開いて、カンバスにブラシを使って縁取りを描きなさい。ブラシプリセットの基本ブラシを選択して、色を黒、直径120px、角度30°、真円率80%、間隔80%に指定しなさい（縁取る位置は大まかで構わない）。

9

文字

9.1 文字の入力
9.2 文字の配置
9.3 文字の変形と効果

9.1 文字の入力

画像に文字を入れるときは、文字ツール（横書き文字ツール、縦書き文字ツール）を使います。文字はフォントというベクトル画像を使って描画されるので、拡大・縮小などの変形を行っても画質が保たれるという特徴があります。文字ツールで文字を入力すると、テキストレイヤーが作成されます。

文字ツール

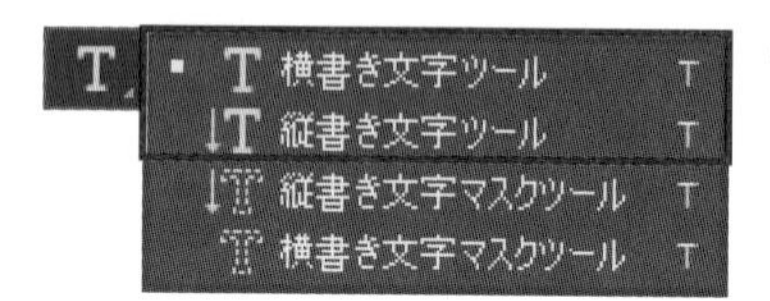

文字を入力するには、文字ツール（横書き文字ツール、縦書き文字ツール）を使います。両者は、横書きになるか縦書きになるかの違いだけです。ツールパネルで［横書き文字ツール］または［縦書き文字ツール］をクリックします。

ポイントテキスト

クラゲ jellyfish

段落テキスト

ここから先はクラゲが漂う水槽に囲まれた回廊を進む。

文字の入力方法には「ポイントテキスト」と「段落テキスト」の2種類があり、入力時の表示と入力した文字の配置が多少違います。

ポイントテキスト

短い文字列を入力する際に使用します。

文字ツールを選択した状態で、カンバス上をクリックすると黒い点とカーソルが現れて、入力した文字はそこから右に配置されます。黒い点から引かれる横線は文字のベースラインを示します。ベースラインについてはこのあと説明します。オプションバーの右側の［○］をクリックすると確定します。

段落テキスト

複数の文があるような比較的長い文章を入力する際に使用します。

文字ツールを選択した状態で、カンバス上をドラッグするとバウンディングボックスが作成されます。文字を入力していくとバウンディングボックスの中で折り返されます。オプションバーの右側の［○］をクリックすると確定します。

使用ファイル 文字の入力と編集.psd

見出しを横書きのポイントテキストで、説明文を縦書きの段落テキストで入力したところです。

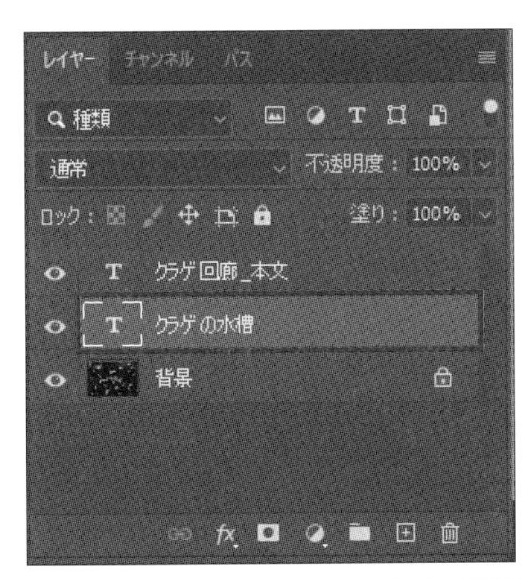

テキストレイヤーとラスタライズ

文字を入力すると、そのつどテキストレイヤーが作成されます。テキストレイヤーのサムネールには「T」の文字が表示されます。レイヤー名には入力した文字が表示されますが、あとから名前を変更することもできます。

文字はビットマップ画像ではないので、ペイントツールやフィルターなどの機能が使えません。文字の色をグラデーションにしたり、ぼかしたりする場合は、ラスタライズしてビットマップ画像に変換する必要があります。また、文字に使用しているフォントをインストールしていないPCでは文字を正しく表示できません。文字を使用した画像をほかのPCで開くことが想定される場合は、事前にラスタライズしておきます。

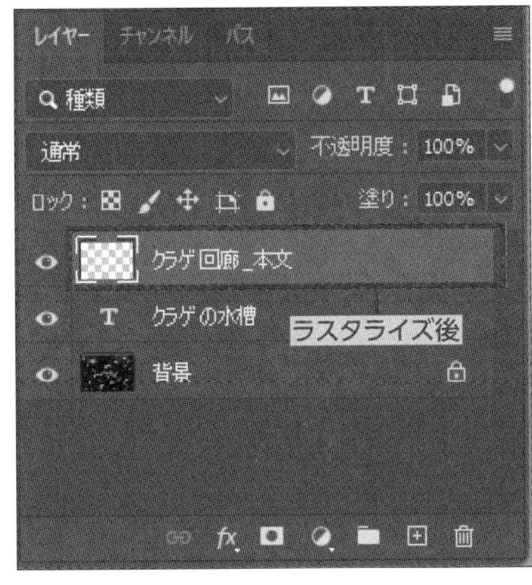

ラスタライズするには、［レイヤー］メニュー→［ラスタライズ］→［テキスト］をクリックします。ラスタライズするとレイヤーのサムネールが変化します。いったんラスタライズすると、その後は文字の修正ができなくなります。

オプションバー

文字を入力する際には、オプションバーで文字の書体（フォント）、大きさ（フォントサイズ）、色（テキストカラー）などを設定します。入力済みの文字についても、テキストレイヤーを選択すればオプションバーで設定を変更できます。

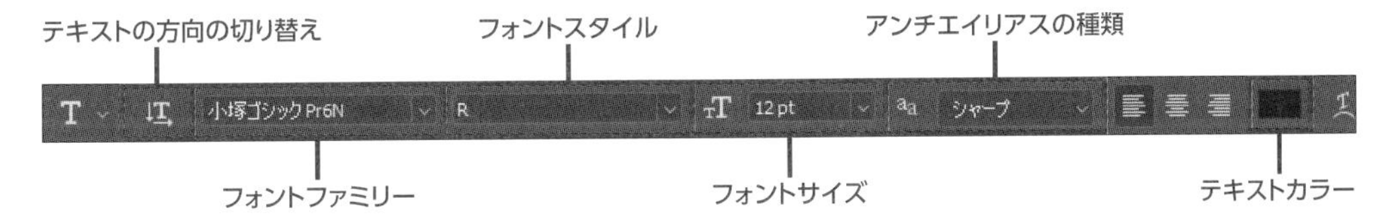

第9章

・テキストの方向の切り替え

文字列の左上を起点として、横書きと縦書きを切り替えます。入力したあとで文字の横書きと縦書きを切り替える際に使用します。

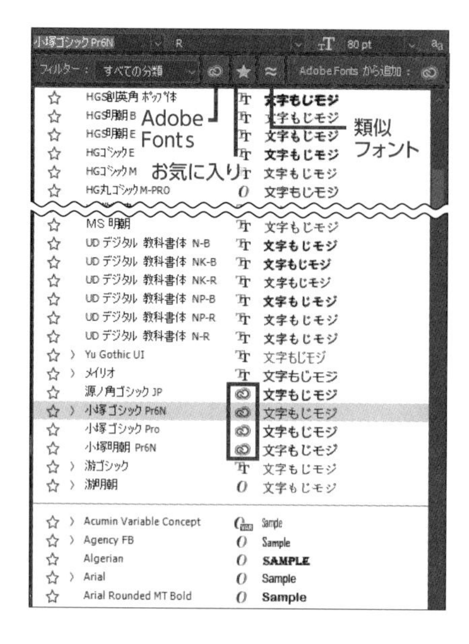

・フォントファミリー

フォントファミリーとは、小塚ゴシック Pr6N、MS P明朝、Arial、Centuryといった、文字の書体（一般にフォントと呼ばれる）のことで、多くの種類があります。[V] をクリックして表示される一覧からフォントファミリーを選択します。英字フォント（欧文書体）は、「セリフ」「サンセリフ」などの分類で、表示するフォントをフィルターできます。また、Adobe Fonts、お気に入りのフォント、類似フォントなどで、フィルターすることもできます。

Adobe Fontsは、20,000以上のフォントが収録されたオンラインのライブラリで、Webサイトから必要なフォントを追加して利用できます。Adobe Fontsでアクティベートされたフォントには のアイコンが表示されます。

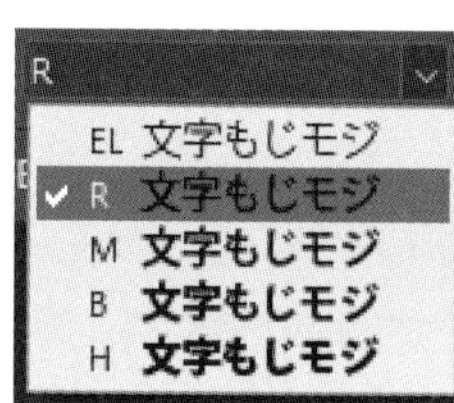

・フォントスタイル

フォントスタイルは、同じデザインで線の太さや形（イタリック）の異なるものです。フォントファミリーの一覧で [>] の記号が付いているものは、複数のフォントスタイルが用意されているので、その中の一つを指定します。

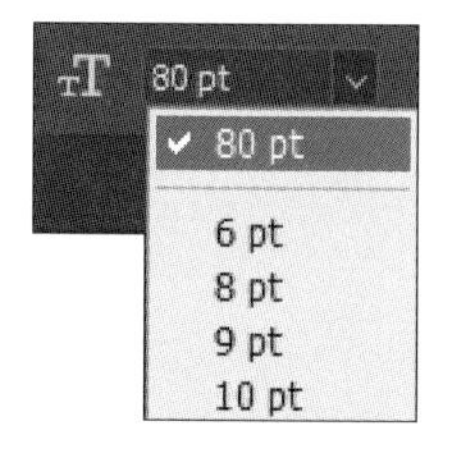

・フォントサイズ

文字のサイズをpt（ポイント）で指定します。一般的にDTPソフトウェアでは、1ptが1/72インチに相当します。[V] をクリックして表示される一覧から選択するか、数値を入力します。

・アンチエイリアスの種類

文字の縁の滑らかさのレベルを設定します。[なし]（アンチエイリアスを行わない）、[シャープ] [鮮明]、[強く]、[滑らかに] から選択します。

・テキストカラー

初期設定では文字の色として描画色が選択されています。クリックすると [カラーピッカー] ダイアログボックスが開き、文字の色を選択できます。

文字の修正

入力を確定した文字を修正するときは、その文字のあるテキストレイヤーを選択し、[横書き文字ツール] または [縦書き文字ツール] を選択した状態で、文字付近をクリックします。その位置にカーソルが表示されます。また、[レイヤー] パネルで、テキストレイヤーの左側にある [T] のサムネールをダブルクリックすると、全部の文字が選択された状態になります。入力された文字が編集可能になるので削除や追加を行います。編集可能な状態で一部の文字を選択すれば、選択した文字だけに対してフォント、フォントサイズ、テキストカラーを変えることができます。

フォント

文字のデザインを「フォント（書体）」と呼びます。Photoshopにおいては「フォントファミリー」と「フォントスタイル」の組み合わせでフォントを指定します。Photoshopをインストールした PC では、Adobe Fontsを含め、多くのフォントが用意されています。

日本語（和文）フォントは大きく分けて、線の太さが一定の「ゴシック体」と、線の太い部分と細い部分があり筆で描いたようなハネやウロコのある「明朝体（みんちょうたい）」の2種類があります。同様に、英字（英文）フォントには「Serif（セリフ）」フォントと「Sans-serif（サンセリフ）」フォントがあり、それぞれ明朝体、ゴシック体にほぼ相当します。そのほか、ポップ体、楷書体、手書き文字、装飾文字など多様なフォントの種類があります。

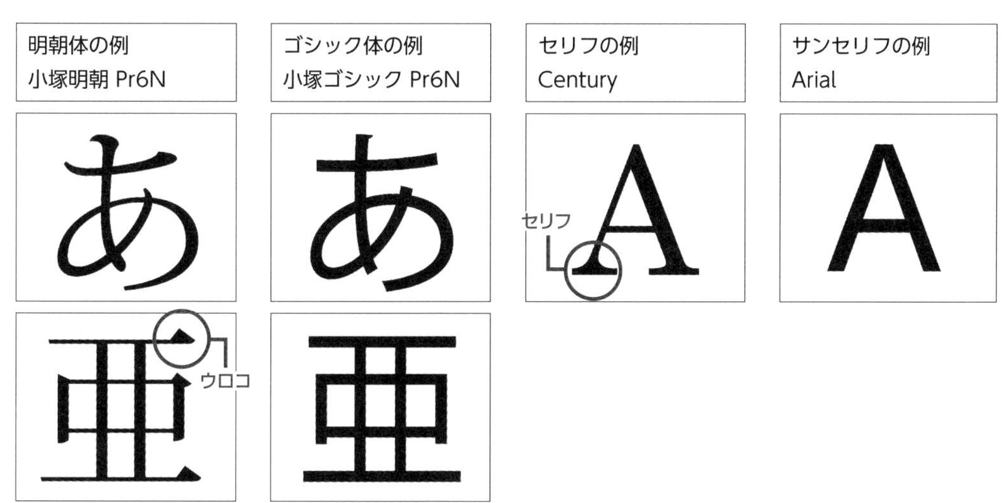

フォントファミリーの中には、複数のフォントスタイル（同じデザインで線の太さや形の異なるもの）を備えているものがあります。フォントスタイルはフォントファミリー名のあとにLight（L）、Regular（R）、Bold（B）、Heavy（H）、Italicなどの文字を付けて区別します。
フォントの種類や個々のフォントは、その文字を使う場所に応じて適切なものを選ぶ必要があります。ゴシック体は安心感や正確さなどが必要な場合に向いています。やさしさや楽しさを表現したいときは手書き文字やポップ体などが向いているときがあります。書籍本文のように長い文章では読みやすさが優先されるので一般的に明朝体が使われます。

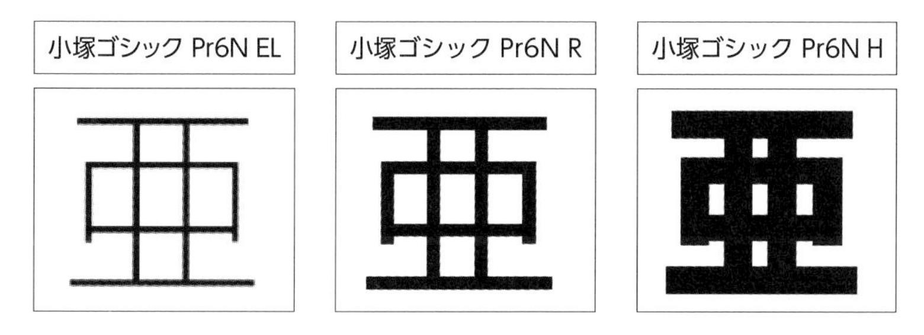

9.2 文字の配置

文字や行や段落の間隔、文字の縦横比、インデントなど、文字をどのように配置するかは、[文字] パネルと [段落] パネルで設定します。

[文字] パネル

[文字] パネルには、主に文字単位で設定する項目があります。設定項目のうちのいくつかは文字ツールのオプションバーと同じものです。

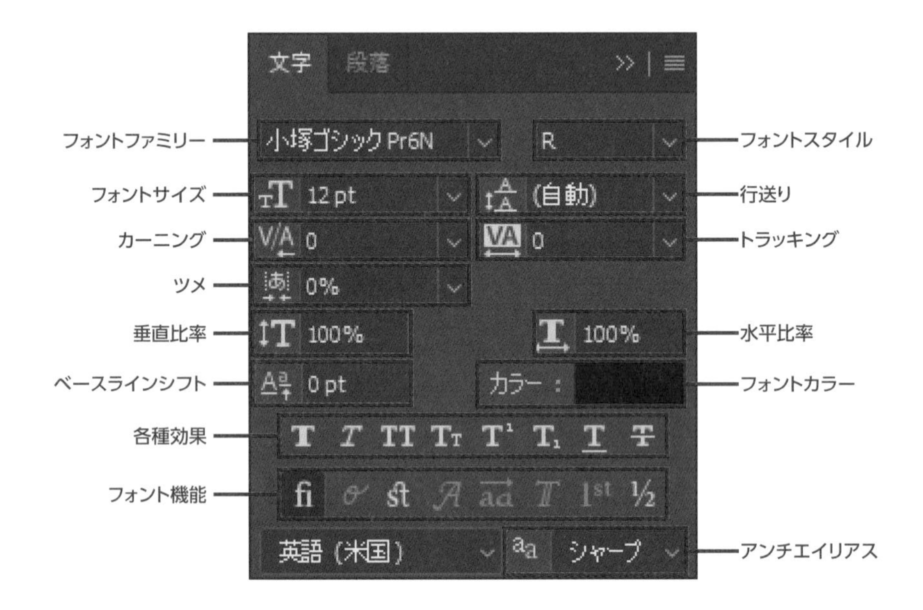

• 行送り

行の間隔をポイントで指定します。

• カーニング

特定の2文字の間隔を調整します。[メトリクス] [オプティカル] は自動で調整する方法です。調整する文字と文字の間にカーソルを置くと、設定値を選択できるようになります。

• トラッキング

選択した文字全体に対して文字の間隔を調整します。

既定の状態

「カーニング」と「トラッキング」

カーニングで、赤く囲んだ部分の間隔を調整

「カーニング」と「トラッキング」

トラッキングで、文字全体の間隔を調整

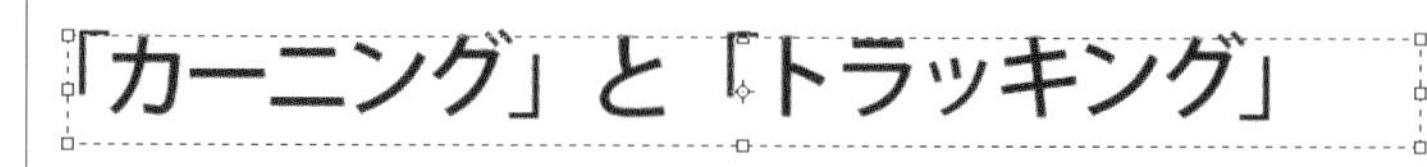

・ツメ

文字の左右のスペースを詰めます。

・垂直/水平比率

文字の高さ（垂直比率）、幅（水平比率）を拡大・縮小します。

・ベースラインシフト

文字をベースラインからどれだけ動かすかを設定します。ベースラインは文字の位置を揃える基準となる仮想の線です。

・各種効果

文字に対して効果を付けます。左から［太字］［斜体］［オールキャップス］（英字をすべて大文字にする）［スモールキャップス］（2文字目以降の英字を小さい大文字にする）［上付き文字］［下付き文字］［下線］［打ち消し線］です。

・フォント機能

欧文合字、スラッシュを用いた分数など、フォントが備える機能を設定します。

英字フォント

英字フォント（欧文書体）には次のような基準線があります。英字フォントの場合はアセンダーラインからディセンダーラインまでの長さをポイント（一般的にDTPソフトウェアでは、1ポイントが1/72インチに相当）に換算したものが、フォントの「ポイント」です。

[段落] パネル

[段落] パネルには、主に段落単位で設定する項目があります。段落とは改行で終わるひとまとまりの文字列です。

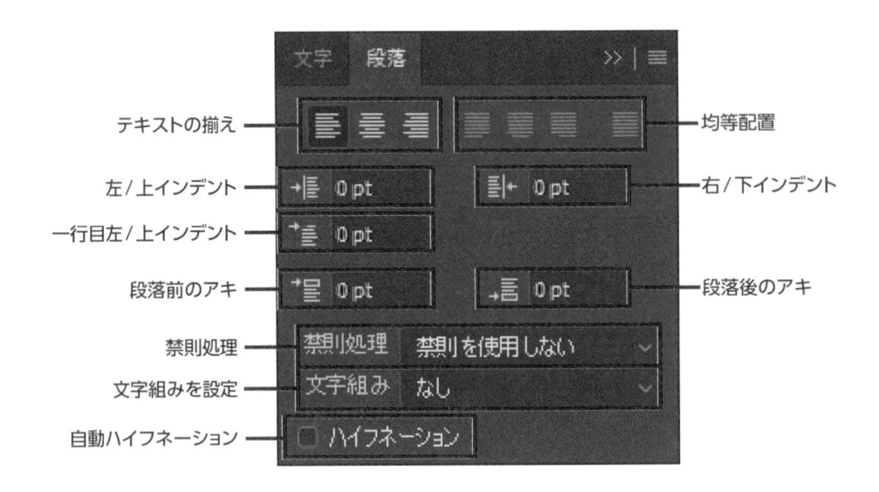

・テキストの揃え

文字の配置を指定します。左から [左揃え] [中央揃え] [右揃え] です。縦書きの場合は [上揃え] [中央揃え] [下揃え] になります。

・均等配置

文字の左右端を揃えます。左から [均等配置 (最終行左揃え)] [均等配置 (最終行中央揃え)] [均等配置 (最終行右揃え)] [両端揃え] です。

・左/上インデント、右/下インデント

左/上、右/下からの字下げを指定します。

・一行目左/上インデント

段落の1行目の字下げを指定します。

・段落前のアキ、段落後のアキ

段落の前、後の間隔を指定します。

・禁則処理

行頭に「。」や「)」、行末に「(」などを置かないことを「禁則処理」といいます。

・文字組みを設定

文字や記号、句読点など、文字の種類ごとの間隔を設定します。

・自動ハイフネーション

英文の単語が行末に入りきらない場合、ハイフンを付けて単語を区切るかどうかを設定します。

9.3 文字の変形と効果

文字をデザイン要素として利用するための機能として、バウンディングボックスによる変形、ワープテキスト、横書き文字マスクツール/縦書き文字マスクツール、レイヤースタイルなどがあります。

文字の移動、拡大・縮小、回転、ゆがみ

文字を入力、修正できる状態で**Ctrl**キーを押すと、バウンディングボックスが表示されて移動や変形ができます。段落テキストの場合は**Ctrl**キーを押さなくてもゆがみ以外の操作ができます。

移動

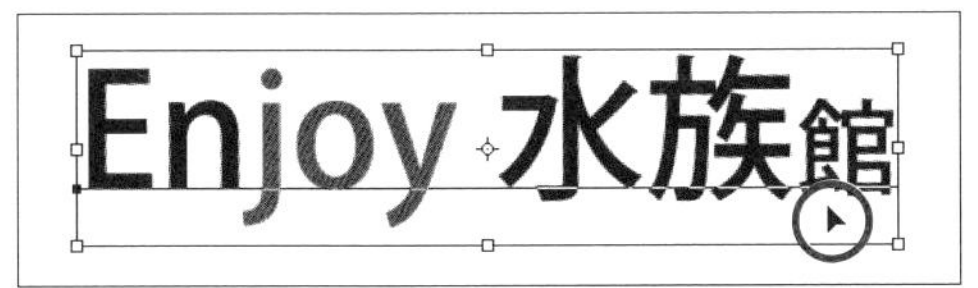

拡大・縮小

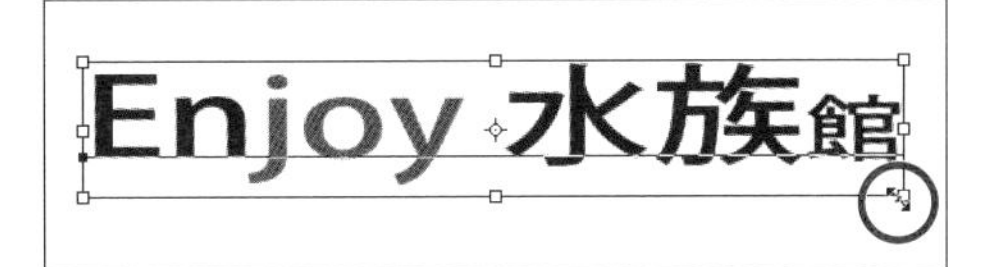

回転

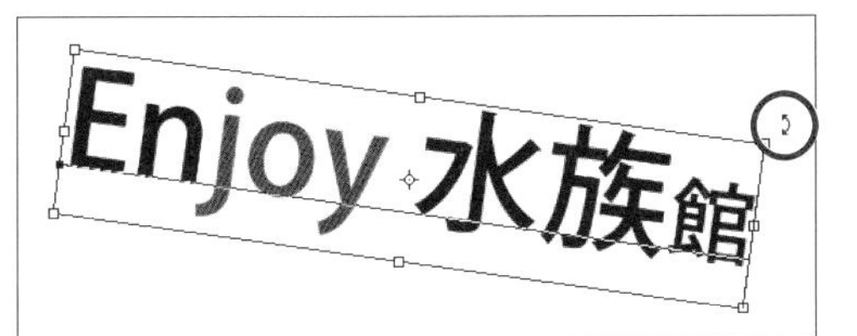

ゆがみ

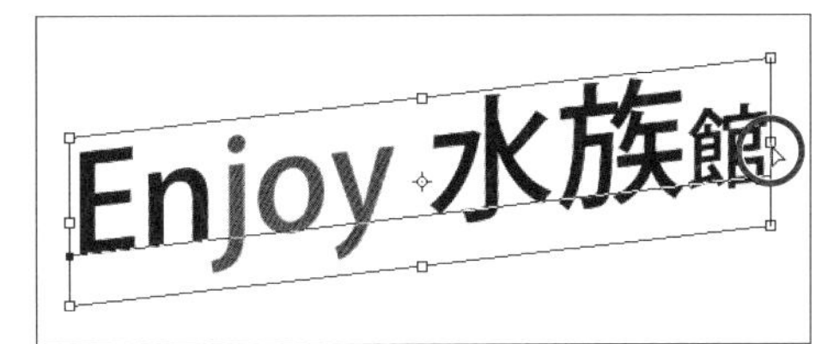

メモ

文字は移動ツールによる移動や、[編集] メニュー→ [自由変形] または [編集] メニュー→ [変形] による拡大・縮小や変形も可能です。

ワープテキスト

ワープは文字の形を外枠の形に沿って変形させる機能です。

操作対象のテキストレイヤーを選択し、オプションバーの [ワープテキストを作成] をクリックします。

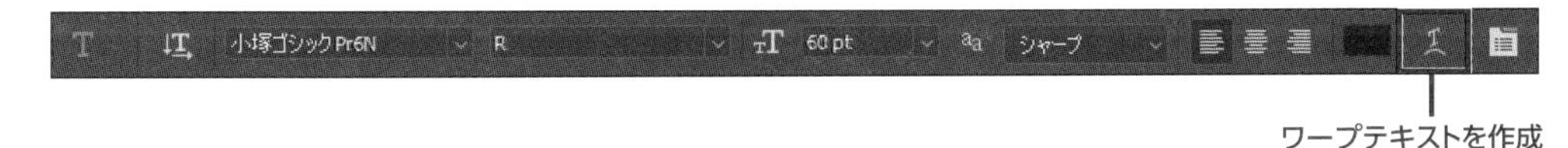

ワープテキストを作成

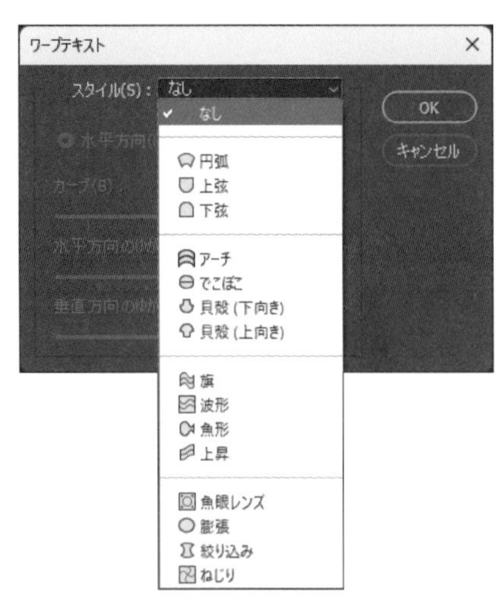

[ワープテキスト] ダイアログボックスが開きます。[スタイル] の [V] をクリックして表示されるプリセットから選択します。

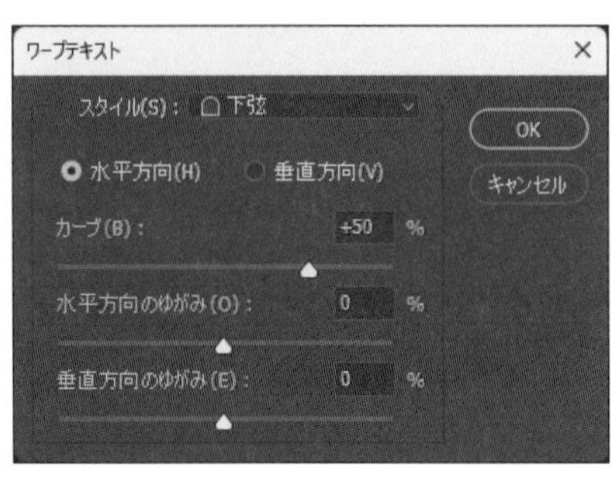

ゆがみの方向と、カーブやゆがみの適用量を設定し、[OK] をクリックします。

[スタイル] に [下弦] を選択し、[カーブ] [水平方向のゆがみ] [垂直方向のゆがみ] は初期設定のままにしたものです。

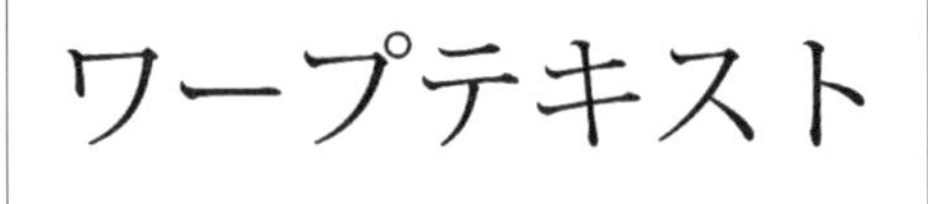

ワープテキストは、[編集] メニュー→ [変形] → [ワープ] を選択しても操作できます。この場合は変形の適用量を数値で指定する以外に、マウスでの操作もできます。ビットマップ画像のワープと同じ機能ですが、文字のワープではメニュー中の [カスタム] が利用できません。

文字マスクツール

文字マスクツール（横書き文字マスクツール、縦書き文字マスクツール）を使用すると、文字の部分が選択範囲となり画像をマスクします。画像を文字の形で型抜きしたい場合などに利用します。選択範囲を作成するツールなので、文字ツールとは異なりテキストレイヤーは作成されません。

T 横書き文字ツール T
縦書き文字ツール T
縦書き文字マスクツール T
横書き文字マスクツール T

[横書き文字マスクツール] または [縦書き文字マスクツール] を選択してカンバス上をクリックすると、画像全体がマスクされ、赤く表示されます。

小塚ゴシック Pr6N B 100 pt シャープ

使用ファイル 文字マスクツール.psd

フォントと [フォントサイズ] を設定して、文字を入力します。オプションバーの [○] をクリックして確定すると、文字の形の選択範囲が作成されます。

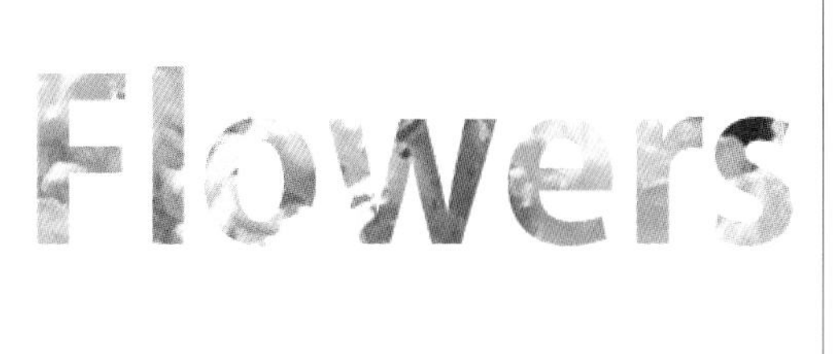

[レイヤー] メニュー→ [レイヤーマスク] → [選択範囲外をマスク] を選ぶと、文字の中に画像が表示され、それ以外の部分はマスクされます。

同様の手順で [選択範囲をマスク] を選ぶと、文字の中がマスクされ、それ以外の部分に画像が表示されます。

[文字マスクツール] で文字を書いている間は、オプションバーでワープテキストも設定できます。

文字のレイヤースタイル

文字は画像の前面に配置することが多いですが、背景の画像の色や形に埋もれがちです。レイヤースタイルを適用することで、文字を目立たせることができ、メッセージが伝わりやすい表現になります。
レイヤースタイルの機能はレイヤーの章で説明していますが、ここでは文字（テキストレイヤー）にプリセットを使わず、個別にレイヤースタイルを適用する方法と事例を具体的に説明します。

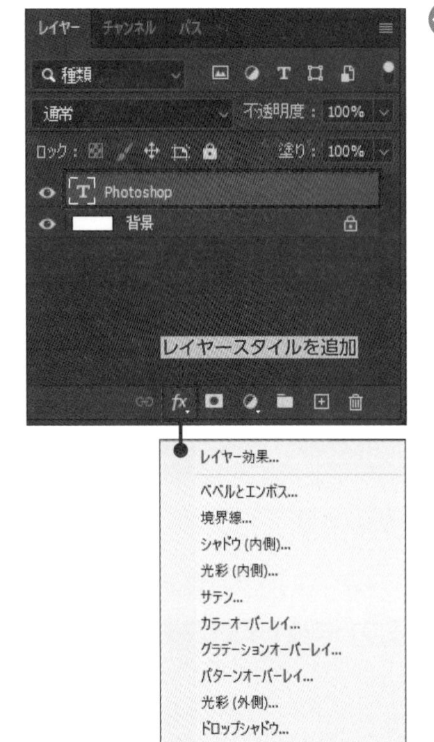

個別にレイヤースタイルを設定するには、［レイヤースタイル］ダイアログボックスを使用します。対象となるレイヤーを選択し、［レイヤー］パネル下部の［レイヤースタイルを追加］をクリックするとレイヤースタイルの一覧が表示されます。いずれかをクリックすると［レイヤースタイル］ダイアログボックスが表示されます。
［レイヤー］メニュー→［レイヤースタイル］をクリックしても同じ操作ができます。

レイヤースタイル一覧

使用ファイル 文字のレイヤースタイル.psd

Photoshop

元画像

Photoshop

ベベルとエンボス

Photoshop

ベベルとエンボス（テクスチャ）

Photoshop

境界線

Photoshop

シャドウ（内側）

Photoshop

光彩（内側）

Photoshop

サテン

Photoshop

カラーオーバーレイ

Photoshop

グラデーションオーバーレイ

Photoshop

パターンオーバーレイ

光彩（外側）

Photoshop

ドロップシャドウ

使用ファイル「文字の効果.psd」に2つのレイヤースタイルを適用してみましょう。［ベベルとエンボス］で文字を浮き出た印象にして、［ドロップシャドウ］で文字の背景に影を付けます。

［レイヤー］パネル下部の［レイヤースタイルを追加］をクリックし、［ベベルとエンボス］を選択すると、［ベベルとエンボス］のチェックがオンになった状態で［レイヤースタイル］ダイアログボックスが表示されます。ここでは初期設定のままにします。

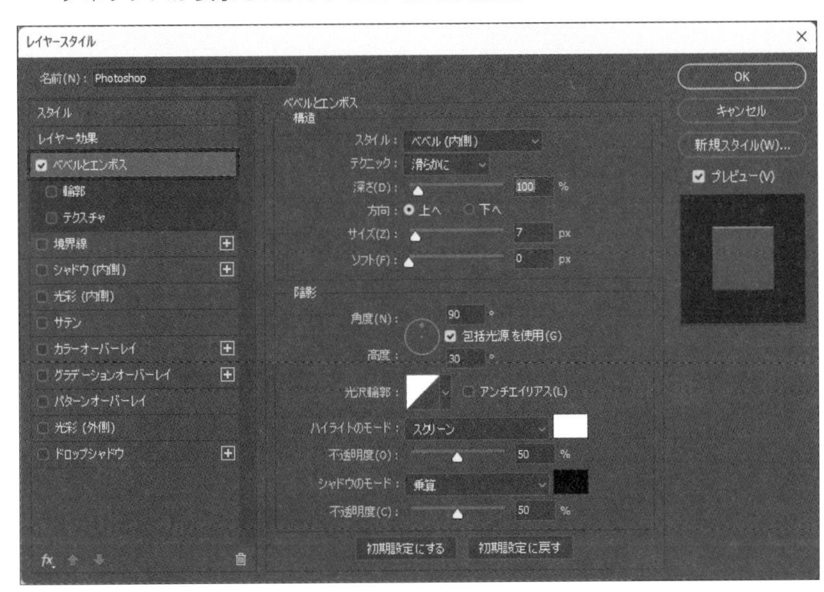

第9章

続いて［ドロップシャドウ］をクリックし、チェックをオンにします。［距離］は影を文字からどの程度ずらすか、［スプレッド］は影の太さ、［サイズ］はぼかしの度合いを調節します。ここでは不透明度65%、距離5px、スプレッド80%、サイズ15pxに設定します。

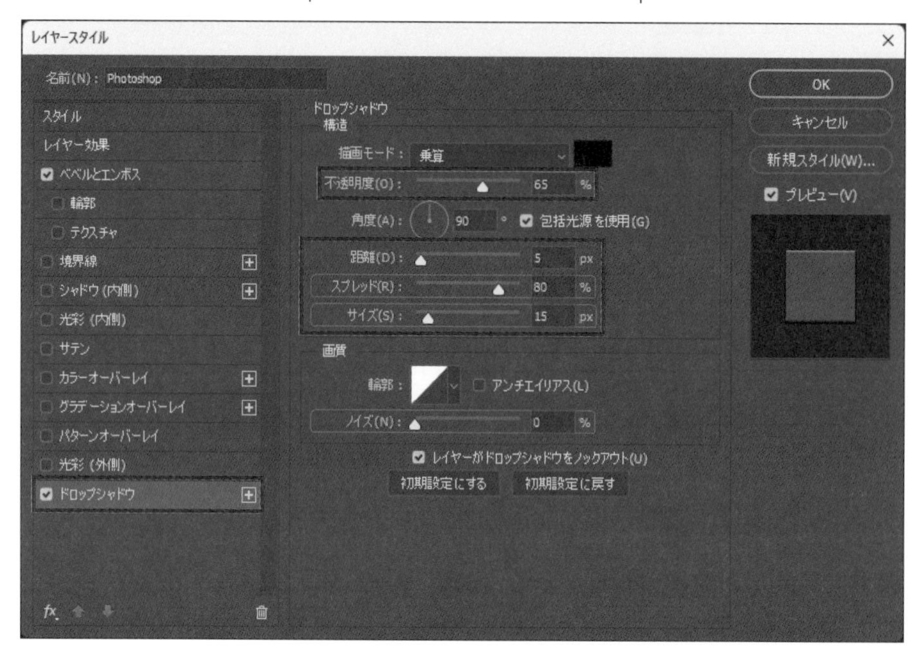

使用ファイル 文字の効果.psd

輪郭がはっきりして文字が目立つようになりました。

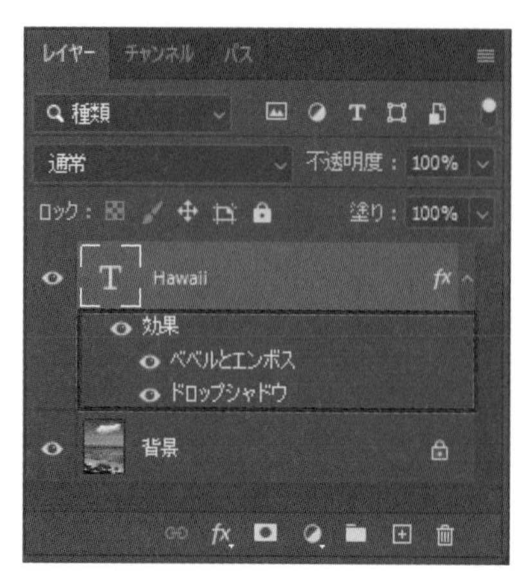

［レイヤー］パネルでは、テキストレイヤーにレイヤースタイルが適用されていることを確認できます。

練習問題

問題1 横書き文字ツールの操作として間違っているものを選びなさい。

A. カンバス上でドラッグすることで段落テキストのバウンディングボックスを作成する。
B. 入力した文字は、オプションバーの［テキストの方向の切り替え］で縦書きにすることができる。
C. 入力した文字の色は、オプションバーのカラーピッカーを開いて変更できる。
D. 入力した文字は［編集］メニュー→［変形］からのみ編集できる。

問題2 テキストレイヤーについて正しいものを選びなさい。

A. 文字ツールや文字マスクツールを使用してカンバスをクリックすると自動的にテキストレイヤーが作成される。
B. テキストレイヤーは通常のレイヤーと同じように塗りつぶしを行うことができる。
C. テキストレイヤーはシェイプレイヤーと同じく、レイヤースタイルを適用できる。
D. テキストレイヤーの名前は入力した文字列が使用されるが、あとで変更することもできる。

問題3 左側のアイコンまたは機能とその説明を一致させなさい。

アイコンまたは機能	説明
A. ₜT	**1.** 行頭に「。」「、」などの文字が配置されないようにする
B. ↕A/A	**2.** フォントのサイズを設定する
C. ≣	**3.** テキストの配置を指定する
D. 禁則処理	**4.** 行と行の間隔を設定する

問題4 ［練習問題］フォルダーの9.1.psdを開き、テキストレイヤーに［ベベルとエンボス］のレイヤースタイルを適用しなさい。

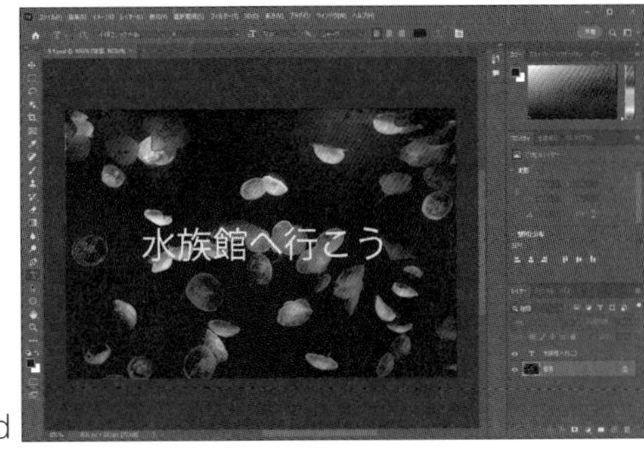

9.1.psd

第9章

問題5 ［練習問題］フォルダーの9.2.psdを開き、段落テキストの一行目左/上インデントを1文字分設定しなさい。

9.2.psd

問題6 ［練習問題］フォルダーの9.3.psdを開き、文字をカンバスの左右中央に移動させて、サイズを100ptにしなさい。文字の色は赤く囲んだクラゲの色をカラーピッカーでサンプリングして適用しなさい。

9.3.psd

10

出力

10.1 画像の発行準備

Photoshopで作成、加工した画像は、利用する用途に合わせて出力（発行）する必要があります。ここでは出力する際に確認する点や必要な準備作業などを学習します。

大きさと解像度

Photoshopの画像の出力先としては、Web用と印刷用が代表的です。出力先が必要とする大きさ（表示や印刷をしたときの実際の寸法）、ピクセル数、画像解像度を確認し、場合によっては設定を変更します。

大きさ、ピクセル数、画像解像度は［イメージ］メニュー→［画像解像度］をクリックして開く［画像解像度］ダイアログボックスで確認します。

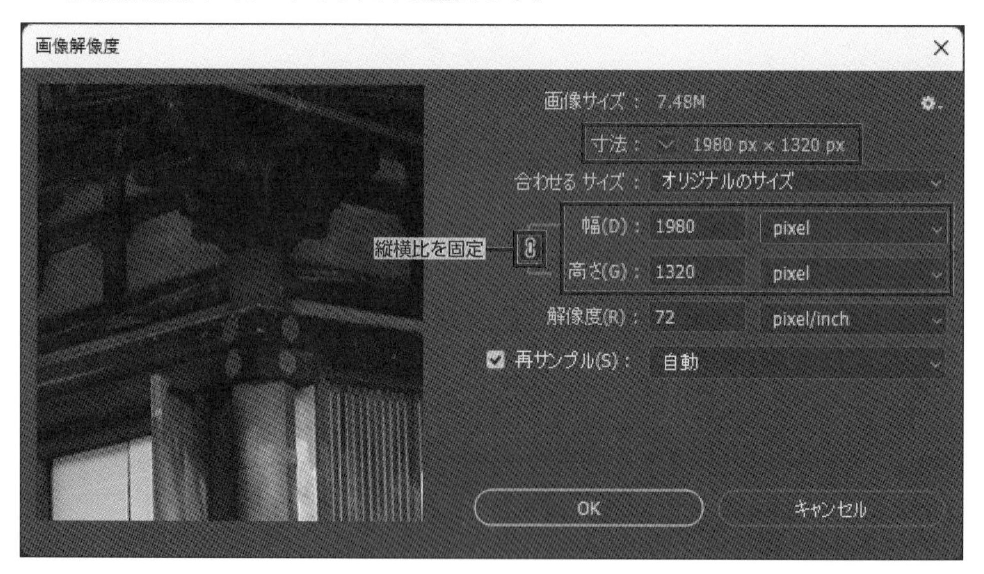

ピクセル数

Web用の画像を出力する際には、PCやスマートフォンで表示することが想定されるため、機器の画面のピクセル数を考慮する必要があります。ピクセル数を変更するには、［画像解像度］ダイアログボックスの［幅］と［高さ］を指定します。［縦横比を固定］をオンにすれば、幅と高さのどちらか一方を指定するだけで他方が決まります。

画像を拡大・縮小する場合は、基本的に［再サンプル］にチェックを入れましょう。再サンプルは、拡大・縮小の際に画質が落ちるのを防ぎ、自然に見せるための処理です。再サンプルについて詳しくは「第３章　画像の知識」で説明しています。

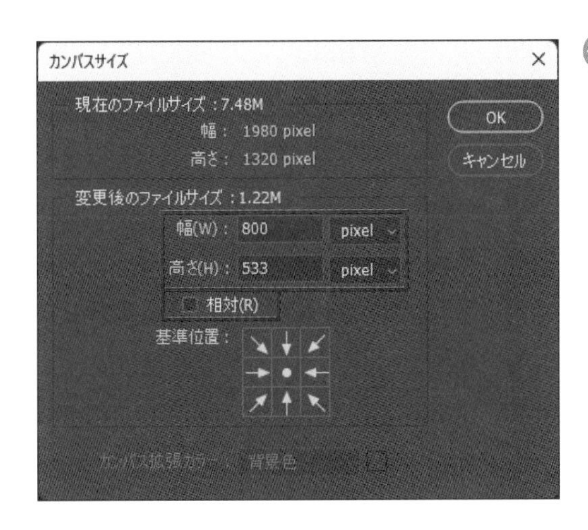

画像の拡大・縮小を行わずにピクセル数を増やしたり減らしたりするには、［イメージ］メニュー→［カンバスサイズ］をクリックして［カンバスサイズ］ダイアログボックスを表示します。［幅］や［高さ］に変更後のピクセル数を入力します。カンバスサイズを元のサイズより小さくすると、カンバスからはみ出した部分は切り取られます。
また、［相対］にチェックを入れると、カンバスの拡張（または縮小）したい部分のみを数値で指定できます。

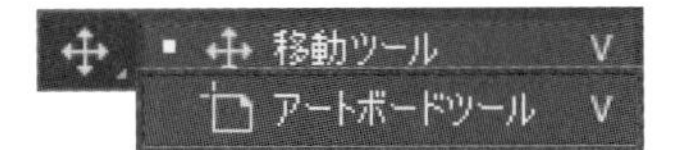

ピクセル数が少しずつ違うスマートフォンに対応した画像を作るときは、アートボードを利用するのが便利です。ツールパネルの［アートボードツール］をクリックします。

選択しているアートボードの周囲に表示された⊕をクリックすると、その隣にアートボードが作成されます。ドラッグして任意のサイズのアートボードを作成することもできます。アートボード名を変更するには、［レイヤー］パネルのアートボード名の部分をダブルクリックし、編集状態になったら名前を変更します。

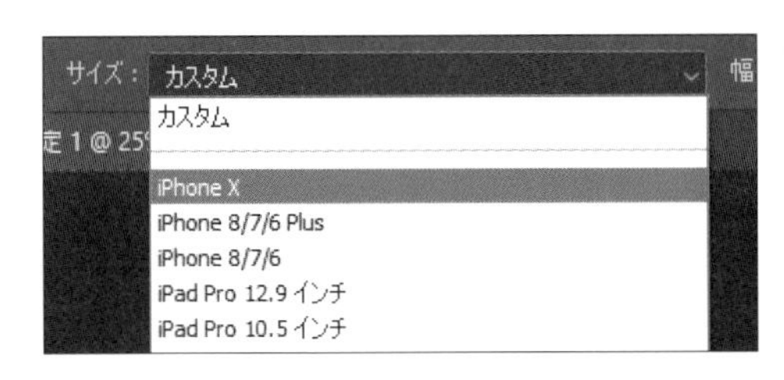

オプションバーの［サイズ］には、カンバスサイズの一覧が表示されます。プリセットからサイズを選択して、さまざまなサイズのアートボードを作成することができます。

一方印刷用の場合は、通常印刷後の実際の大きさ（寸法）を考慮します。そのときは［画像解像度］ダイアログボックスや［カンバスサイズ］ダイアログボックスの表示単位をピクセルからcmやmmに切り替え、作業を行います。

画像解像度

画像解像度は、1インチあたりのピクセル数のことです。PhotoshopではWeb用画像でppi（pixel/inch）、印刷用画像でdpi（dot/inch）を使っていますが、実質的に同じ単位と考えて問題ありません。画像解像度が高ければ高精細に画像を表示できますが、その分ファイルサイズが大きくなります。また、表示や印刷を行う機器の一般的な仕様を超える解像度を持たせても、処理に時間がかかるだけで結果はそれほど変わりません。したがって、解像度はなるべく必要最低限の数値に近いものに設定します。
印刷では一般的にモノクロ印刷（グレースケール）で600ppi、カラー印刷で300〜350ppiが必要とされています。PCは72ppiが標準のため、Web用画像は72ppiを基準にしますが、一般的にスマートフォンの解像度はPCより高いです。

ファイル形式

出力先に応じて、適切なファイル形式を選択することも必要です。

印刷に適したファイル形式

• PSD（ピーエスディー）

Photoshopの基本的なファイル形式です。印刷用のデータは、基本的にレイヤーを結合（画像を統合）して入稿します。

• TIFF（ティフ）

画像データそのもの以外に、レイヤーなどの画像情報を付加したファイル形式です。圧縮するかどうかはファイル作成時に選択できます。圧縮せずに保存することもできるので、高い品質が必要とされる商業印刷にも向いています。

• PDF（ピーディーエフ）

さまざまな環境で同一の見た目を維持できることを目指したファイル形式です。印刷する際には、［Adobe PDFを保存］ダイアログボックスを開き、［Adobe PDFプリセット］で適切な設定を選びます。プリセットは入稿する印刷所が提供するものを使用する場合もあります。

メモ

［Adobe PDFを保存］ダイアログボックスは、［ファイル］メニュー→［別名で保存］で［別名で保存］ダイアログボックスを開き、［ファイルの種類］に［Photoshop PDF］を選んで［保存］をクリックすると表示されます。

• EPS（イーピーエス）
一般的な印刷入稿用のファイル形式です。[ファイル] メニュー→ [コピーを保存] をクリックして、[複製を保存] ダイアログボックスを表示します。ファイルの種類は [Photoshop EPS] を選択します。印刷所からこの形式での入稿を指定されることもあります。

Webに適したファイル形式

• JPEG、JPG（ジェイペグ）
写真のような画像に向く形式で、デジタルカメラの記録方式として一般的に用いられています。画質をあまり落とすことなく、元の画像を圧縮することによってデータを小さくしていますが、一度圧縮すると元に戻せない「非可逆圧縮形式」です。ファイルの保存時に圧縮率を指定します。

• PNG（ピング）
元のデータに戻すことができる「可逆圧縮形式」です。写真などの圧縮率はあまり高くないので、JPEGに比べてややファイルサイズが大きくなることもあります。Photoshopは、1ピクセルに24ビットの色情報と8ビットのアルファチャンネルを使うPNG-24（PNG-32と呼ぶこともある）、1ピクセルに8ビットを使ってサイズを小さくするPNG-8の2種類を保存できます。どちらも透明部分を保持できます。

• GIF（ジフ）
色数の少ないイラストやボタンなどの画像に向いた形式です。256色以下の色数しか使えないという制約がある一方、透明部分を保持できる、「可逆圧縮形式」である、アニメーションを表現できるなどの機能があります。

動画に適したファイル形式

• MP4（H.264、MPEG-4 AVC）（エムピーフォー、エムペグフォー）
圧縮率が非常に高いうえに画質が良いことから、Webでの再生に最適化された動画の形式です。

ファイルには、画像の属性や作成者名、著作権情報などの関連情報を表すメタデータを付加することができます。例えば撮影した画像ファイルには多くの場合、画像の高さと幅、撮影日時、カメラの機種などのメタデータが付加されています。メタデータは [ファイル] メニュー→ [ファイル情報] で参照し、情報の追加や編集ができます。メタデータはAdobe Bridgeでファイルを整理する際や、レンズやカメラの情報を読み取って補正する機能（[フィルター] メニューの [レンズ補正] など）で利用されます。

印刷の準備

印刷用のデータのカラーモードは基本的にCMYKです。通常、Photoshopでは画像をRGBで扱うので、印刷する際には「CMYK変換」の作業が必要になります。CMYK変換について詳しくは「第4章 色」で説明しています。

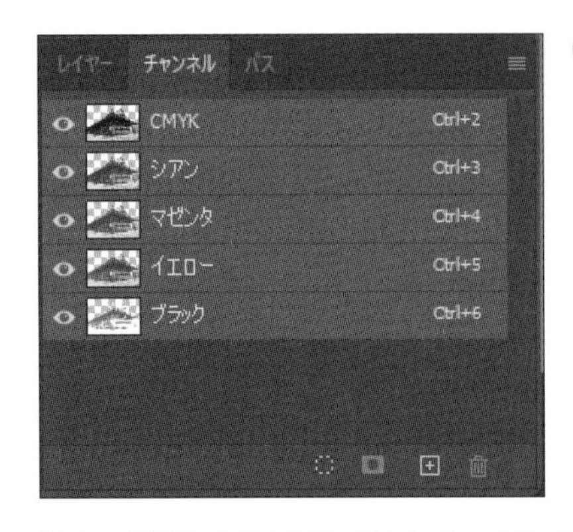

CMYK変換では、基本的にRGB機器よりCMYK機器の方が表現できる色域が狭いことに注意する必要があります。[表示] メニュー→ [色の校正] のチェックをオンにすると、CMYK変換後の画像をプレビューで確認できます。
また、印刷時にはCMYKの各チャンネルが別々の版として作成されます。それぞれの版は [チャンネル] パネルで1つのチャンネルだけを表示状態にすることで確認できます。

従来、印刷物の色が思い通りになっているかどうかを確認するには校正刷りを印刷していました。これを「ハードプルーフ」といいます。一方、色の確認や調整をモニター上で行う「ソフトプルーフ」も広く利用されています。ソフトプルーフを行うためにはカラープロファイルを使ったカラーマネジメントを行い、モニターの表示色と印刷時の色を一致させる必要があります。この場合、カラープロファイルは印刷所から提供されることもあります。

Web用画像の準備

Web用画像を作成する場合、まずカラーモードがRGBであることを確認する必要があります。CMYKなどのカラーモードの場合はRGBに変換します。異なるモニターやプリンタなどで、正しく色を再現するために使われる規格を「sRGB」といいます。画像をWeb用に保存する場合、[Web用に保存（従来）] または [書き出し形式] ダイアログボックスで「sRGBに変換」のチェックをオンにしておくようにしましょう。
また、必要以上に精細な画像で、ファイルサイズが大きくないかどうかも確認します。

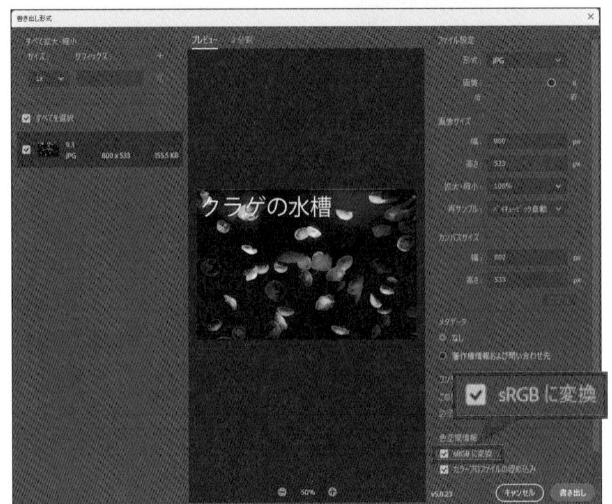

動画作成の準備

動画を作成する際は［ファイル］メニュー→［新規］をクリックし、［新規ドキュメント］ダイアログボックスの上部タブで［フィルムとビデオ］を選びます。任意のプリセットを選び新規作成します。表示されたドキュメントには上下左右に2本ずつのサイズガイドが引かれています。外側が「アクションセーフエリア」、内側が「タイトルセーフエリア」を示しています。

家庭用テレビの多くは画像の外側部分をカットして、画像の中心部分を表示します。そのため、動画でカットされたくない部分はアクションセーフエリアに配置するようにします。特に文字は表示が欠けると見づらくなるのでさらに内側のタイトルセーフエリアに配置します。

［ウィンドウ］メニュー→［タイムライン］から［タイムライン］パネルを表示し、［ビデオタイムラインを作成］をクリックすると、動画を編集できるようになります。［ファイル］メニュー→［書き出し］→［ビデオをレンダリング］から［ビデオをレンダリング］ダイアログボックスを表示して動画を保存します。

「テキスト」という文字がタイトルセーフエリアの内側に入っています。

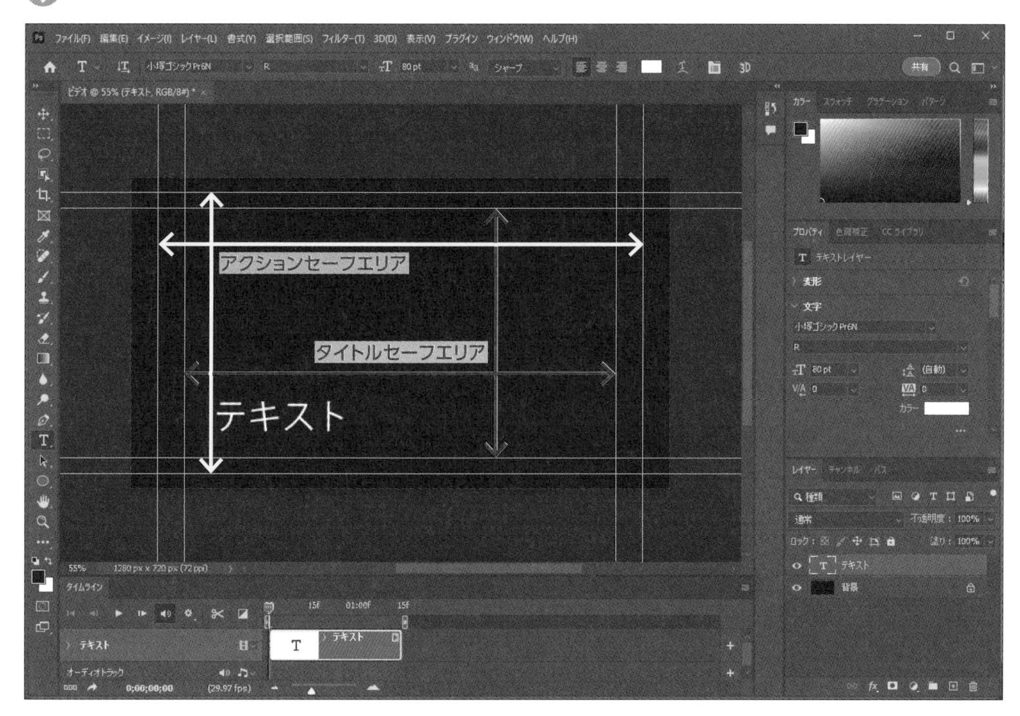

10.2 画像の共有

確認や準備が終わったら、実際にファイルを書き出します。Web用画像の作成や印刷だけではなく、ほかのアプリケーション、ユーザー、PCでもデータを共有できるようにする方法をあわせて学びます。

再利用可能なファイルの作成と保存

Photoshopで作成した画像は、さまざまな形で再利用できます。その具体的な保存方法をいくつか取り上げます。

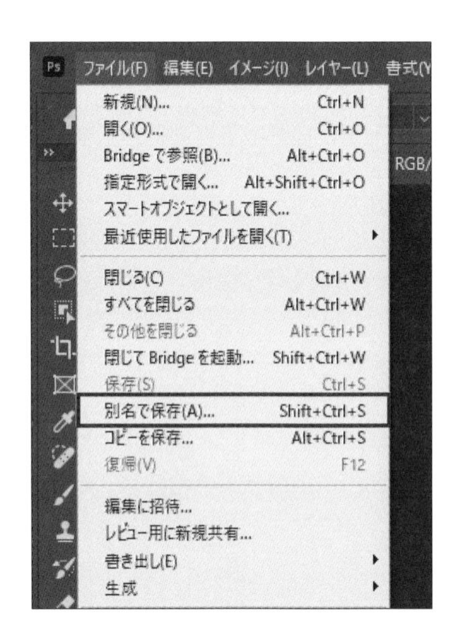

PSD形式で保存

Photoshopで加工や作成を行った画像は基本的にPSD形式で保存します。PSD形式のファイルは、IllustratorやInDesignなどのAdobeアプリケーションでもレイヤーや効果などを保持したまま開くことができます。
新規ドキュメントを最初に保存するときや、既存の画像に加工を行い別の画像として保存するときは［ファイル］メニュー→［別名で保存］をクリックし、［別名で保存］ダイアログボックスで名前と場所を指定して保存します。上書きするときは［ファイル］メニュー→［保存］をクリックします。

透明部分を保持し、指定ピクセル数で保存

Adobe以外のアプリケーションでは基本的にレイヤーを扱えないので、レイヤー情報を持たないJPEG、PNG、GIFなどの形式で画像を保存します。PSD以外の形式は、［ファイル］メニュー→［書き出し］→［書き出し形式］または、［ファイル］メニュー→［書き出し］→［Web用に保存（従来）］で保存します。

透明部分を保持し、800×533ピクセルに変更したPNG画像を作成します。空の部分が透明になっている建物の画像（1980×1320ピクセル）を使用します。

透明部分を含めて保存できるファイル形式にはPNGとGIFがありますが、GIFは色数の多い画像には向きません。

使用ファイル 指定ピクセル数で保存.psd

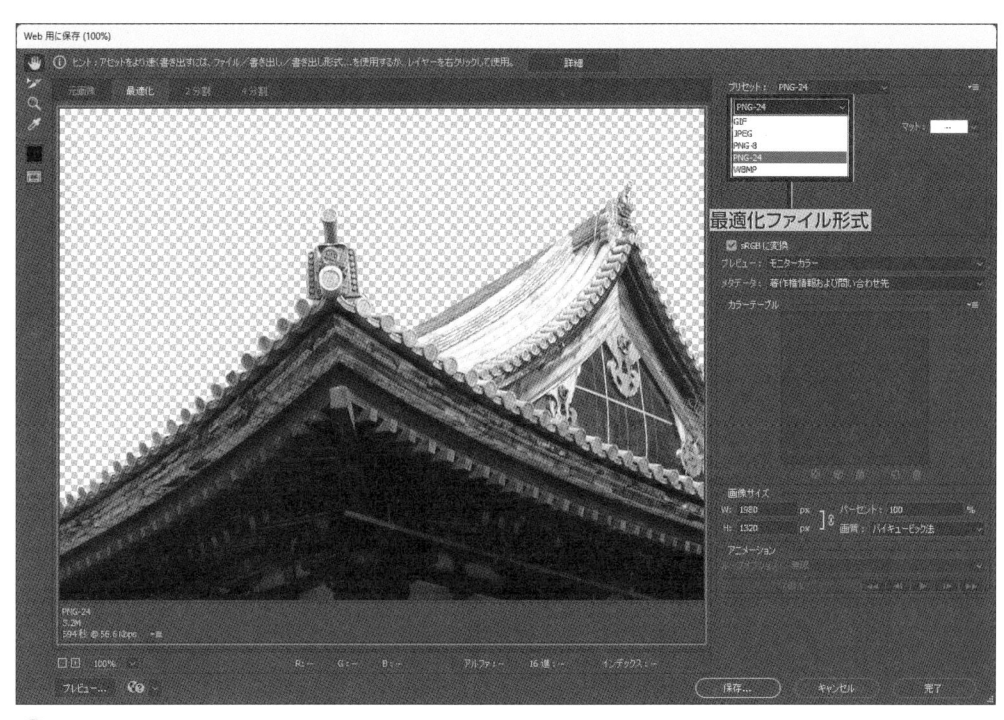

[ファイル] メニュー→ [書き出し] → [Web用に保存 (従来)] をクリックします。[Web用に保存] ダイアログボックスの [最適化ファイル形式] の [V] で「PNG-24」を選択します。

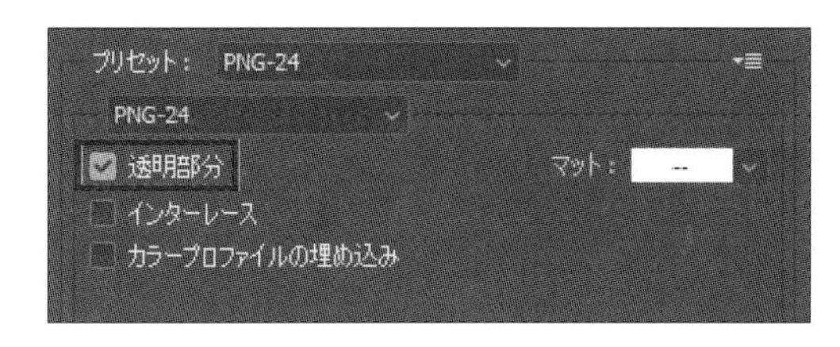

[透明部分] のチェックをオンにします。

[画像サイズ] のWを800px、Hを533pxに変更します。初期設定では縦横比が固定されているため、Wの値を入力すると自動的にHの値が533pxになります。

[保存] をクリックすると、[最適化ファイルを別名で保存] ダイアログボックスが開くので、保存する場所とファイル名を指定して保存します。

ファイル名に全角の文字を使用すると、警告メッセージが表示されます。Webブラウザーによっては全角のファイル名と互換性のないものがあるため、ファイル名は半角英数字を使用するのが良いでしょう。

第10章

特定レイヤーを保存

Photoshopの画像から別の形式で画像を保存する場合は通常すべてのレイヤーを含めますが、一つのレイヤーだけを保存することもできます。「建物」レイヤーと「空」レイヤーの2つのレイヤーのうち、「建物」レイヤーだけを保存します。

使用ファイル 特定レイヤーを保存.psd

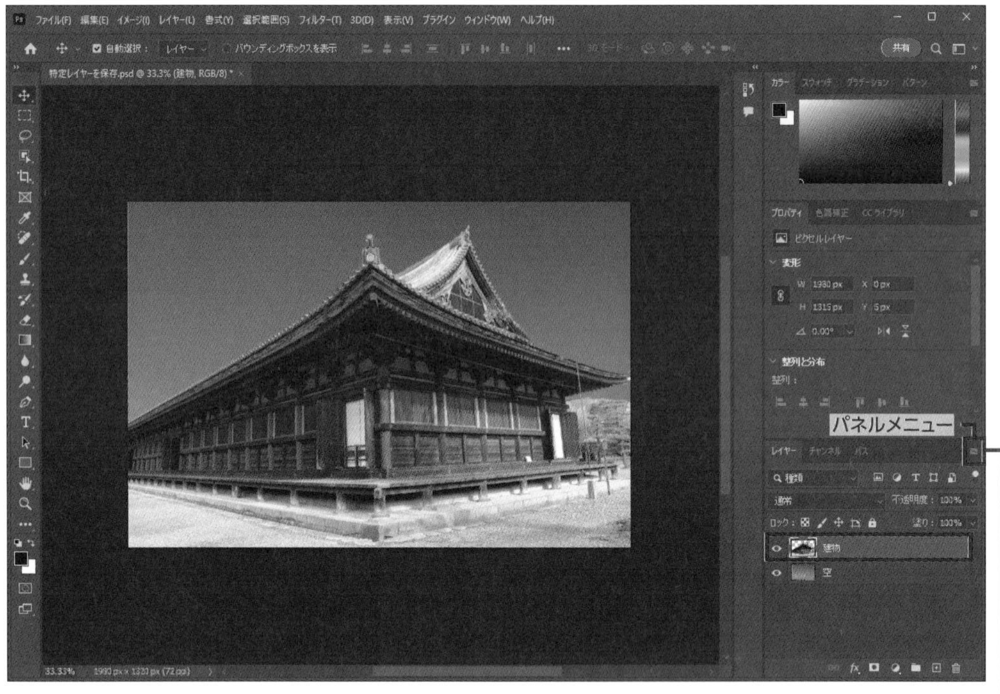

[レイヤー] パネルで保存するレイヤーを選択し、パネルメニューの [書き出し形式] をクリックして [書き出し形式] ダイアログボックスを開きます。

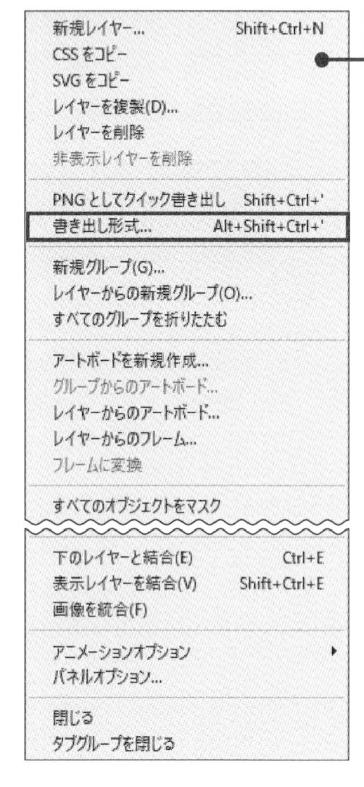

適切なファイル形式を選択し（ここでは透明部分を保持したPNG）、そのほか必要な設定を行って［書き出し］をクリックします。［名前を付けて保存］ダイアログボックスが開いたら、保存する場所とファイル名を指定して保存します。

［レイヤー］メニュー→［書き出し形式］からも同様の操作が行えます。ただし、この方法は表示しているレイヤーをまとめて一枚の画像として保存するため、不要なレイヤーは非表示にしておく必要があります。

レイヤーごとに別ファイルとして保存

レイヤーを個々に保存するのではなく、一度の操作ですべてのレイヤーをレイヤーごとに別ファイルとして保存することもできます。

使用ファイル レイヤーの書き出し.psd

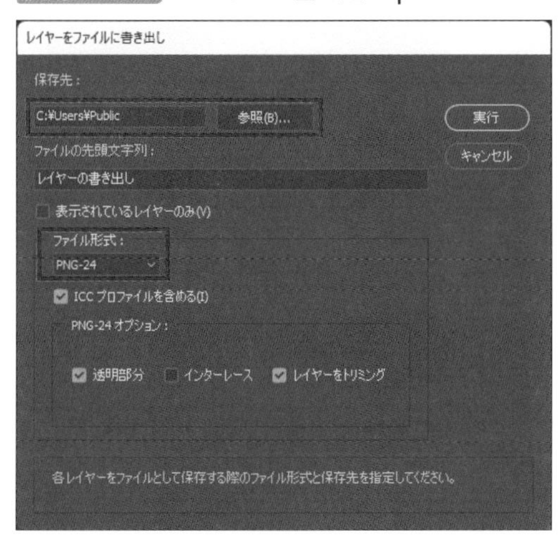

［ファイル］メニュー→［書き出し］→［レイヤーからファイル］をクリックすると［レイヤーをファイルに書き出し］ダイアログボックスが開きます。

保存先やファイル形式（PNG-24）を設定し、［実行］をクリックすると、レイヤーごとにファイルが作成されます。ファイル名はレイヤーが上のものから順に番号が付き、「レイヤーの書き出し_（4桁の数字）_（レイヤー名）.（ファイル形式）」という形式です。「レイヤーの書き出し_0000_タイトル.png」「レイヤーの書き出し_0001_写真.png」が作成されます。

スマートオブジェクトのリンク

スマートオブジェクトは元の画像のデータを保持したまま、拡大・縮小などの編集が行える便利な機能で、一度作成した画像をほかの画像で再利用することができます。スマートオブジェクトの配置方法には「埋め込み」と「リンク」の2通りがありますが、「リンク」は元の画像とのリンクが維持されていて、元の画像ファイルが更新されるとPhotoshop上の画像も自動的に更新されるという利点があります。元の画像が複数のファイルで使用されている場合は、すべてのファイルに変更が反映されるため便利です。

リンクされたスマート
オブジェクトのマーク

［レイヤー］パネルの［スマートオブジェクトサムネール］をダブルクリックすると、スマートオブジェクトを作成したアプリケーション（例えばIllustrator）で該当のファイルが開き、編集できます。

リンクされたスマートオブジェクトが
更新されたときのマーク

リンクの更新

リンク元のファイルが更新されている場合、スマートオブジェクトにそのことを示す警告マークが表示されます。リンク元の変更を反映するには、スマートオブジェクトを選択した状態で［レイヤー］メニュー→［スマートオブジェクト］→［変更されたコンテンツを更新］をクリックするか、［レイヤー］パネルのスマートオブジェクトを右クリックして、メニューから［変更されたコンテンツを更新］を選びます。

更新前

更新後

CCライブラリへの保存

Photoshopで作成した各種のアセット（画像やシェイプなどのグラフィック、カラー、パターン、ブラシ、レイヤースタイルなどの素材）はCCライブラリ（クリエイティブクラウドライブラリ）に保存し、ほかのアプリケーションやユーザーと共有できます。CCライブラリは、登録したアセットがクラウド上に保存されるので、PhotoshopやIllustratorなどのCreative Cloudアプリケーションや、スマートフォン用のCCモバイルアプリから利用できます。共有設定により、指定したメールアドレスを持つユーザーが登録アセットを読み込んだり編集したりすることもできます。

CCライブラリに新しいライブラリを作成し、シェイプを追加します。

使用ファイル CCライブラリ.psd

↑ ［CCライブラリ］パネルを表示して、［＋新規ライブラリを作成］をクリックします。

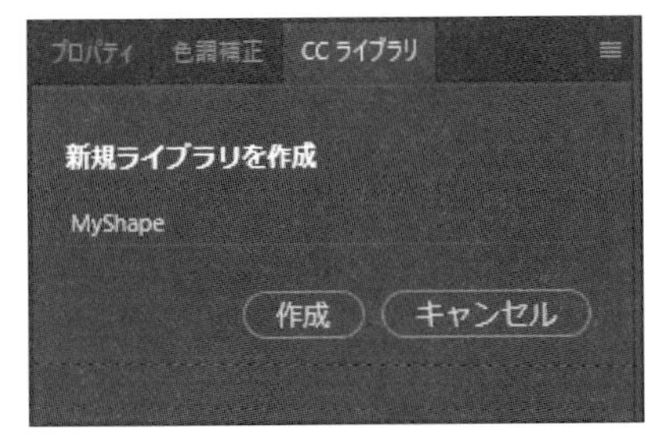

← ライブラリ名に「MyShape」と入力し、［作成］をクリックして新しいライブラリを追加します。

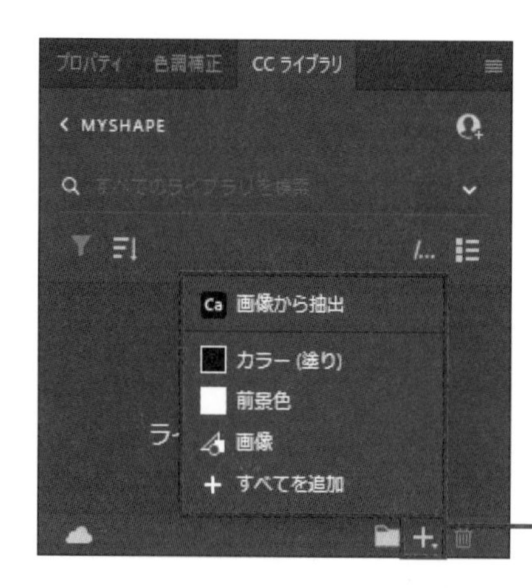

次に［レイヤー］パネルの［楕円形 1］レイヤーを選択し、［ライブラリ］パネル下にある［エレメントを追加］ボタンをクリックします。追加できるコンテンツが一覧表示されるので［画像］をクリック（またはカンバス上のシェイプをライブラリにドラッグ）します。

CCライブラリの「MyShape」に「楕円形 1」という名前でシェイプが追加されました。
ここでは、ライブラリへの保存に楕円形のシェイプの例を挙げましたが、実際にはサイトや広告など制作物に共通する会社のロゴやデザインなどを登録して利用します。

練習問題

問題1 左側の書き出し形式とその説明を一致させなさい。

形式	説明
A. TIFF	**1.** 圧縮せずに保存できる商業印刷に向いた形式
B. H.264	**2.** 一度圧縮すると元に戻せないがWebページで広く用いられる形式
C. JPEG	**3.** Webでの再生に最適化された動画の形式
D. GIF	**4.** 色数の少ないイラストやボタンの画像に向いた形式

問題2 印刷用とWeb用の画像に関する説明で正しいものを選びなさい。

A. 印刷用の画像は画像解像度72dpi以上で作成するのが望ましい。
B. Web用の画像を作成するには［イメージ］メニュー→［モード］で［Webセーフカラー］を選ぶ。
C. 印刷用の画像を作成するには［イメージ］メニュー→［モード］で［CMYKカラー］を選ぶ。
D. Web用の画像を作成する際、イラストやロゴなど輪郭のはっきりしたものの場合はJPEG形式が最も適している。

問題3 Photoshopで作成したアセット（素材）を他のプロジェクトでも使用したい。再利用できるアセットの作成、保存方法として間違っているものを選びなさい。

A. リンクされたスマートオブジェクトを作成する。
B. CCライブラリにアセットを保存する。
C. 再利用したいアセットのレイヤーだけを個別に保存する。
D. アーカイブ機能を使用してアセットを保存する。

問題4 ［練習問題］フォルダーの10.1.tifを開き、レイヤーを保持したままPSD形式で保存しなさい。

10.1.tif

問題5 ［練習問題］フォルダーの10.2.psdを開き、透明部分を保持したまま、サイズを400×267ピクセルにしてPNG-24形式で書き出しなさい（ファイル名は「建物」とする）。

10.2.psd

問題6 ［練習問題］フォルダーの10.3.psdを開き、「共有シェイプ」という名前の新しいライブラリを作成して、「クローバー」レイヤーのシェイプを追加しなさい。

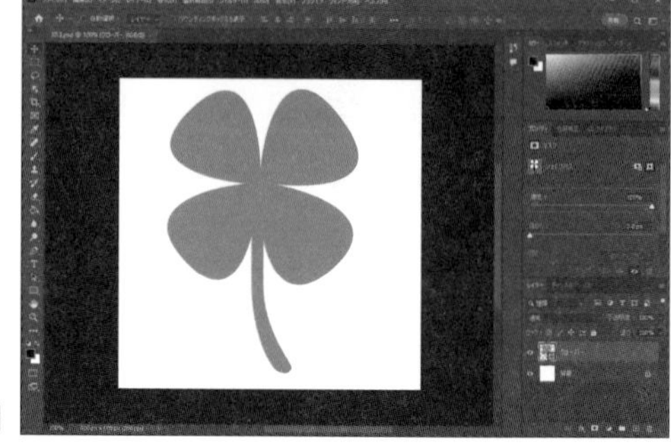
10.3.psd

11

デザイン
プロジェクト

11.1 プロジェクトとデザインの基本

デザインを行うプロジェクトはPhotoshopを操作するだけではなく、発注から納品までさまざまな業務があり、多くの人が関与します。デザイナーはそのプロジェクトの中で自分が果たすべき役割を知っておく必要があります。また、そのために必要なデザインの基礎知識も学んでおきましょう。

プロジェクト全体の把握

デザインプロジェクトにおいて、デザイナーは自分がいいと思うものを作るのではなく、発注者（クライアント）が満足し、対象者に訴求するデザインを心がける必要があります。このためには、プロジェクトの目的や目標、発注者とその要望、予算と納期などプロジェクトの全体像も把握しておかなければなりません。これをプロジェクト範囲といいます。
例えば、広告やWebページのデザインの注文を受けたとき、デザインに取り掛かる前に発注者からデザインの要望や期待している点をヒアリングすることが大切です。デザイナーの判断でデザインを考えるケースもありますが、発注者の意向を満たしていないものを作成しても満足してもらえません。内容の詳細な項目や最終成果物の仕様などの確認も大事ですが、それよりもまずプロジェクト全体の方向性を明確にしておく必要があります。

プロジェクトでの役割

一般的に、プロジェクトには次のような役割の人が関与します。デザイナーは次のようなことを考慮したうえでデザイン作業に着手します。

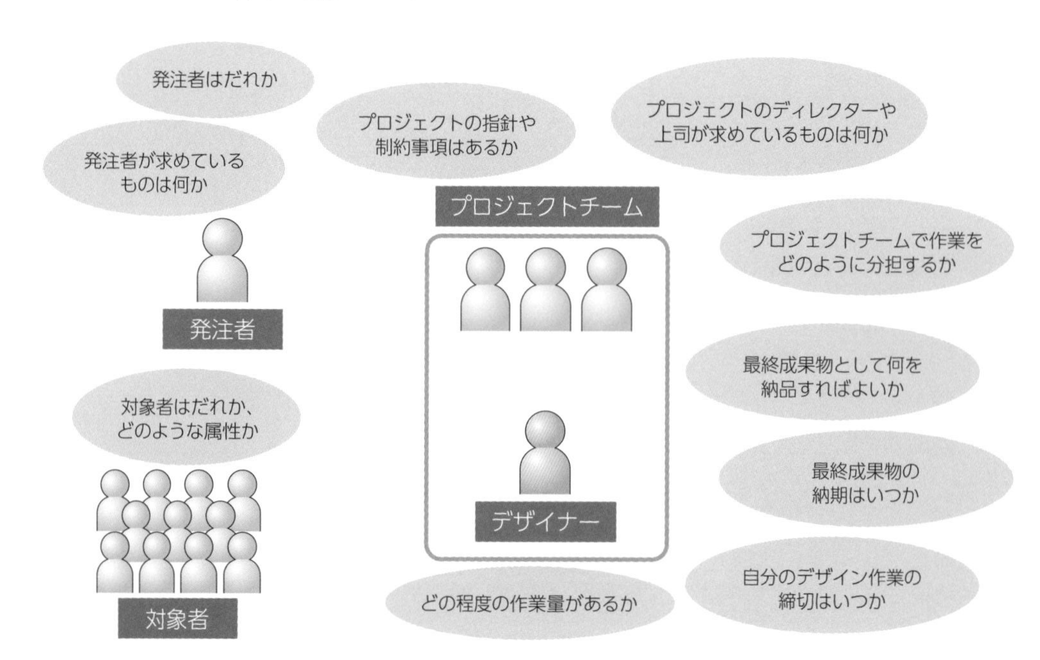

プロジェクトでの問題解決

もし問題点や不明点があれば、それを放置したり、自分の解釈で作業を進めたりしてはいけません。指示があいまいだった場合は、直接あるいは担当者を通じて確認する必要があります。
また、発注者の要望を実現することがデザイン的に難しい、追加の要望を受けた、受け取ったデータが想定された形式でなかった、など当初と状況が変わった場合も、自分だけで判断してはいけません。代案を示す、納期を変更するなどの適切な対応を探り、プロジェクト関係者の合意を得たうえで、作業を進めます。

プロジェクトの進行

プロジェクト全体の日程計画や資源配分、進行管理に関しては、一般的に担当者（ディレクターなど）が責任を持ちますが、デザイナーは自身の分担範囲を把握し、期日を順守するように努力します。発注者の要望に沿う成果物を作成するため、多くのプロジェクトではデザイナーが最初の段階でラフスケッチやプロトタイプ（試作）などを作成し、発注者と認識を共有し、承認を得ておきます。
プロジェクトの進行は内容によって大きく変わりますが、一例を示すと次の通りです。

1. 発注（受注）
2. 計画と設計
3. 作成
4. 確認、検収
5. 発行、公開

プロジェクトの進行に関するその他の例としては、試作から作成、確認までのプロセスを繰り返しながら、最終成果物を作る反復型のアプローチがあります。このアプローチでは、発注者の要望や意見をより反映しやすいという利点がありますが、納期やプロジェクト範囲に影響が出るという欠点もあります。

著作権と肖像権

他の人が撮影したり制作したりした画像をデザインに利用する場合は、著作権や肖像権などの権利に関する配慮が必要です。

著作権と公正使用

著作権は知的財産権の一つで、文章、絵画、音楽などのほか写真やコンピュータープログラムも含まれ、著作物を作成した段階で自動的に発生します。届け出や登録の必要はありません。現在の日本では著作者の死後70年、団体名義の場合は公表後70年、映画は公表後70年が著作権保護の期間です。保護期間が過ぎたものや著作者が著作権を放棄したものなど、著作権が消滅した著作物を「パブリックドメイン」といいます。
著作権は、文化や学術の発展という観点から、公正使用の理論に基づき保護の対象から除外されることがあります。例えば図書館に所蔵されている本を複製するなど、研究、教育、批判、報道などのために利用する場合です。
このような公正使用と認められる場合を除き、著作権保護された作品やライセンス規約のある作品を利用する場合は、著作物の使用許諾を得る必要があります。また承認を受けて別の形で二次利用されたものは二次的著作物と呼ばれ、著作権と同様の権利があります。このため、特に他の人が作成した画像などを使用する際は注意が必要です。

肖像権

肖像権は本人の許可なく撮影、描写、公表されない権利です。つまり個人のプライバシーを侵されない権利ともいえます。民法上、知的財産権やプライバシーに関する権利の一部として保護されています。そのため個人が特定できる状態で人物が写った写真には注意が必要です。被写体に人物を使う場合、肖像権使用許諾書（モデルリリース）で許諾を得るようにしましょう。ただし、身体の一部や、個人が特定できない状態の写真であれば必要ありません。販売されているストック写真などを利用する場合も、モデルリリースを取得していることを確認する必要があります。

クリエイティブ・コモンズ・ライセンス

本来、動画・写真・音楽などの作品には著作権があり、無断で二次利用をすることは著作権違反となります。しかしながら、インターネットの普及により、作品によっては別サイトやSNSでの二次利用からの利益増加を見込めるケースもあるため、「All rights reserved（著作権保持）」と「No rights reserved（著作権放棄）」の中間となるライセンスとして「クリエイティブ・コモンズ・ライセンス（CCライセンス）」が生まれました。

CCライセンスを使用すると、著作権を保持した状態で作品を広めることができます。「クリエイティブ・コモンズ・ライセンス」は4種類の条件を示したアイコンがあり、それらを組み合わせた6つのライセンスで構成されます。

4種類の条件（アイコン）

アイコン	条件	内容
	BY（表示）	作品のクレジットを表示すること
	NC（非営利）	営利目的での利用をしないこと
	ND（改変禁止）	元の作品を改変しないこと
	SA（継承）	元の作品と同じ組み合わせのCCライセンスで公開すること

6つのライセンス

CC BY 表示	原作者のクレジット（氏名、作品タイトルなど）を表示することを主な条件とし、改変はもちろん、営利目的での二次利用も許可される最も自由度の高いCCライセンス
CC BY SA 表示-継承	原作者のクレジット（氏名、作品タイトルなど）を表示し、改変した場合には元の作品と同じCCライセンス（このライセンス）で公開することを主な条件に、営利目的での二次利用も許可されるCCライセンス
CC BY ND 表示-改変禁止	原作者のクレジット（氏名、作品タイトルなど）を表示し、かつ元の作品を改変しないことを主な条件に、営利目的での利用（転載、コピー、共有）が行えるCCライセンス
CC BY NC 表示-非営利	原作者のクレジット（氏名、作品タイトルなど）を表示し、かつ非営利目的であることを主な条件に、改変したり再配布したりすることができるCCライセンス
CC BY NC SA 表示-非営利-継承	原作者のクレジット（氏名、作品タイトルなど）を表示し、かつ非営利目的に限り、また改変を行った際には元の作品と同じ組み合わせのCCライセンスで公開することを主な条件に、改変したり再配布したりすることができるCCライセンス
CC BY NC ND 表示-非営利-改変禁止	原作者のクレジット（氏名、作品タイトルなど）を表示し、かつ非営利目的であり、そして元の作品を改変しないことを主な条件に、作品を自由に再配布できるCCライセンス

引用元：クリエイティブ・コモンズ・ジャパン（https://creativecommons.jp/licenses/）

デザインの原則

デザインプランを考えるときには、流行や好みなどだけで決めるのではなく、一般的なデザインの原則を念頭に置く必要があります。具体的には次の項目をよく検討します。

- デザインに統一感や一貫性（反復）があるか
- コントラスト（強調）は適切か
- オブジェクトの配置場所が要素ごとに近接しており、一体化や組織化がなされているか
- 階層（強調の順番）がしっかり意識されているか
- 調和（単一性）は保たれているか
- 対称/非対称が意識され、バランスが取れているか
- 単調になりすぎていないか

構図

使用する画像は構図を意識します。構図の決め方には次に示す方法がよく使われます。三分割法、黄金比、グリッドレイアウトについては、Photoshopの切り抜きツールのオーバーレイオプションで対応するものを表示できます。

・三分割法

水平線と垂直線を等間隔に2本ずつ引いて画面を9等分します。この交点上に焦点を当てたい要素を配置すると、安定した構図になります。

・黄金比

黄金比とはもっともきれいに見えるとされる比率で、1：1.618です。切り抜きツールのオーバーレイオプションでは、水平垂直ともに「1:0.618:1」の比率で3分割されます。交点に要素を配置すると、緊張感が生まれます。

・グリッドレイアウト

画面上をグリッド（格子）で分割します。要素をグリッドに合わせて配置すると整列された印象を与える構図になります。

・フレーミング（構図）

画像の構図、サイズ、範囲、中心にする被写体の位置など全体のバランスを決めます。

フォントの選択と配置

画像に文字を配置する場合、最も重要なのがフォント（書体）の選択です。やさしい、楽しい、信頼性が高い、スピード感があるなど、プロジェクトが持つ方向性にあったフォントを選ぶ必要があります。そのほか、フォントサイズや色、文字間や行間、配置、インデント、余白などは全体のデザインとのバランスや整合性を意識します。また、想定している対象者が文字を読みやすいかどうかにも配慮します。

練習問題

問題1 雑誌の表紙デザインを受注したときに、とるべき行動として、最も適切なものを選びなさい。

A. 雑誌のバックナンバーを閲覧してイメージカラーを連想する。
B. どういう人が手に取る雑誌なのかをクライアントに確認する。
C. 似たジャンルの雑誌をWebで検索し流行を探る。
D. 最終的にどのような形式で納品すればよいかを確認する。

問題2 左側の権利と、その説明を一致させなさい。

権利	説明
A. 知的財産権	**1.** 民法上、プライバシーに関する権利の一部として保護されている。
B. 著作権	**2.** 特許権や商標権、著作権が含まれる。
C. 肖像権	**3.** 公正使用の理論に基づき除外されることがありうる。

問題3 デザインプロジェクトで起こりうる最も深刻な問題を選びなさい。

A. 発注者の都合により、仕様が変更になった。
B. プロジェクトチーム内で意見の食い違いがあった。
C. 最終成果物が発注者の希望に沿わなかった。
D. 複数のプロジェクトが同時に進行していた。

問題4 プロカメラマンが撮影した塾の広告用の写真には、モデルとともに数名の生徒が写っている。得るべき許可として最も適切なものを選びなさい。

A. モデルとカメラマンから写真を使用する許可を得る。
B. 塾の責任者から「モデルリリース」を得る。
C. 写真の中で個人が特定できる人から「肖像権使用許諾書」を得る。
D. 写真に写っている人物から、Webで写真を「二次使用」する許可を得る。

問題5 この画像で使用されているデザインの法則を選びなさい。

A. 黄金比
B. グリッドレイアウト
C. 対角線
D. 三分割法

索引

数字、英字

あ行

か行

さ行

た行

な行

は行

ま行

や行

ら行

わ行

築城 厚三（ついき こうぞう）

1977年生まれ。

桜美林大学・大東文化大学・日本大学・法政大学

兼任講師。

DTP基礎科目および文章表現関連科目を担当。

著書に「アドビ認定プロフェッショナル対応 Illustrator試験対策」がある。

アドビ認定プロフェッショナル対応

Photoshop 試験対策

2024年1月16日 初版第1刷発行
2024年4月17日 初版第2刷発行

著　者　築城 厚三
発　行　株式会社オデッセイ コミュニケーションズ
〒100-0005　東京都千代田区丸の内3-3-1　新東京ビル
E-Mail：publish@odyssey-com.co.jp
印刷・製本　中央精版印刷株式会社
カバーデザイン　折原カズヒロ
本文デザイン・DTP　株式会社シンクス
編　集　島田 薙彦

ISBN978-4-908327-18-6　C3055